Restaurant

원가관리 노하우

The Food Service Professionals Guide To:
Controlling Restaurant & Food Service
Operating Costs: 365 Secrets Reaveles
by Douglas R. Brown and Cheryl Lewis

The Food Service Professional's Guide To:
Controlling Restaurant & Food Service Food
Costs: 365 Secrets Revealed
by Douglas R. Brown

The Food Service Professional's Guide To:
Controlling Restaurant & Food Service Labor
Costs: 365 Secrets Revealed
by Sharon L. Fullen

The Food Service Professionals Guide To:
Controlling Liquor, Wine, & Beverage Costs:
365 Secrets Revealed
by Elizabeth Godsmark

Restaurant 원가관리 노하우

셰릴 루이스 · 더글라스 R. 브라운 · 샤론 풀렌 · 엘리자베스 가드스마크 **저**
외식경영연구회 **역**

 **백산출판사**

역자의 글

인간의 삶을 영위하는데 있어 음식만큼 중요한 것은 없으며 이는 생명의 근간을 이루고 있습니다. 우리의 삶이 고도로 첨단화되어도 인간은 음식을 섭취해야만 살아갈 수 있으므로, 음식은 예나 지금이나 시대의 변화와 상관없이 매우 중요합니다. 오늘날 경제성장과 핵가족화, 여성의 사회진출 증가 등으로 인해 현대인들의 음식문화가 급속하게 변화되어감에 따라 과거 가정 내의 문제만으로 여겨졌던 식생활이 이제는 사회·경제적인 쟁점으로 부상되고 있습니다. 이와 같은 사회변화로 인하여 새로운 음식 소비양식이 창출되었고, 이는 곧 외식산업(foodservice industry)이라고 하는 새로운 산업분야의 태동과 발전을 가져왔습니다.

국내 외식산업의 전체시장 규모는 50조 원을 넘어 괄목한 만한 성장을 보이며 국가경제발전에 기여하는 중요한 산업으로 자리매김하였으나, 아직까지도 다른 산업과 비교해 볼 때 여러 측면에서 미숙한 것이 사실입니다. 외식산업이 앞으로 성숙된 발전을 도모하기 위해서는 해결해야 할 많은 선결과제를 지니고 있으며, 외식산업을 둘러싼 환경의 불확실성과 국내·외의 빠른 변화는 우리 외식산업의 불안정한 현주소를 대변해 주고 있습니다. 국내 외식산업이 지금까지 보여준 양적인 성장에서 질적인 성숙으로의 발전을 도모하기 위해서는 급속한 환경변화에 대처할 수 있는 창조적인 패러다임의 도입이 필요하다고 생각합니다. 새로운 패러다임의 모색을 위해서는 무엇보다 이 분야의 전문가를 배출하는 것이 시급한 과제라고 생각합니다.

그간 외식분야 학계에 몸담고 대학에서 외식관련 강의를 하면서 항상 외식산업계의 독특한 산업성격과 현장적용 사례를 담은 교재의 필요성을 절감하였습니다. 그러던 중에 'The Food Service Professional'이라는 15 권 단행본 책을 만나게 되었고, 이는 그동안의 학문적 갈증을 해결해 줄 수 있는 시원한 생명수로 역자들에게 다가와 바로 번역을 위한 작업에 들어갔습니다.

이 책에서는 레스토랑 경영자가 효과적으로 원가를 관리하는데 도움이 되는 실제적인 아이디어를 제시해 주고 있습니다. 1장에서는 레스토랑을 운영하는데 있어 품질기준을 준수하면서 매출, 인건비, 식음료 원가 간의 적절한 균형을 통해 이윤을 창출하는 방안들을 다루고 있습니다. 2장에서는 레스토랑 원가 중 가장 큰 비중을 차지하는 식재료비를 효율적으로 절감하기 위한 방안들을 다루고 있고, 3장에서는 고객과 종업원 모두를 만족시키면서 인건비를 절감하기 위한 전략을 제시하고 있습니다. 마지막 4장에는 주류와 음료서비스 업소에서 원가절감과 이윤 향상에 활용될 수 있는 실제적인 방안을 담고 있습니다.

이 책은 외식경영에 대한 체계적인 이론을 외식산업 현장의 다양한 사례를 통해 이해하기 쉽도록 구성되었기에 외식관련 분야의 전문가뿐 아니라 외식산업 관련 전문분야 진출을 준비하는 학생들을 위한 교재로도 충분히 활용될 수 있다는 작은 바람으로 임하였습니다. 특별히 외식산업 현장에서 활용할 수 있는 전공서를 만들어보고자 뜻을 같이한 '외식경영 연구모임'의 교수들이 한마음으로 작업하여 오랜 기다림 끝에 이번에 출간하게 되어 더욱 의미가 새롭습니다.

이 책이 완성되기까지 필요한 자료를 제공해 준 외식업계 관계자 분들과 본 번역서가 나올 수 있도록 원본 'The Food Service Professional' 책을 소개해주신 (주)KCC의 홍미숙 대표님께 심심한 감사를 표합니다. 이 책의 기획부터 출판까지 전 과정을 꼼꼼하게 챙겨주신 백산출판사의 진욱상 대표님과 임직원분들에게도 진심으로 감사드립니다.

2010년 10월
역자 일동

차 례

The Food Service Professional
GUIDE TO

1

레스토랑
원가관리 노하우

레스토랑
운영 원가관리

제1장 레스토랑 운영 원가관리에서는 레스토랑 경영에서 품질 기준과 매출, 인건비와 식음료 원가 간의 적절한 균형을 통한 이윤 창출과 관련된 필수적인 내용을 다루고 있다. 약간의 사고 전환으로 쉽게 간과되는 부분에서 혹은 다양한 방법으로 원가 절감이 가능하고, 최신 과학기술과 경영기법을 활용한다면 운영 원가 통제를 통해 우수한 서비스를 제공하면서 이윤을 창출할 수 있다.

끊임없는 가격 변동과 인건비 상승 등으로 특징되는 외식업계에서 레스토랑 경영자는 모든 통제 가능한 비용을 모니터하고 통제하여 수익률을 유지해야 한다. 물론 고정비와 반고정비에 속하는 노조협의, 최저임금, 세금, 프랜차이즈 비용, 라이센스 비용 등의 각종 비용, 보험료, 재산세 등과 같이 통제가 불가능한 원가들도 있다. 그러나 다행히도 이외의 많은 원가들은 품질이나 효율성의 저하 없이 상당히 절감될 수 있다. 구매, 검수/입고, 재고관리, 전처리, 위탁서비스, 조리, 시설의 유지관리, 광고, 판촉, 서비스 관리, 종사원 교육, 식음료 원가관리, 회계와 법률 서비스, 노동생산성, 현금관리, 위생 및 시설관리 등과 관련된 많은 비용들이 통제 가능한 원가에 속한다.

레스토랑의 이윤이 경쟁 상황, 기후, 서비스 품질, 음식의 질, 지역사회의 행사나 사건, 판촉활동, 가격할인, 가격결정 등의 외부의 환경에 의해 영향을 받는 것을 흔히 보게 된다. 본 장에서 제공되는 정보를 활용하여 불필요한 연구나 실패로 인한 시간낭비 없이 이윤을 창출하길 기대한다.

레스토랑
원가관리
노하우

이윤의 창출

▣ 원가관리의 기본

레스토랑의 경영자가 가장 먼저 배워야 하는 것은 양념 비법이나 조리법이 아니라 회계와 원가관리이다. 레스토랑 재무관리를 이해해야만 이윤을 증가시킬 수 있는 운영상의 변화를 적용할 수 있고 비용 낭비도 알아낼 수 있다. 전반적으로 외식업계는 운영비용 상승과 수익 감소의 문제에 직면하고 있다. 미국 레스토랑협회의 보고에 따르면, 제비용과 법인세 차감 후 흑자를 거둔 레스토랑들의 수익이 일반적으로 총매출의 0.4~5% 수준이라고 한다. 이 낮은 수익률이 흑자업소와 적자업소를 구분짓는 것이다. 이것이 원가 통제와 재무관리의 이해가 중요한 이유이다. 원가를 통제하는 방법에는 여러 가지가 있지만, 그 시작점은 계획이다. 외식업계에서의 성공에는 주의깊은 계획, 체계화된 사고, 성실함이 요구된다. 원가관리의 기본은 다음과 같다.

• 업무의 전산화

업소의 종류나 규모에 관계 없이 업소의 운영, 적어도 사무 업무는 전산화해야 한다. 과학기술을 이용하지 않으면서 성공적으로 경쟁하는 것은 오늘날 매우 어려운 일이다. 기본적인 컴퓨터와 회계 소프트웨어 투자비용도 많이 낮아졌고, 이러한 투자를 통해 업소운영과 원가관리에 대해 쉽게 이해할 수 있다.

- **회계 프로그램의 활용**

  레스토랑에서 이용할 수 있는 회계 소프트웨어 프로그램을 활용한다.
  인터넷을 통해 다양한 소프트웨어에 대한 정보를 얻을 수 있다.

■ 재무, 예산, 운영 통제 시스템

다음 단계를 이용하여 재무, 예산, 운영 통제 시스템을 수립할 수 있다.

- **개요**

  사업 목표와 목적을 분명히 규명한다.

- **사업 계획**

  현재 사업 계획이 없다면 사업 목적과 목표를 구체적으로 개발하고 그
  목표를 달성하기 위한 사업 계획을 수립한다.

- **조직의 계획**

  목표와 목적을 달성할 수 있는 조직 구조를 개발한다.

- **문서화**

  종사원들의 업무수행 방침과 절차를 문서로 작성한다.

- **인적자원 관리**

  경영진과 운영팀을 고용하고 훈련을 실시한다.

- **계획 실행**

  목표를 달성하기 위해 정기적으로 수행 수준을 평가하고 수정한다.

- **운영상 통제**

  레스토랑 운영은 다양한 측면에서 통제가 필요하다. 예산은 대표적인 운영상의 통제 도구이다. 통제가 필요한 주된 분야는 식음료 재료의 품질, 인건비와 종사원의 수행도, 기기·수도광열비 및 기타 물리적 자산의 통제, 매출과 현금관리, 운영상의 제비용 등이다.

레스토랑 운영 예산 수립의 기본

운영 예산의 작성은 재무 통제의 시작이라고 할 수 있다. 이 과정에서 레스토랑용 컴퓨터 소프트웨어를 이용하면 원하는 시간에 즉각적으로 예산과 실제 수행 정도를 비교할 수 있다. 식음료 운영 예산 작성의 기본은 다음과 같다.

- **자료의 수집**

  다음은 예산 작성시 필요한 정보이다.

  - 전년도 예산과 재무제표
  - 레스토랑의 재무 목표
  - 전년도 항목별 매출 자료
  - 레스토랑 운영 방침상의 변화(예 : 점심 영업의 중단, 출장 서비스 추가 등)
  - 지역과 국가의 경제적 상황
  - 항목별 매출과 비용 추세
  - 메뉴가격, 소비자의 선호도, 1인 분량, 식재료비
  - 인건비

- **매출액의 예측**

  계속적인 변화로 인해 예산 수립 과정에서 가장 어려운 부분이 매출액의 예측이다.

- **비용의 예측**

  매출과 관련하여 식재료, 주류, 포도주, 기타 소모품 등의 비용을 예측한다.

- **자료의 활용**

  예산 작성시 업계의 자료와 업소의 과거 매출기록을 활용한다. 레스토랑 사업 정보나 출판물은 한국음식업중앙회 홈페이지(www.ekra.or.kr)나 www.foodbank.co.kr과 같은 웹사이트에서 얻을 수 있다.

▨ 주요 운영 예산 원가

지출 내역과 방법, 수입에 있어서 업소의 우선 순위가 운영 예산에 반영되어야 한다. 새로운 레스토랑 개업시 운영 예산에는 처음 3~6개월 동안의 운영비용을 충당할 수 있을 정도의 자금을 포함해야 한다. 이 자금은 인건비, 식음료원가, 보험료, 임대료, 감가 상각비, 이자 상환, 광고/판촉비, 법률/회계비용, 소모품, 임금/복리후생비, 수도광열비, 각종 수수료, 세금, 기기수리/유지비, 기타 잡비 등을 충당하는 데 이용되어야 한다.

▨ 매출기록표와 수요 예측

매출기록표를 예산 수립과정에서 이용한다. 재무제표가 훌륭한 자료이긴 하지만 매출기록표는 일 년 전 영업상 발생한 세세한 사건들을 기억하는 데 도움이 된다. 현재 고객의 수, 주문 내역, 방문 빈도 등을 파악하기 위해 매출/비용 예측과 시장조사를 활용할 수 있다. 이 정보를 예상 고객의 수, 예상판매 품목, 예상되는 재방문 빈도와 비교한다.

- **매출기록**

  매출기록을 통해 과거의 매출을 파악할 수 있고, 다음 해 매출을 예측할 수 있다. 매출기록표에는 고객수, 일일 매출 및 비용을 기록한다.

- **매출기록표의 예**

  기록된 자료가 많을수록 비용절감을 위한 의사결정시 더 많은 정보를 가지게 된다.

날짜	라자니아 수량/매출액	라비올리 수량/매출액	일일 매출액	일일 비용	고객수
3/15	14/₩150,000	22/₩220,000	₩130,000	₩560,000	97

참고: 신입 조리사 교육-짐 프로보론, 오늘밤 폭설 예보

- **매출기록의 활용**

  앞의 예에서 보여지듯 매니저는 해당 일자의 영업을 작년 같은 날과 비교할 수 있다. 참고란을 통해 관리자는 작년 3월 15일은 종사원 교육으로 운영원가가 높았고, 폭설예보로 인해 매출이 감소되었을 것이라는 것을 알 수 있다.

- **포스 시스템(Point of Sale(POS) System)**

  POS로 알려진 전산화된 금전등록기는 다양한 기능을 수행한다. POS 구입 전 여러 가지 POS 시스템을 비교하기 위해 인터넷을 검색해 본다.

- **월별 손익계산서**

  손익계산서에 포함되는 정보는 순매출액, 매출원가, 영업비용, 영업이익, 법인세, 순이익 등이다. 손익계산서는 한 업체의 일정 기간동안(보통 1년) 이익 또는 손실을 보여준다. 손익계산서에는 매출, 판매원가, 기타 제비용이 기록되고, 매출과 비용 사이의 차이가 업소의 이익 또는 손실이

된다. 적절한 형태로 작성된 손익계산서를 통해 관리자는 많은 정보를 얻을 수 있다.

- **레스토랑을 위한 기업회계기준**

  미국 레스토랑협회(National Restaurant Association)에서는 레스토랑을 위해 쉽고 사용하기 간편한 회계분류 시스템을 제시하고 있다. 공인회계사가 개발한 이 책자에는 대차대조표, 임금통제 보고서, 비용분류 시스템 등의 예가 제시되어 있다. 레스토랑을 위한 기업회계기준은 레스토랑 회계에 있어서 필수적인 가이드라인으로 이것을 이용할 경우 업계 공통의 용어를 이용해 각종 비율을 업계 수준과 비교할 수 있다. 재무제표의 작성은 세무조사를 위한 것이 아니라 경영의 통제도구로 사용하기 위한 것이다. 이를 위해 미국 레스토랑협회는 많은 레스토랑으로부터 회계정보를 수집하여 업계 통계보고서를 발행하고, 개별 업소는 자신의 운영 실적을 다른 업체와 비교함으로써 원가 통제상 문제를 발견할 수도 있다. 우리나라의 기업회계기준을 적용한 사용하기 편리한 회계관리 프로그램 구입을 고려해본다.

▨ 현금흐름 관리의 기초

레스토랑 컨설턴트들은 레스토랑 경영자들이 현금흐름 관리에 관심이 부족하다고 지적한다. 현금흐름이란 쉽게 표현하면 경영을 통해 수중에 있는 현금을 의미한다. 현금흐름 관리와 관련된 다음의 사항을 이해한다.

- **현금흐름표**

  이 중요한 보고서로 한 업소가 사업 목표를 달성하고 있는지를 판단할 수 있다. 현금흐름표는 컴퓨터 프로그램을 이용해서 작성할 수도 있고,

회계사가 작성해 줄 수도 있다. 현금흐름표 작성은 손익계산서의 제일 마지막 줄(순이익)에서 시작한다. 여기에 외상거래 수입을 제하고, 감가상각비를 다시 더해주고, 미지급 비용 등을 다시 더해 주는 등 여러 단계의 조정을 거쳐 현금보유액을 파악한다.

● **자본**

적절한 자본 없이는 레스토랑 경영이 불가능하다. 적절한 현금을 보유하여 비수기나 갑작스러운 기기의 수리비, 마케팅 프로젝트 등에 대비해야 한다.

● **성장을 위한 현실적인 목표 수립**

예를 들어, 매달 100명의 신규 단골고객을 만드는 것이 목표가 될 수도 있고, 다음 달에 운영비용을 2% 절감하는 것도 하나의 목표가 될 수 있다. 이러한 목표 달성을 위해 종사원들 스스로가 자신이 무엇을 할 수 있는지를 안다면, 목표 달성이 보다 수월해질 것이고 성공적인 경영이 가능해질 것이다.

▨ **점포 임대**

다음의 아이디어를 잘 활용한다면 레스토랑의 운영 원가를 낮출 수 있을 것이다.

● **임대 계약**

임대 재계약 준비는 미리 시작한다. 즉 적어도 계약 종료일 1년 전부터 다른 업소의 임대 조건과 비용을 비교, 분석한다. 이렇게 재협상 준비를 일찍 시작함으로써 6개월 정도의 재협상 기간 확보가 가능해진다.

- **장기 임대**

  장기 임대를 고려해 볼 수 있다. 장기 임대에 합의하는 대가로 한 달의 임대료 유예를 요구하고, 연간 임대료 상승제한 조항을 요구한다. 임대 재계약시 실제 필요한 임대계약 기간보다 몇 달을 무료로 추가해 줄 것을 요구할 수 있는데, 이것은 임대인이 가장 쉽게 제공할 수 있는 인센티브이다.

- **임대료 인상 조항**

  계약시 임대료 인상을 제한하는 조항을 포함시켜, 물가상승과 함께 임대료가 자동적으로 상승하지 않도록 한다. 운영비용 항목이 막연하게 포함되면 집주인에게 유리한 계약이 되기 쉽다.

- **연간 운영비용 인상 조항**

  연간 운영비용 인상에 대한 업소의 지분에 상한기준을 설정한다. 이것은 쇼핑센터와 같이 여러 업소가 한 곳에서 영업을 하는 경우에 고려되는 것으로 '공용구역관리(common area management)'라고 한다. 만일 할당관리비용이 높다고 여겨질 경우, "임대 계약 전문가"를 고용하여 그 할당비용이 임대 계약 조건 하에서 타당한 것인지를 검토한다. 재계약시 임대료를 낮출 수 있는 다양한 조건들을 연구하여 적용한다.

- **점포 면적**

  건물의 임대료 계산시 계약서에 명시된 임대 면적과 실제 면적이 일치하는지 확인한다. 면적을 정확히 측정하여 임대 계약서상의 면적과 비교한다.

- **예비협상**

  예비협상에 제삼자를 활용하도록 한다.

• **이웃업소 조사**

같은 건물 내 다른 입주자들의 임대 계약과 비교하고, 영업허가의 종류
와 이주 계획 등을 파악한다.

• **공용구역관리(Common Area Management : CAM)**

현재의 공용구역관리비를 전국 평균치와 비교해 본다. CAM 계약에 감
사비용을 포함할 권리를 보장하는 문구를 포함한다. 즉 "CAM 비용은 다
음을 포함하지만 이에 제한되지 않는다"라는 문구가 포함되었는지 확인
하고, 골조 수리나 감가상각과 같이 CAM에 포함되지 않는 비용을 분명히
명시한다.

• **입주자가 눈여겨 보아야 할 건물주의 선호 조항들**

■ 미래 관리비 인상분 전부를 입주자의 부담으로 요구하는 조항
■ 수도 및 전기 사용이 높은 다른 입주자들의 사용분을 할당하는 조항
■ 일정 수준의 매출액을 유지하지 못하는 점포의 강제 철거가 가능한 조항
■ 적자를 낼 수도 있는 새로운 쇼핑센터의 영업시간을 준수하도록 강요하는
  조항
■ '예비비와 교체비'라는 명목으로 자본 투자를 요구하는 조항

• **임대료 영수증 내역**

계산 실수나 잘못된 비용 부과, 부정확한 면적, 과다 청구, 계약서상 명
시되지 않은 항목에 대한 비용 부가 등을 확인한다. 임대 계약 전문가에
따르면 상업적 임대 계약의 30% 정도가 과다청구되고 있다고 한다.

• **전대**

공간을 전대(轉貸, sublease)할 권리를 요구한다.

■ 보험료

다음의 사항들에 주의를 기울여 매년 각종 보험계약을 재분석한다.

● 책임 보험

책임 보험에 가입한 경우, 보장 범위를 확대할 필요가 있다. 과거 경험을 바탕으로 공제액(deductibles)을 조정하거나, 과거 사고기록을 근거로 낮은 보험료 적용을 받을 수도 있다.

● 보장액

근로자 보상 보험에 가입한 경우 종사원들의 구분이 적절히 이루어졌는지 확인해 본다. 업주가 다른 보험에 의해 보장될 경우 종사원 보상 보험에서 분리시킨다.

● 보험료 할증

보험료 할증은 종사원의 분류와 총임금을 근거로 한다. 직무기술서의 내용에 따라 종사원의 위험 정도가 달리 분류된다. 예를 들어, 같은 직원이라 할지라도 조리사와 사무실 직원에 다른 프리미엄이 적용된다.

● 건강 보험

건강 보험 보장범위를 검토하고 종사원들의 형태를 고려해 가장 적합한 단체 프로그램이 있는지 조사해 본다. 보험사로부터 오는 송장을 자세히 분석하여 몇 달 전에 퇴직한 종사원, 독신 직원의 가족 프리미엄 등이 지불되지 않도록 한다. 담당직원을 지정하여 매달 보험 관련 송장을 분석하도록 하여 정확한 보험료 지불이 이루어지도록 한다.

■ 원가관리를 위한 공식

몇몇 공식을 이용하면 원가, 수입 또는 비용 계산을 손쉽게 할 수 있고, 단순한 사업상의 문제를 파악할 수 있다.

- **식음료 원가 비율**

  판매되는 모든 식재료 원가를 음식 매출액으로 나누어 100을 곱하면 식재료 원가 비율을 계산할 수 있다.

  > ■ 실제 식재료 원가 비율 (%)=(총식재료 원가÷총음식 매출액)×100
  >
  > 예) 월 총식재료 원가가 ₩40,000,000이고, 한해 총음식 매출액이 ₩120,000,000
  > 인 식당의 식재료 원가 비율을 계산하시오.
  > (4,000,000÷120,000,000)×100=40%

- **목표 식재료 원가**

  비용절감 방법을 찾기 위해 식재료 원가 비율을 사용하고자 한다면, 목표 식재료 원가를 결정할 필요가 있다. 예를 들어, 목표 식재료 원가를 35% 라 하고 식재료 원가를 절감하기 위하여 어떤 조치를 취해야 할 것인지 생각해 본다. 자세한 원가 절감 방법은 다음에 논의될 것이다.

- **손익분기점의 고객의 수**

  평균 객단가에서 고객당 변동비를 제한 후, 총고정비를 이 숫자로 나누면 손익분기를 이루기 위해 요구되는 고객의 수가 계산된다.

  $$\text{손익분기점의 고객의 수} = \frac{\text{총 고정비}}{\text{평균객단가} - \text{고객당 변동비}}$$

- **변동비 상승시 고객의 수**

  변동비가 상승할 경우에 손익분기점에서의 고객의 수도 변하게 된다.

기존의 변동비에 추가의 변동비를 더한 후 평균 객단가에서 이를 빼 얻은
값을 B라고 하고, 총고정비에 기대하는 순이익을 더하여 A라고 하자. 그
리고 A를 B로 나누면 상승된 비용을 충당하기 위해 요구되는 고객의 수
를 파악할 수 있다.

B = 평균객단가 - (기존 변동비 + 변동비 상승분)
A = 총 고정비 + 기대 순이익

$$상승된\ 변동의\ 충당을\ 위한\ 고객\ 수 = \frac{A}{B}$$

● **목표 수입을 위한 고객의 수**

총고정비와 기대하는 수익을 더하여 A라고 하고, 고객당 평균 객단가에
서 고객당 변동비를 제한 후 이를 B라고 하자. 그리고 A를 B로 나누면
목표 수입을 달성하기 위하여 요구되는 고객의 수를 계산할 수 있다.

● **평균 객단가**

연간 매출을 총고객수로 나누면 평균 객단가를 얻을 수 있다.

● **고객당 인건비**

일정 기간동안의 인건비를 같은 기간 내의 고객수로 나눈다.

● **래시피의 산출량 %**

래시피로 조리된 음식의 무게를 초기 무게로 나눈 후 100을 곱해준다.

▨ 원가관리와 조직화

조직화는 생산성을 향상시키고 비용을 절감하는 최고의 그리고 가장 경제적
인 방법이다. 지침을 문서화 하는 것이나 종사원들이 사용할 수 있는 체크리스

트를 주는 것으로도 인건비, 기기의 유지관리, 생산성에서 상당한 비용을 절감
할 수 있다.

- **조직도**

  레스토랑 조직도를 이용하여 일일, 주간, 월간 단위로 누가 어떤 작업을
  수행하는지를 정확히 파악할 수 있고 조직이 어떻게 향상될 수 있는지,
  직무 할당이 생산적인 방향으로 이루어지고 있는지를 알 수도 있다. 조직
  도 작성에 직무기술서를 이용한다.

- **표준화된 절차**

  표준 래시피, 바 래시피, 개점방법, 폐점방법 등에 대한 정보가 문서화
  되어 있지 않다면 종사원마다 다른 방식으로 작업을 수행하게 된다. 따라
  서 레스토랑의 운영방식을 문서로 작성하고 종업원에게 공지하여 절차를
  표준화한다.

- **직무 리스트**

  종사원별로 직무 리스트를 작성하고 이를 잘 보이는 위치에 부착한다.
  예를 들어, 조리사와 서비스 종사원들을 위해 개점과 폐점 시 각자의 책
  임을 적은 리스트를 작성한다. 또한 냉장고 청소, 소금과 후추통의 리필
  등 고객이 적게 방문하는 시간에 수행되어야 하는 업무들도 공지한다. 이
  것들을 잘 보이는 위치에 부착하면 종사원들이 해야 할 일을 묻기 위해
  매니저를 찾아다니거나 할 일 없이 시간을 낭비하는 대신 이들 업무를
  적절히 수행할 수 있다.

- **체크리스트 사용**

  일상적으로 수행하는 업무를 시간대별로 계획한 체크리스트를 작성한
  다. 체크리스트에서 벗어나는 일이 발생할 수도 있지만, 이것이 있다면

훨씬 빨리 기본적인 업무를 수행할 수 있어 시간을 절감하고 혼란을 방지
할 수 있다.

- **체크리스트 서식 개발**

  체크리스트 서식을 이용한다면 훨씬 정리하기가 쉽다. 종사원들과의 의
  사소통을 위해 게시판을 활용한다. 의무사항, 오늘의 특별한 행사, 새로운
  방침, 스케줄 등을 공지하기 위해 게시판을 이용한다.

- **잡지/신문 구독**

  잡지, 신문 등이 사무실 책상 위에 많이 쌓여 있다면 몇 가지 구독은
  취소한다. 읽지 않는 구독물을 줄임으로써 비용도 절감되고, 구독하는 간
  행물을 좀더 자세히 읽을 수 있게 될 것이다.

- **추가 비용 및 과태료**

  추가 비용, 과태료, 연체료는 발생하기 쉽고, 사업에 나쁜 영향을 미치
  게 된다. 약간의 주의와 계획으로 이러한 비용 발생을 줄이거나 제거할
  수 있어 예산 안에서 레스토랑 운영이 가능해진다.

- **외상거래**

  현재 일반 고객들과 외상거래를 하고 있는지 파악한다. 규모가 큰 업체
  나 신뢰할 수 있는 고객에 외상거래를 제한함으로써 외상대금 수금에 드
  는 비용을 최소화하고, 미수금을 상당량 감소시킬 수 있다.

- **세금 납부**

  세금의 납부는 미루지 않는다. 기한 내에 세금을 납부하여 연체료나 이
  자 지불을 줄임으로써 비용을 감소시킨다. 많은 지방 관공서에서는 재산
  세와 법인세를 미리 납부하는 경우 약간의 할인도 가능하다.

- **세무 서비스**

  팁을 받는 종사원들이 있는 레스토랑은 세금공제가 가능하다. 이 공제
  액은 매우 미묘하고 계속해서 변하므로 회계사의 검토를 거친다.

- **부채**

  가능하면 모든 부채는 상환하도록 한다. 부채는 많은 소규모 업체들이
  파산하는 주된 원인이며 융자에 대한 이자로 아주 쉽게 이윤이 감소된다.

- **비용절감 방법의 활용**

  많은 비용들, 특히 수도광열비는 미리 지불하는 경우에 할인이 가능하
  다. 또한 납품업자들도 유통기간이 얼마남지 않은 제품이나 재고 회전율
  이 낮은 물품, 신제품, 정상가격보다 저렴하게 구매한 물품을 종종 특별가
  로 제공하므로 이를 적극적으로 활용한다.

업소 분석

바쁜 일상으로 운영 상황을 객관적으로 파악하지 못하는 경우 예기치 못한 일들이 발생할 수 있다. 잠시 뒤로 물러나 제3자의 관점에서 업소의 운영 상황을 파악하는 것이 필요하다. 여기 몇 가지 제안이 있다.

- **경쟁업체 조사**

  경쟁업소를 자주 방문하여 식사를 한다. 경쟁업소의 장점과 자신의 장점을 살펴본다. 또한 경쟁업소의 관리자가 자신의 레스토랑에서 식사를 하는지, 어떤 아이디어를 눈여겨보는지, 어떤 단점을 보는지도 파악한다. 경쟁업체 방문으로 새로운 아이디어 시도와 관련된 비용을 절감할 수 있다. 예를 들어, 경쟁점포의 런치스페셜이 성공적이지 못하다면 그와 유사한 프로젝트는 시행하지 않는 것이 좋을 것이다. 또한 집중해야 할 장점과 개선해야 할 단점을 알아낼 수 있다.

- **경쟁점포에 대한 정보**

  경쟁업소에 대한 좋은 정보원은 인터넷이다.

- **고객 설문조사**

  고객 설문조사를 통하여 고객들의 요구를 파악할 수 있고, 고객을 만족시키는 방법을 알아낼 수 있다. 설문조사 시 서비스 종사원들이 식사가 끝날 때쯤 고객들에게 설문조사지와 연필을 배포하여 응답할 시간을 주도록 한다. 고객들에게 감사의 뜻으로 무료 애피타이저나 음료 쿠폰을 제공할 수도 있다. 또한 고객 설문조사는 원가절감 방법을 파악하는 데도 이용될 수 있다. 예를 들면, 설문조사 결과 대부분의 고객이 샐러드와 함께 제공되는 낱개 포장된 크래커를 좋아하지 않는다면, 이 크래커를 제공하지 않거나 다른 대체품을 고려할 수 있다.

- **암행고객**

  암행고객은 평범한 고객으로서의 경험을 통해 얻은 정보를 보고서로 제공한다. 서비스 종사원들의 서비스 수행 정도, 상차림, 맛, 위생, 대기시간, 문제 개선 등에 대한 의견을 제시한다. 업주나 매니저 스스로가 암행고객이 될 수도 있고, 두 명 정도의 종사원을 타업소에 보내서 암행고객 역할을 수행하도록 할 수도 있다. 한끼 식사값 정도의 저렴한 비용으로 정보를 파악할 수 있는 효과적인 방법이다.

설문조사

설문조사와 시장조사는 현재 고객들과 잠재 고객들, 그리고 종사원의 마음 속에 어떤 생각이 있는지를 파악할 수 있는 좋은 방법이다. 다음의 방법을 시도해 본다.

- **웹사이트**

  인터넷을 이용하여 고객과 종사원들을 대상으로 설문조사를 할 수 있다.

- **설문조사 카드**

  고객들을 관찰하여 고객들이 어떤 광고를 기억하는지 알아본다. 각 고객들에게 설문조사 카드를 배포하고 업소에 대해 어디서 정보를 얻었는지 물어본다.

▣ 시장조사

시장조사는 표적고객의 유형을 분석하고, 그 표적고객들의 외식소비와 요구를 파악하기 위한 중요한 방법이다. 시장조사를 위해 외식업 관련 정보를 제공하는 인터넷 사이트를 활용할 수 있고 갤럽, 동서리서치 등의 마케팅 컨설팅 업체의 홈페이지를 이용하거나 외식산업연감, 통계청 정보 등을 활용한다.

운영 원가 절감

레스토랑
원가관리
노하우
3

▣ 사무실 운영비용

사무비용, 전기료, 가스비, 전화료, 식음료 원가 등은 가장 절감하고 싶은 비
용인 동시에 꼭 필요한 지출이다. 다행히 이 비용들은 통제 가능하므로, 단순한
규칙 몇 개와 이윤에 관심을 가짐으로써 이들 비용을 최소한으로 낮출 수 있다.

• 시급 종사원

자신이 수행해야 할 업무를 정확히 파악한 종사원은 단순히 시간을 때
우지 않는다. 더욱이 시급 종사원에게는 근무시간에 따라 식사시간(또 다
른 비용 요소)이 적용되지 않는다. 시급 종사원을 고용함으로써 의료보
험, 연금 등의 복리후생에 대한 비용도 절감할 수 있다.

• 아웃소싱

경험이 없거나 바쁜 종사원, 시급 종사원에게 할당하기에 부적합한 업
무는 전문업체에 아웃소싱하는 것을 고려할 수 있다. 예를 들어, 일주일
에 하루 방문하여 회계장부 기록을 정리하도록 전문가에게 아웃소싱하는
것이 훨씬 더 비용면에서 효과적이다.

- **인터넷 정보 활용**

  인터넷 쇼핑몰을 물품 구매와 가격 비교에 적극적으로 활용한다.

- **인쇄서비스**

  다양한 인쇄업체를 인터넷을 통해 이용할 수 있다. 그러나 사무실용품을 이용해 스스로 제작할 수 있을 때는 이런 서비스를 이용할 필요가 없다. 개인용 컴퓨터와 좋은 종이류, 레이저 프린터, 그래픽 소프트웨어(포토샵 등)만 있으면 업소의 명함, 유인물, 메뉴 등을 만들 수 있다. 시간과 재능이 있다면 스스로 제작하도록 한다.

- **메뉴 디자인과 출력 소프트웨어**

  고품질의 메뉴 인쇄에 많은 비용이 들기는 하지만 그만큼의 가치가 있다. 메뉴를 코팅하면 물에 젖지 않고 오염을 쉽게 닦아낼 수 있는 장점이 있다. 최근 개인용 컴퓨터를 이용한 다양한 메뉴 디자인 소프트웨어 프로그램들도 유용하게 이용되고 있으며, 이 프로그램에는 디자인 템플레이트나 클립아트가 내재되어 있어 사용하기가 매우 쉽고 레이저 프린터로 깔끔하게 출력할 수 있다.

- **임금관리 소프트웨어**

  사무직원이 종사원 임금대장 관리에 많은 시간을 소모해야 한다면, 인터넷 서비스 활용을 고려해 본다. 이런 서비스를 활용하면 임금이 높은 임금회계 전담 직원을 고용할 필요가 없고 임금회계 종사원의 이직과 훈련 관련 비용도 절감할 수 있다.

- **자동이체 서비스의 활용**

  우편물 및 사무업무와 관련된 시간을 절감하기 위하여 자동이체 서비스를 이용해 보도록 한다. 이것은 특히 매달 지불해야 하는 결제에 유용하다. 자동이체일을 납기일의 마지막 날로 지정함으로써 연체료 위험 없이 유동자산을 최대로 활용할 수 있다.

● **대량 우편 이용**

광고전단을 이용해 광고하기 전에 대량 우편 비용과 비교해 본다.

● **우편 서비스 비용**

사무실의 우편 서비스 비용을 지속적으로 관리하여 우편물이 사업상의 목적으로만 이용되도록 한다. 관리가 부적절하게 이루어질 경우 종사원들이 개인적인 목적을 위해 사용할 수 있다. 전담 직원만이 우편물 발송과 비용 관리를 하도록 한다.

● **전화통화와 관련된 주의사항**

원하지 않는 전화, 특히 사무용품이나 사무실 기계 토너 등의 판매와 관련된 전화에 주의한다. 이런 전화를 거는 사람들은 해당업소를 잘 아는 체하면서 업소의 복사기나 프린터 모델명을 물어 보고, 주문하지 않는 교체부품이나 토너를 발송한 후 그 비용을 청구한다. 소모품의 주문과 구입은 한 명의 종사원이 담당하게 하고, 비용 지불 전 주문서와 영수증 등의 문서를 꼼꼼히 확인하도록 한다. 만일 주문과 다른 브랜드나 수량, 품질의 제품이 배송된 경우, 이것은 법적으로 주문되지 않은 상품으로 처리할 수 있다. 일반적인 사기행위와 보고서 사기에 대한 정보를 얻기 위해 공정거래위원회나 소비자보호센터 등의 웹사이트를 이용한다.

● **우편엽서의 활용**

비용이 많이 드는 일반우편 대신 보다 창조적이고 관심을 집중시킬 수 있는 우편엽서를 사용한다. 우편물 광고에서 상대적으로 적게 사용되기 때문에 우편엽서는 다른 광고 우편물 사이에서 쉽게 눈에 띄고 우표값, 제작비, 시간에 있어서도 큰 절약이 되며, 그림이나 사진 등을 넣을 수 있어 경제적인 방법이다. 특별한 그래픽이 없는 평범한 우편엽서에 단골고객들이나 잠재고객들의 이름이 인쇄된 우편엽서는 비용에 비해 효과적인 결과를 얻을 수 있다.

▨ 전화요금 절감

많은 매니저들이 전화 영수증을 자세히 살펴보지 않는데, 한 번만 제대로 살펴본다면 요금을 절감할 수 있는 작은 아이디어나 계획을 발견해 낼 수 있다. 다음은 전화요금 절감을 위해 고려해야 하는 사항들이다.

- **업소 내 전화통화**

  업소의 전화를 누가, 누구에게 연락하기 위해 사용하는지를 파악한다.

- **종사원의 전화통화**

  종사원들의 전화통화에 관심을 갖고 종사원들이 얼마나 오래, 언제(휴식시간, 점심시간, 근무 전 또는 후, 근무시간) 전화통화를 하는지 파악한다. 종사원들이 업무상의 이유(주문을 받거나 예약전화 등)가 아닌 경우 업소 내 전화를 개인적으로 사용하지 못하도록 시간을 정해 놓는다.

- **종사원을 위한 공중전화**

  종사원들을 위해 레스토랑 내에 공중전화를 설치할 수 있다. 업소의 전화통화 요금의 절약과 함께 공중전화 설치로 인해 이윤 창출도 가능하다. 공중전화는 보통 설치업소와 이윤을 공유하는 조건으로 운영된다.

- **통화 내역의 기록**

    종사원들이 업소의 전화를 사용해야만 한다면, 모든 통화 내역에 대한 기록을 유지한다. 즉 어디로 얼마나 오랫동안 전화 통화를 하는지 기록하도록 하여 해당 전화통화에 대해 비용을 사용 종사원이 지불하도록 한다.

- **팩스의 사용**

    팩스를 자주 이용해야 한다면, 무제한 요금제가 경제적인 방법일 것이다.

- **유연성**

    이동전화나 무선전화기를 이용하면 업장관리 도중에도 전화를 받기 위해 매번 사무실로 돌아갈 필요가 없어 시간과 비용을 절감할 수 있다.

- **전화선의 수**

    시외전화가 가능한 무료핸드폰을 사용하여 시외전화에 사용한다.

- **080 번호의 활용**

    타지역의 납품업자와 통화할 때 시외전화 대신 '080' 번호를 사용한다.

- **업체 간 시외전화 비용 비교**

    적어도 3개월에 한 번씩 통신업체 간 시외전화 비용을 비교하여 낮은 비용을 제시하는 업체로 거래처를 바꾸도록 한다. 또한 광고 내용보다 더 낮은 요금제가 가능한지 항상 문의한다. 놀랍게도 기대했던 것보다 훨씬 쉽게 요구하는 것을 얻을 수 있다.

- **전화요금제와 영수증의 확인**

    적절한 요금제가 적용되고 있고, 올바른 비용이 청구되었는지 확인한다. 또한 적절한 할인율이 적용되는지, 모든 전화선에 할인율이 적용되는지를 확인한다.

- **팩스**

  팩스는 우편물보다 경제적이고, 컴퓨터 팩스모뎀은 가장 경제적인 방법
  이다. 또한 시간, 종이, 잉크의 사용도 절감해 준다. 한 연구에 따르면 우
  편물 한 장당 인건비는 팩스의 7.5배라고 한다.

- **팩스선**

  필요 이상으로 전화선을 이용하고 있는지 확인해 본 후, 유선모뎀이나
  DSL로 전환하거나 이메일로 대체하여 불필요한 전화선과 팩스선을 줄일
  수 있다.

- **세금이 낮은 시외전화와 국제전화 서비스 이용**

  선택적 전화 차단서비스를 사용하고(예 : 국제전화차단), 불필요한 사용
  을 파악하기 위해 통화 내역을 기록한다.

▨ 에너지 비용

미국 레스토랑협회(National Restaurant Association)에 따르면 평균적으
로 레스토랑 전체 매출의 2%가 에너지 비용이고, 0.05~4% 정도만이 순이익이
된다고 한다. 따라서 레스토랑의 에너지 소비를 25% 절감시킨다면 이윤은 총매
출의 4~4.5% 정도로 증가할 수 있다. 이는 총 매출에서 12.5% 증가를 달성한
것과 맞먹는 수준이다. 아주 사소해 보이는 비용절감 방법으로도 수 백 만원의
비용을 절감할 수 있다. 미국 환경청(Environmental Protection Agency)이
레스토랑의 에너지 사용 분야를 분석한 결과에 따르면 조리(23%), 온수와 난방
(각각 19%), 조명(11%), 냉방(8%), 냉장고(6%), 공기정화(5%), 사무실 기기
(1%) 등에서 에너지가 소비되고, 이 중 한 가지 분야에서의 절감도 큰 차이를
가져올 수 있다고 한다. 다음의 가능성을 고려해 보도록 한다.

- **대부분의 전기 회사에는 소비자의 전기료 절감을 돕는 부서가 있다.**

  전기 회사에 전화하여 비용과 낭비를 최소화 할 수 있는 방법에 대한 도움을 받도록 한다. 이런 서비스는 대부분 무료로 제공된다.

- **모든 기기에 타이머를 사용한다.**

  종사원들이 영업시간 후 전원을 끄는 것을 잊어버릴 경우에 대비해 모든 조명에 타이머를 사용한다. 타이머의 사용으로 전기료 절감과 함께 밤 늦게 건물에 누군가가 있다는 인상을 주어 절도를 예방하는 효과도 얻을 수 있다. 레스토랑의 영업시간 이후 온수기 전원을 끄고 영업 2시간 전에 전원이 자동적으로 켜지도록 타이머를 부착한다. 태양열 온수기 사용을 고려해 볼 수도 있다.

- **종사원들은 종종 창고형 냉장고의 사용 후 전등을 끄는 것을 잊곤 한다.**

  창고형 냉장고에 타이머나 동작인식기를 부착하여 종사원이 불을 끄지 않았다면 문이 닫힌 후 몇 분 후 자동으로 불이 꺼지도록 한다. 또한 종사원들에게 냉장고 문을 꼭 닫도록 지속적으로 지시한다. 열린 냉장고 문은 커다란 에너지 낭비원이다.

- **공기조화장치**

  냉방시스템은 온도가 적절하더라도 공기의 흐름을 유지하기 위하여 약하게 작동하도록 디자인되어 있다. 날씨가 좋고 바람이 적절히 부는 날에는 창문과 문을 열어 에어컨 사용을 줄일 수 있다.

- **히트 파이프 추가 검토**

  냉방시스템의 수분제거 기능을 향상시키는 동시에 전기 사용료를 줄이기 위해 열 파이프(heat pipe) 시스템을 추가할 수 있다.

- **청결 및 효율 증진**

  냉장고와 냉각기기 뒤에 있는 코일에 먼지, 얼음, 기름이 쌓이면 효율이
  떨어지게 된다. 적어도 두 달에 한 번씩 냉장고 전원을 약 10분간 끈 후
  코일을 완전히 청소한다. 또한 6개월에 한 번씩 온수기를 비운 후 청소하
  여 탱크의 바닥에 가라앉은 물때 성분을 제거한다.

- **서비스 거래회사 전환을 고려해 본다.**

  미국의 경우 많은 지역에서 전기와 가스회사가 민영화되고 규제가 없어
  졌다. 이런 지역의 경우 어느 서비스 회사가 가장 저렴한지를 비교해 보
  고 거래 회사를 선택한다.

- **낮은 와트의 백열 전구 사용**

  에너지 사용이 적고 수명이 긴 전구를 사용하는 것도 에너지 절감의
  한 방법이다. 할로겐등은 에너지를 절감하는 전구로 형광등보다 가격은
  약간 높지만 수명이 길다. 에너지 효율이 높은 조명이나 낮은 와트의 전
  등으로 교체할 수도 있다. 백열등은 형광등으로 전환한다. 조도 조절기,
  동작 감지 센서를 부착하여 조명을 자동으로 조절한다. 조도 조절 밸래스
  터는 T-8과 컴팩트 형광 조명에 사용할 수 있다. 외부 조명에는 고압나트
  륨이나 저와트 금속 할리드 램프를 사용하도록 하고, 주방 환기 후드에
  컴팩트 형광등을 부착한다. 모든 전등은 에너지 효율이 높은 형광등으로
  바꾼다. 미환경청(EPA)에 따르면, 형광등을 T-8 형광등으로 전환함으로
  써 연간 20~50%의 절감이 가능하다고 한다.

- **전문업체로 하여금 건물의 에너지 손실을 파악하도록 한다.**

  모든 건물은 창문과 문, 지붕 등을 통해 에너지 손실이 일어난다. 창문
  에 차양막을 설치하거나 추가의 절연장치가 필요할 것이다.

- **절전**

  영업시간 후 컴퓨터나 복사기를 사용하지 않을 때에는 전원을 끄도록
  한다. 밤새 켜놓은 컴퓨터는 하루 종일 사용하는 전등보다 더 많은 전력
  을 소모한다. 또한 사용하지 않을 때에는 주방기구의 전원을 끄도록 한
  다. 대부분의 주방기기는 예열하는데 최대 20분 정도면 충분하다.

▨ 에너지 절감 방법

- **기기 사용 절차**

  기기의 전원을 켜고 끄는 절차에 대한 체크리스트를 작성하고 모든 종
  사원들이 준수하도록 한다.

- **거울 이용**

  영업장 벽면에 거울을 부착하면 조명 효과가 극대화되고 공간이 넓어
  보이는 효과를 얻을 수 있다.

- **환기 후드**

  후드를 사용하지 않을 때에는 전원을 끈다.

- **적외선 튀김기**

  일반 가스 튀김기를 적외선 튀김기로 바꾸면 이윤을 증가시킬 수 있다.

- **주차장 조명**

  광전지를 사용하여 자동적으로 주차장 조명을 관리한다.

- **창고형 냉동고와 냉장고**

  입구에 플라스틱 콜드 커튼을 설치하면 전기료가 절감된다.

- **커피메이커**

  증기와 열의 방출을 방지하는 특수 덮개가 설치된 커피메이커를 이용하면 커피의 온도 유지에 도움을 줄 뿐 아니라 냉방에 사용되는 비용도 절감된다. 커피를 내린 후 보온기 위에 두지 않고 보온 용기에 보관하면 커피의 맛을 유지할 수 있고 에너지 손실을 줄일 수 있다.

- **보일러 필터 교체**

  먼지가 많이 끼어 있는 필터를 사용하면 보일러 과열이 일어날 수 있으므로 필터는 주기적으로 교체한다.

- **감지센서**

  저장창고와 같이 조명이 필수적이지 않은 구역에는 감지센서나 타임스위치를 설치한다. 또한 창고형 냉장고나 냉동고 조명에도 감지센서나 타임스위치를 부착할 수 있다.

- **온도 관리**

  온도 0.5℃를 낮추는 데 에너지 사용은 4~5% 증가하게 된다. 냉방시에는 26℃로, 난방시에는 20℃로 유지한다.

- **천창**

  천창을 통해 자연 조명을 이용한다.

- **수온**

  손씻기 위한 물의 온도는 43℃가 되어야 하고, 식기세척기용 물의 온도는 43℃ 이상이어야 한다. 위생을 위해 항균비누를 사용한다.

- **수량조절**

  수도관과 수도꼭지 물의 흐름을 낮추는 장치나 에어레이터를 설치하여 물의 소비량을 약 50% 정도 줄일 수 있다.

- **새로운 수도관**

  기존의 온수파이프와 탱크는 수리하거나 단열하고, 모든 싱크대에 배수덮개나 바닥 배수덮개를 설치한다.

- **물이 새는 수도꼭지**

  1시간에 1리터의 물이 새는 온수 수도꼭지에서 연간 8,760리터의 물이 낭비된다.

- **동작감지 수도꼭지**

  손세정대 앞에 무언가가 위치하면 수도꼭지가 자동으로 작동하는 동작감지 시스템을 설치한다. 전처리실과 식기세척 구역에서 물의 지나친 사용은 불필요할 뿐 아니라 비용 낭비이다. 동작감지 수도시스템을 사용하면 필요할 때만 물을 사용하고 사용하지 않는 경우에는 자동으로 잠궈진다.

- **온수기 탱크의 단열**

  온수기 탱크의 단열장비 설치에 비용이 약간 들지만 에너지 절감으로 이 투자비용을 1년 안에 회수할 수 있다.

- **온도계 덮개**

  온도계를 보호하기 위해 잠금장치가 있는 덮개를 이용한다.

- **조리기계의 예열**

  제조업체의 사용 설명서에 제시된 시간 이상으로 조리기계를 예열하지 않는다. 또한 음식주문이 적은 시간에는 기계의 전원을 끄도록 한다.

• 태양열 방지 코팅

남향이나 서향 창문을 통한 실내온도 상승을 방지하기 위해 투명한 태양열 방지 코팅을 한다.

• 환기장치

경제적인 냉난방 환기시스템을 이용하고, 환기장치와 냉난방기 필터를 정기적으로 교체한다.

• 냉장고/냉동고의 관리

창고형 냉장고나 냉동고 문의 마모된 개스킷은 교체하고, 자동문 잠금장치를 작동시킨다. 냉장고와 냉동고 경첩과 빗장에 윤활유를 정기적으로 치고, 공기가 새어나가지 않도록 헐거워진 경첩을 단단히 조여 준다.

• 환기팬

환기팬에 먼지가 끼지 않도록 관리한다.

• 냉각기

냉장고와 냉동고의 냉각장치를 관리하여 정상적으로 작동하도록 한다.

• 음식 생산 계획과 조리기계

일부 음식은 고객이 적은 시간에 미리 준비할 수 있다. 조리에는 에너지 효율이 낮은 가스레인지나 번철, 브로일러 대신 오븐, 튀김기, 찜기를 이용하도록 한다.

• 적절한 예열

스팀테이블, 그릴, 브로일러 등은 예열이 필요 없고, 예열이 필요한 경우에도 10~30분이면 충분하다.

● **전자레인지**

전자레인지는 다른 조리기구보다 적은 에너지를 이용하며, 해동, 부분 조리, 재가열에 효과적으로 이용될 수 있다.

● **조리기구의 세척**

조리기구의 주기적인 세척을 통해 그을음이나 기름이 끼지 않도록 한다. 그을음이나 기름은 조리기구의 효율을 낮추고, 에너지 사용을 증가시킨다.

▨ 레인지 탑 기구의 이용방법

가능하면 음식 조리에 레인지 탑 기구의 사용을 피하고, 대신 에너지 사용이 적고 주방에 열을 적게 배출하는 찜기나 오븐 같은 기기를 사용하도록 한다.

● **불의 크기에 적합한 크기의 냄비나 팬을 사용한다.**

가장 적은 불에 지름 30cm 정도 되는 냄비를 사용하면 조리에 필요 이상의 에너지가 요구되고, 큰 불에 너무 작은 냄비를 사용하면 에너지가 낭비된다. 전기레인지나 열기구는 적어도 팬보다 직경이 2.5cm 정도 적은 것을 사용하도록 한다.

● **냄비들을 가깝게 같이 놓는다.**

레인지 위의 냄비들을 가능한 한 서로 가까이 위치하면 열손실이 줄고 불필요한 부분의 사용을 줄일 수 있다.

● **모든 냄비의 뚜껑을 덮는다.**

냄비의 뚜껑을 덮어 열손실을 줄이고 조리 시간을 단축시킨다. 가능하면 유리 뚜껑이나 투명한 뚜껑을 이용한다.

- **조리시 실제 가열 시간보다 몇 분 일찍 열을 제거한다.**

  열을 제거한 후에도 열원과 냄비의 여열로 음식 조리는 계속된다.

▨ 레인지 탑 기구의 에너지 절감 방법

레인지 탑 기구의 운영비용을 절감하기 위해 다음의 방법들을 이용한다.

- **번철의 이용**

  - 예열 : 번철의 예열은 약 6분 정도로 한다. 번철의 온도를 170℃까지 예열하는 데 6분이면 충분하다.
  - 부분적으로 열원 공급을 조절할 수 있는 번철은 필요한 부분만 가열한다.
  - 조리 중 음식을 덮어 조리 시간을 단축한다.
  - 번철 누르개의 사용 : 베이컨이나 소시지 등은 무거운 것으로 누르면 조리 시간을 단축시킬 수 있다. 그러나 모양이 변할 우려가 있다.

- **오븐의 사용**

  - 조리시 오븐 문은 닫도록 한다. 오븐 문이 1초 열리면 내부 온도는 2~6℃ 정도 낮아진다.
  - 불필요한 오븐의 사용을 제한한다. 같은 온도가 필요한 음식은 한 오븐에서 조리할 수 있다.
  - 예열은 필요한 경우에만 한다. 일반적으로 예열은 굽는 요리에만 필요하다.
  - 필요한 온도 이상으로 가열하지 않는다. 온도가 높다고 해서 오븐 온도가 더 빨리 상승하지 않는다.
  - 알루미늄 호일의 사용을 제한한다. 감자 등의 식품을 싼 알루미늄 호일은 오븐의 열을 반사하여 조리 시간을 길게 한다. 알루미늄 호일이 필요하다면 조리가 끝난 후 음식을 싸도록 한다.

• 튀김기

■ 튀김온도는 보통 150~180℃로 이보다 더 높은 온도는 비효율적이다. 구형모델의 튀김기의 경우 190℃로 온도를 맞추어야 하는 경우도 있으므로 튀김기의 사용 설명서를 참고한다.

■ 잠시 조리를 쉬는 동안 기름의 온도를 90~95℃로 유지하면 에너지 소비를 50%까지 줄일 수 있다.

■ 튀김 전에 미리 기름을 녹인다. 고체 기름의 경우 우선 스팀솥에서 적절한 온도로 녹여서 사용한다. 이 방법은 튀김기 내에서 기름을 녹이는 것보다 훨씬 에너지 효율이 높다.

■ 기름의 양은 튀김기의 코일을 덮을 정도로 한다. 만일 튀김기의 코일이나 열 발생부분이 외부로 노출될 경우 25% 정도의 열이 손실될 수 있다.

■ 튀김 음식은 가능한 한 건조한 상태로 이용한다. 수분이나 냉동식품의 얼음을 증기로 바꾸는 데는 상당한 양의 에너지가 요구된다. 감자나 닭고기 같은 식품은 증기로 부분적으로 조리를 한 후 튀김기에서는 색을 낸다.

• 찜기

■ 조리의 시작은 찜기에서 한다. 즉 찜기에서 식품을 부분적으로 조리한 후 일반적인 조리 방법으로 마무리한다. 증기는 적절한 조리가 가능하도록 하면서 열을 빨리 전달하고 예열 시간이 짧으며 조리 시간을 단축시키기 때문에 가장 효율적인 조리 방법이다.

■ 스팀솥의 뚜껑은 덮는다. 주방 내 증기가 차 있다면 스팀솥의 온도가 불필요하게 높다는 증거로 공조 시스템에 부담이 된다.

■ 스팀솥은 에너지 낭비원이다. 스팀솥을 필요 이상으로 예열하지 않으며 사용하지 않을 때는 즉시 전원을 끈다.

• 식기 세척기

■ 식기 세척기 내에서 세척이 끝난 후 식기의 건조를 꼭 기계 내에서 수행할 필요는 없다. 고객이 적은 시간이나 영업이 끝난 뒤에는 세척된 식기를 자연 건조하여 에너지 소비를 줄이고 운영비용을 절감할 수 있다.

■ 식기 세척기는 식기가 충분히 있을 때 작동시키고, 더운 물을 이용해 애벌세척 한다. 물의 온도는 목적에 맞을 정도로만 가열한다.

■ 식기 세척기의 온도는 적절하게 유지한다. 에너지를 절감하면서 필요한 정도로 물을 가열하기 위해 위생 관계 당국에서 허가하는 가장 낮은 온도로 가열한다. 이보다 물의 온도를 높이는 것은 에너지 낭비이다.

■ 사용하지 않을 때는 식기 세척기의 전원을 꺼 더 많은 전기를 절약한다.

■ 법규가 허락한다면 온수 헹굼 대신 화학적 헹굼을 사용할 수 있다. 최종 헹굼에 온수 대신 락스 타입의 화학용품이 이용될 수 있다.

■ 식기 세척기 내 가열장치는 사용하지 않을 때나 영업이 끝날 때 전원을 끄도록 한다.

■ 식기 세척기의 파워 헹굼은 한 사이클이 끝나면 자동적으로 전원이 꺼지도록 한다.

■ 식기 세척기의 사용 후에는 세척과 헹굼 구역 내부를 확인하여 음식찌꺼기는 제거하고, 정기적으로 세척과 헹굼 구역 내 석회질을 제거한다.

▨ 효율적인 기기 활용

주방의 운영 비용을 절감하기 위해 기기를 최고 효율로 이용하는 것은 선택이 아니라 필수이다.

• 온도계 점검

적어도 2달에 한 번씩 오븐의 온도계가 제대로 작동하는지 점검한다. 온도계가 정상적으로 작동하지 않을 경우 필요 이상(또는 이하)으로 연료를 소모하게 되어 음식의 품질과 원가에 부정적인 영향을 미치게 된다.

기기에 부착된 온도계의 성능을 보정된 온도계로 점검하고 필요할 경우 보정을 한다.

• **가스불의 크기 조절**

정상적으로 조절된 가스불은 가운데가 깔때기 모양이고 파란색이다. 끝 이 노란색이거나 오렌지색이면 불완전 연소가 일어나고 있는 증거이다. 또한 눈에 보이는 그을음이 없어야 한다.

• **관의 점검**

온수와 증기의 유출 역시 에너지 손실이다. 온수나 증기가 새는 밸브나 개스킷은 교체하고, 물이 새는 수도꼭지도 교체한다.

• **오븐의 과열**

외부 표면이 지나치게 뜨거워진 오븐은 단열 상태가 불충분하거나 손상 된 것이다. 따라서 반드시 교체되어야 하고 오븐 문의 개스킷이 잘 맞는 지도 확인한다.

• **음식의 분리 저장**

모든 음식을 하나의 큰 냉장고에 저장하는 것보다 음식별로 구분된 냉 장고에 저장하여 에너지를 절약할 수 있다. 음식을 그 사용 빈도에 따라 구분하여 자주 사용하는 식품과 자주 이용하지 않는 식품을 분리하여 저 장하는 것이다. 예를 들어, 냉동 햄버거패티와 냉동튀김 감자는 한 냉장 고 안에 저장할 수 있으나, 이 중 한 식품이 다른 것보다 더 자주 이용하 는 경우라면 다른 냉동고에 저장하는 것이 바람직하다. 또한 오랫동안 냉 장고문을 열고 내부의 음식을 찾는 것을 피하기 위해 식품에 라벨을 붙인다.

- **냉장 · 냉동고 온도**

  필요 이하로 온도를 설정하지 않는다. 적정 온도 이하로 설정하면 약간 냉각시간을 줄일 수 있으나 에너지 소비가 상당하게 된다.

- **냉장고 내 음식 저장**

  냉장고에 음식을 저장할 때에는 공기의 순환을 막지 않도록 음식을 배치한다. 또한 음식 주위로 찬 공기가 잘 순환될 수 있는 선반을 사용한다.

- **주방의 레이아웃**

  냉장기기는 오븐이나 그릴과 같은 열기기로부터 멀리 떨어져 배치한다. 레인지, 열판, 전자레인지, 오븐 등은 냉장고나 에어컨에서 멀리 위치시킨다. 열판이 에어컨에 의해 냉각된다면 온도를 높이기 위해 더 많은 에너지와 시간이 필요하기 때문이다.

- **주방 조리기구로부터의 증기 손실**

  냄비나 팬의 뚜껑을 덮었을 때 증기가 새는가를 본다. 물론 뚜껑에서 약간의 증기가 새는 것은 자연스러운 현상이나 어느 한 부분에서만 증기가 유출되는 경우는 뚜껑이 잘 맞지 않아 에너지가 손실되는 것이다.

- **버너 받침대**

  버너 아래 은박지 받침대를 사용하면 청소시간이 줄 수 있고 열을 음식에만 집중적으로 이용할 수 있다.

- **냉장기기나 오븐 내의 온도계**

  냉장기기나 오븐에 설치한 온도계가 정확히 작동하는지를 정기적으로 점검하여 음식이 올바른 온도에서 저장되도록 한다.

● **온수 파이프**

온수기에서 식기 세척기로 들어가는 온수 파이프의 길이는 최대 1미터 이하가 되도록 한다. 만일 파이프가 사방의 벽을 타고 돌아 들어가야 한다면 그 과정에서 열이 손실되고 세척 효과도 떨어지게 된다.

● **기기의 보호**

모든 기기에 적합한 보호레일이나 범퍼 등을 구매한다. 이런 것들은 일반적으로 액세서리로 제공되는데, 이들 보호 장치들은 이동식 기구와 고정식 기구 모두에 필요하다.

● **온수의 재활용**

온수를 많이 사용한다면 사용한 온수로부터 열을 재활용하는 방법을 고려해 볼 수 있다. 레스토랑에서 세정과 헹굼에 사용된 온수의 열은 '열교환 장치'를 이용해 냉수를 예열하는 데 재활용될 수 있다. 이러한 시스템에 대한 투자의 경제성 여부는 사용하는 온수의 양, 버려지는 물의 온도, 기기 설치비에 달려 있다. 뜨거운 가스 열교환장치(hot gas heat exchanger)는 열을 냉장시스템으로부터 회수할 수 있다. 물은 열교환장치를 통과해 흐르면서 열을 직접 사용될 장소로 또는 온수 탱크로 전달하게 된다.

● **천정의 오염**

환기 닥트와 환기구로부터의 천정오염으로 인한 비용 낭비도 상당하다. 천정의 기름 오염은 또한 건강과 안전상 위해가 되기도 한다. 이런 기름 오염이 바닥에 떨어질 경우 미끄러움, 낙상의 원인이 되어 종사원들의 치료와 보상에 많은 비용이 낭비된다.

▣ 아이스메이커의 사용

냉기회수 열교환기(waste chill recovery heat exchanger)는 에너지 효율을 향상시키기 위해 어떤 아이스메이커에도 적용될 수 있다. 이 장치는 기본적으로 아이스메이커로부터 버려지는 찬물을 이용해 아이스메이커로 들어가는 물을 미리 냉각시키는 열교환기이다. 이로써 상당한 양의 에너지를 절감할 수 있다.

- **아이스메이커용 물의 냉각**

  아이스메이커로 들어가는 수도관을 미리 냉각시키기 위해 창고형 냉장고를 통과하게 할 수도 있다.

▣ 쓰레기 관리

효과적인 쓰레기 관리 역시 레스토랑의 운영비를 절감하는 방법 중의 하나이다.

- **쓰레기통에 버려지는 쓰레기의 양(부피)을 줄인다.**

- **물품 구매시 재사용이 가능한 용기의 사용을 요구한다.**

- **양념은 대량 포장상태로 구매하고 양념통에 덜어 사용한다.**

- **음료수와 맥주는 병과 캔을 사용하는 대신 음료 디스펜서를 이용한다.**

- **고농축 청소 세제를 사용한다.**

- **저장통에 저장할 수 있는 건조식품은 대량으로 구매한다.**

- **재활용**

  종이박스, 플라스틱병, 알루미늄캔을 재활용한다. 재활용은 단순히 환경친화적인 방법일 뿐 아니라 쓰레기 처리 비용을 감소시키고 쓰레기로부터 돈을 벌 수 있는 방법이 되기도 하다. 맥주병을 판매하게 되면 그 금액만큼을 다음 주문 비용에서 절약이 가능하다.

- **모든 알루미늄캔을 찌그려뜨려서 재활용한다.**

  재활용 알루미늄캔을 찌그러뜨려 보관하면 저장 공간을 줄일 수 있다. 알루미늄캔을 쓰레기통에 버리는 것은 돈을 쓰레기통에 버리는 것과 같다.

- **펄퍼를 사용한다.**

  음식물쓰레기를 분쇄기로 처리해 하수구로 버리는 대신 모든 쓰레기를 잘게 자르는 펄퍼(pulper)를 사용할 수 있다. 펄퍼로 잘라진 쓰레기와 물의 혼합물은 95%의 물과 5%의 쓰레기로 되어 있는데, 압축기를 거치면서 수분을 제거 후 쓰레기만 쓰레기통으로 버리면 된다.

- **'권총형' 디스펜서(gun dispenser) 이용**

  병이나 캔 단위로 탄산음료를 구매하는 대신 혼합 시스템에 연결된 권총형 디스펜서를 이용한다. 이러한 시스템을 이용하면 음료수의 원가가 낮아진다. 이로서 비용이 절감되고, 쓰레기 관리, 부패, 저장공간, 배달 문제 등도 해결될 수 있다.

- **종사원들은 종종 쓰레기통으로 버려지는 것들에 주의를 기울이지 않는다.**

  한 근무조 당 단지 포크나 나이프 또는 유리제품 몇 개가 버려지는 것이지만 업소에 있어서는 큰 비용부담이 된다. 설문조사에 따르면 레스토랑업계에서 가장 많이 구입하는 물품이 접시라고 한다. 그 이유는 그만큼 많은 접시가 쓰레기통으로 버려지고 있기 때문이다. 가끔씩 주방 쓰레기통을 점검하여 이런 일이 벌어지지 않도록 한다. 트레이세이버와 자석을 사용하여 트레이와 금속성 식기나 쟁반이 버려지는 것을 방지한다.

● **하수의 처리**

　　몇몇 도시에서는 자체 하수처리 시스템을 갖춘 업소에 하수처리 비용을 절감해주기도 한다. 이런 할인에 대한 정보는 해당 관청에 연락하여 얻을 수 있다.

▣ 비용 절감을 위한 다른 방법들

전화, 전기, 가스 비용만을 절감할 수 있는 것은 아니다. 수도, 청소용품, 우편, 쓰레기 처리에서도 비용 절감의 효과를 얻을 수 있다.

● **신용카드 회사와 수수료 재계약**

　　카드사와의 수수료 재계약을 통해 비용 절감을 이룰 수 있다. 연간 총매출이 10,000,000원인 레스토랑에 1% 수수료 할인이 가능하다면 100,000원의 절감을 얻을 수 있다. 어떤 은행은 거래 초기에 높은 수수료를 부과하는 반면, 수수료가 없는 은행들도 있다. 상업은행들은 일정 수수료를 부과하는데, 일반적으로 1~4%의 할인이 가능하다. 또한 각 거래마다 부가되는 비용이 있고 매달 거래 내역서 발행에 일정량의 비용을 부과한다. 은행과 개별적으로 협상을 하거나, 해당 시·도의 레스토랑협회에 연락하여 단체로 회원들을 위한 할인율을 협상할 수도 있다.

● **단체가입 회비와 할인**

　　가입되어 있는 단체의 회원에게 가능한 할인이나 특별한 판촉행사가 있는지 조사해 본다. 많은 업체들이 지역의 상공회의소에 가입하고 회비를 납부하는 것은 그에 따른 혜택을 이용하기 위한 것이다. 상공회의소의 회원으로서 지역경제를 활성화시키기 위한 판촉활동, 납품업자로부터의 할인, 지역사회의 행사 등을 요구한다. 만일 원하는 것을 얻을 수 없다면 탈퇴하고 그 비용을 마케팅에 사용하는 것이 낫다.

• 상품권 판매

외식상품권은 가능한 한 많이 판매하도록 노력한다. 외식상품권은 고객들로부터 무이자 대출을 받은 것과 같다. 고객들은 미리 현금을 지불하고 그 대가로 종이 한 장을 받는 것인데, 이 상품권은 미래에 사용될 수도 있고 사용되지 않을 수도 있다. 이것은 고객의 돈을 자유롭게 이용하는 방법이다.

• 식탁의 장식

식탁의 장식에 생화나 초같이 지속적인 관리가 필요한 아이템만을 이용할 필요는 없다. 색이 있는 작은 돌이나 작은 초가 들어 있는 수조를 이용할 수 있다. 이들은 가격 면에서도 저렴하고 매우 효과적인 아이템이다.

• 정원 관리

업소의 외부 장식에 오래된 관목 대신 여러해살이 식물을 심을 수 있다. 여러해살이 식물은 매년 꽃을 피울 뿐 아니라 다듬을 필요가 없고, 매년 꽃을 심는 데 드는 비용을 절약할 수 있다.

• 기부

지역의 봉사단체에서 기부를 요청할 경우 현금보다는 상품권을 제공하거나 무료로 단체의 모임을 열어주는 것을 제안한다. 이 방법은 현금의 사용을 제한하면서 사람들을 업소로 끌어들이는 효과가 있다.

• 분기별 재무제표

거래은행에 대출 조건으로 월별 재무제표 대신 분기별 재무제표를 제공할 수 있는지 확인해 본다.

- **지출의 통제**

  지출의 통제는 중요하다. 부서별 예산 대신 종사원들에게 모든 지출에 대한 근거를 밝히도록 한다.

- **현금 할인**

  납품업자와 거래시 현금할인을 요구한다. 일정 한도 이상 주문시 납품업자들은 배달료를 청구하지 않으므로 필요한 물품을 한 번에 모아서 발주하면 구매비용을 절감할 수 있다. 비용절감 아이디어 개발시 납품업자를 초대해 아이디어를 얻도록 한다.

- **기기의 리스**

  현재 소유하고 있는 기기를 팔고 대신 리스할 수도 있다. 리스 회사들은 기존의 시설이나 설비를 업소에 다시 리스해 줄 것이다. 리스를 통해 현금을 얻고, 매월 리스비와 이자를 지불하게 된다. 리스계약 종료 후 기기를 다시 구입할 수 있는 옵션도 가능하다.

- **물물교환**

  물물교환 단체에 가입하여 현금을 절약한다. 물물교환을 통해 현금의 사용 없이 판매되지 않는 물품(음식, 음료 또는 출장서비스)으로 필요한 것을 얻을 수 있다. 물물교환을 통해 거의 모든 물품과 서비스를 구매할 수 있다.

- **무료 컨설팅 서비스**

  레스토랑의 운영에 대한 전문가의 무료 컨설팅이 지역 상공회의소나 중소기업청 등에서 제공되므로 이를 적절히 활용한다.

식재료 원가 절감

▣ 메뉴 판매가의 결정

본 장의 주제가 운영원가이지만 식재료 원가가 레스토랑 비용 중 큰 부분을 차지하므로 언급될 필요가 있다. 메뉴 판매가를 결정할 때 고려해야 할 몇 가지 중요한 사항이 있다.

- **메뉴 판매가는 1,000원 매출 당 원가가 250원이 되는 것이 가장 이상적이다.**

  일단 한끼 식사를 생산하기 위해 필요한 비용(임금, 보험료, 기기 구입, 유지·수선비, 건물 임대료를 포함)이 결정되면, 그 숫자에 3.33을 곱함으로써 그 메뉴의 판매가를 산정할 수 있다. 물론 현실에서 비용은 더 높다. 일반적으로 레스토랑에서 영업이윤은 총매출의 10~20% 정도로 유지하려고 노력한다.

- **직접 원가 외에 다른 요인들도 메뉴 판매가 결정에 영향을 미친다.**

  고객들이 인식하는 품질 수준, 위치, 레스토랑의 분위기, 경쟁업체 등과 같은 간접적인 요인들 역시 판매가 결정에 영향을 미친다.

- **메뉴 판매가 결정 과정에 소프트웨어를 이용할 수도 있다.**

- **각 음식 원가가 판매가의 70% 수준이 되도록 한다.**

  비용은 판매 가격의 2/3 정도가 되어야 한다. 만일 다른 비용을 절감하게 된다면 고객들에게 좋은 가격으로 좋은 음식을 판매하면서 큰 이윤을 남길 수 있게 된다. 상향판매(up-selling)는 여러 방법으로 수행될 수 있다. 서비스 종사원들이 고객들의 주문시 메뉴를 권할 수도 있고, 고객에게 애피타이저나 디저트를 원하는지를 질문하여 고객이 추가로 주문을 하게 유도할 수도 있다.

- **메뉴판에서 각 메뉴의 위치는 고객들의 주문에 결정적인 역할을 한다.**

  고객들은 첫 번째와 마지막 메뉴를 가장 잘 기억한다. 따라서 제일 많이 판촉하고자 하는 메뉴는 첫 번째나 마지막에 위치하는 것이 좋다. 이 위치에는 이윤이 높거나 원가가 낮은 메뉴가 적절하다.

- **식재료의 가격 변동이 심한 경우 메뉴를 변화시킨다.**

  예를 들어, 쇠고기 가격이 급등한 경우 주메뉴가격을 올릴 필요가 있다. 또한 현재 메뉴를 돼지고기, 닭고기나 다른 육류 종류로 대체할 수 있다.

▨ 메뉴 원가

운영비 절감에 메뉴를 활용한다.

- **메뉴 매출 분석**

  메뉴 매출 분석은 판매 현황을 파악하는 데 유용하다. 이 정보를 잘 활용하여 인력, 쓰레기 처리, 식재료, 1인 분량 조절 등 원가를 줄일 수 있는 분야를 찾아낼 수 있다. 메뉴 매출 분석을 통해 다음의 세 가지 사항을 파악할 수 있다.

  ① 메뉴별 판매량　　　② 메뉴의 원가　　　③ 메뉴의 수익률

- **생산 보고서**

  많은 레스토랑들이 금전등록기 관리를 전산화하여 일일 또는 주간, 월간 매출 보고서를 쉽게 얻고 있다. 전산화된 금전등록기를 이용하지 않는 경우 매출 전표를 이용해 작성할 수 있다.

- **정보 정리**

  금전등록기에서 얻은 정보를 하나의 표로 만들면 내용의 파악이 훨씬 쉬워진다. 다음은 이러한 표의 한 예이다.

메뉴명	인기도*	원가(원)	판매가(원)	이윤마진(원)
돼지고기 안심	42/100	620	12,500	4,880
미트볼 스파게티	12/100	1,790	8,250	4,460
새우 스캠피	46/100	3,400	15,950	7,550

* 42/100 : 특정 기간 동안 총 100명의 고객 중 42명이 돼지고기 안심을 주문하였음을 의미

- **정보의 활용**

  다음 단계는 이러한 정보를 원가 절감과 관련하여 해석하는 것이다. 위의 예를 이용하면, 돼지고기 안심은 새우 스캠피 만큼 인기도가 높지만 원가는 훨씬 낮다. 따라서 이러한 낮은 원가의 메뉴를 업소의 대표 메뉴로 강조할 수 있다. 또는 식재료 원가를 낮추어 이윤 마진을 증가시킬 수 있다. 그러나 원가가 낮은 메뉴만을 강조할 경우 객당 평균 매출이 줄어 이윤이 낮아질 수도 있다. 원가를 절감하면서 이윤을 증가시키기 위하여 전체적으로 원가가 높은 메뉴와 낮은 메뉴의 균형을 맞추도록 한다.

- **메뉴 원가관리 소프트웨어**

  메뉴 원가관리를 위한 다양한 소프트웨어가 개발되어 있으므로 인터넷을 참고해 본다.

▣ 식음료 원가계산

• 재고 가치

우선 월초의 재고 가치를 계산하고, 월초 재고 가치에 그 달에 구입한 물품의 원가를 더한다. 그 총액에서 월말 재고물품의 가치를 빼면 이것이 한 달 동안 사용한 식재료비가 된다. 이것을 다시 그 달의 매출액으로 나누면 전체 매출 중 식재료 원가의 비율을 알 수 있다.

• 매출 원가

매출 원가는 판매된 식음료의 원가를 의미한다. 식재료 원가는 다음과 같이 계산한다.

매출 원가 — 식재료	
월초 재고 ·················	₩1,000,000
구매한 식재료 ·················	₩9,000,000
총 ·················	₩10,000,000
월말 재고 ·················	₩700,000
매출 식재료 원가 ·················	₩9,300,000
매출액 ·················	₩25,000,000
식재료 원가 비율 ·················	37%

• 음료

음료의 매출 원가도 유사한 방법으로 계산할 수 있다. 와인과 맥주 역시 음식과 따로 분리하여 매출 원가를 계산한다.

▣ 표준 래시피

표준 래시피를 사용하여 효과적으로 원가와 품질을 관리할 수 있다. 조리사와 바텐더가 표준 래시피를 준수하면 1인 분량 통제가 가능해진다. 표준 래시피를 주방과 바 내에 비치하여 종사원들이 항상 이용할 수 있도록 한다. 표준 래시피는 독서카드 형태로 만들어 독서카드 상자에 보관할 수도 있고, 투명보관 비닐에 넣어 파일 바인더에 보관할 수도 있다. 표준 래시피에 포함되어야 하는 정보는 다음과 같다.

- **음식명과 래시피 번호**

- **산출량**

  래시피로 조리시 생산되는 음식의 양

- **1인 분량**

  1인 분량은 무게나 개수로 표시되며, 배식시 사용하는 도구의 크기를 포함할 수 있다. 예를 들어, 수프 1인분은 6온스 국자를 사용하라고 기록할 수 있다.

- **음식 외향**

  완성된 음식의 그림이나 사진을 포함하기도 한다.

- **식재료**

  사용되는 식재료 종류뿐 아니라 그 양도 포함한다.

- **조리 방법**

- **마무리**

  기름을 바르거나 녹인 초콜릿을 뿌리는 것과 같이 음식의 마무리를 위한 지침을 포함한다. 또한 냉각과 보관 온도에 대한 지침도 포함한다.

- **원가**

    모든 재료와 장식물의 원가를 포함한다. 단위당 원가는 영수증을 통해 정확히 파악할 수 있다. 각 재료 원가의 총합인 래시피 총원가이다. 이것을 산출 인분수로 나누면 1인 분량 원가를 알 수 있다.

■ **원가 절감과 품질 관리**

다음에 제시된 식재료 원가 절감 방법을 따른다면 총지출이 상당히 절감될 것이다.

- **튀김용 기름의 사용기한 연장**

    다음의 6가지 단계를 따른다면, 오래된 기름을 제거할 필요가 거의 없을 것이다.

    1. 적어도 일주일에 한 번씩 튀김바구니와 튀김기를 중성세제를 이용해 깨끗이 청소한다.
    2. 하루에 1~3회 또는 작업조가 바뀔 때마다 기름을 걸러준다.
    3. 일주일이 지난 후 사용한 기름을 거르고 그 반을 덜어서 깨끗한 용기에 담는다. 이 기름은 다른 요리의 기름으로 사용한다.
    4. 튀김기의 반을 새 기름으로 채운 후 계속 사용한다.
    5. 사용 중 줄어드는 기름의 양을 채우기 위해 걸러놓은 기름을 더해준다.
    6. 정기적으로 위의 과정을 반복한다.

- **커피전용 보온병(air pot)**

    커피전용 보온병은 단열되어 있어 8시간까지 커피의 온도와 품질을 유지할 수 있다.

- **빵 바구니**

    빵 바구니는 음식물 쓰레기의 원인 중의 하나이다. 고객들은 서빙된 빵

중 일부분만 먹는다. 따라서 빵 바구니는 고객이 요구할 경우에만 제공하거나 한 번에 서빙하는 양을 줄인다. 개별 포장된 제품을 이용하면 남은 제품을 다시 이용할 수 있다. 요즘 몇몇 레스토랑에서는 고객의 요구시에만 빵을 제공하거나 집게로 한 번에 한 개의 롤이나 빵을 제공한다.

● **주방 쓰레기**

음식물 쓰레기는 식재료 원가를 높이는 원인의 하나이다. 주방에 쓰레기통 하나를 따로 설치하여 잘못된 주문으로 되돌아온 음식, 바닥에 떨어진 음식 등 낭비되는 음식만을 모으도록 한다. 이것을 보면서 종사원들은 얼마나 많은 음식이 낭비되고 있는지를 인식하게 될 것이다.

● **가공식품의 이용**

기존에 업장에서 직접 만들던 음식 중 일부는 가공식품으로 대체할 수 있다. 최근의 식품가공 기술의 발달로 우수한 품질의 가공식품이 판매되고 있어 이 제품들을 그대로 또는 변형시켜 이용할 수 있다. 예를 들어, 시판 샐러드 드레싱 제품에 블루치즈나 허브 등을 첨가하면 식자재 원가와 인건비를 줄이면서 품질이 좋은 음식을 생산할 수 있다.

● **업계의 정보 활용**

농수산물시장 홈페이지, 외식경제신문, 레스토랑 관련 잡지 등을 통해 식재료 원가 절감방법을 얻을 수 있다.

▨ 1인 분량 관리

모든 종사원들은 정해진 1인 분량을 준수해야 한다. 만일 종사원들이 정해진 양보다 10%만 더 제공하더라도 전체적으로는 상당한 비용이 낭비된다. 이것은 육류의 크기뿐만 아니라 샐러드와 샐러드 드레싱의 양에서도 마찬가지이다.

- **계량**

  종사원들로 하여금 조리 전 항상 재료의 분량을 측정하고 래시피의 조리법을 따르도록 한다. 구매시 식재료들은 무게에 따라 가격을 지불하므로 규정된 1인 분량보다 많이 서빙하면 매끼마다 손실이 발생한다. 계량을 통해 일관성을 유지한다.

- **표준 래시피**

  균일한 품질유지와 원가관리를 위해 표준 래시피를 사용한다. 표준 래시피를 준수하면 원활한 식재료 원가관리가 가능하며 고객들이 인식하는 업소의 이미지도 일정하게 유지할 수 있다.

- **서빙 양의 통제**

  종사원들은 항상 저울, 계량컵, 계량스푼, 적절한 크기의 국자를 사용하여야 한다. 종종 조리사들이 이를 준수하지 않는 것을 보게 되는데, 이는 서빙하는 1인분의 양을 증가시키게 된다.

- **재료의 활용**

  조리과정 중 남은 재료는 다른 음식의 조리에 활용될 수 있다. 예를 들어, 쇠고기 요리 후 남은 끝부분은 수프에 이용할 수 있고, 셀러리 잎은 장식으로, 모양을 만들고 잘라낸 빵 반죽은 다시 빵을 만드는 데 이용하도록 한다.

- **고정 메뉴**

  고정 메뉴를 유지하면, 재고량이 줄고 종사원들이 가격을 쉽게 기억할 수 있다. 오늘의 스페셜이 있는 경우 그 기간에 가격이 저렴한 재료나 저장창고에 있는 재료 중 빨리 소비해야 하는 재료를 이용하는 메뉴를 제공한다. 계절 메뉴를 이용하는 경우 지역의 농산물을 이용해 원가를 낮출 수 있고, 여러 음식에 공동으로 사용되는 재료를 이용하는 메뉴를 개발해 대량 구매를 통한 원가절감을 추구한다.

• 보조 메뉴

수프, 빵, 샐러드는 주메뉴에 비해 1인분당 고정 원가가 훨씬 낮으므로 다양한 주메뉴와 제공하고 좋은 품질을 유지한다. 그러면 고객들은 전체 식사의 품질을 높게 인식하게 되고, 또한 고객이 포만감을 느끼게 하면서 주메뉴의 양을 적정한 수준으로 유지할 수 있다.

• 테이블에서 서빙하는 빵과 조미료의 양

테이블에서 서빙하는 조미료, 소스, 빵의 양은 테이블당 고객의 수에 따라 결정한다. 고객들이 원하는 것보다 많은 양의 빵을 제공하면 고객들은 더 많은 빵을 먹고 실제 주문해야 할 음식의 양을 줄이게 된다. 또한 이것은 버려지는 음식의 양을 늘리기도 한다.

• 서빙접시의 크기

각 메뉴마다 정해진 접시를 이용한다. 샐러드를 주메뉴용 접시에 서빙할 경우 정해진 양을 제공하면 상대적으로 양이 적어 보여 실제 서빙 양을 증가시키게 된다.

• 종사원 교육

종사원들이 항상 이용할 수 있도록 표준 래시피와 계량도구가 구비되어 있어야 한다. 표준 래시피와 계량도구 사용에 대해 주기적으로 새로운 종사원과 기존 종사원들을 위한 교육을 실시한다.

구매와 저장

▣ 식품 구매

식재료 발주가 너무 자주 이루어진다고 느낀 적이 있는가? 창고에 있는 식품이 어디에 쓰이고 있는지, 이번 달 재고에 얼마나 많은 비용이 지출됐는지, 바닥에 떨어져 그냥 버려진 닭고기의 원가는 얼마인지 등을 파악하고 있는가? 다음의 원가 절감을 위한 구매 아이디어를 활용하도록 한다.

● 대량 구매

식재료나 공산품 중 대량 구매로 절약이 가능한 경우 대량으로 구매한다. 조미료류 등은 쉽게 상하지 않고 품질 저하 없이 장기간 보관될 수 있으므로 대량으로 구매한다.

● 구매량 결정

그러나 가격이 저렴하다고 지나치게 많은 양을 구매해서는 안 된다. 추가적인 저장비용, 저장 중 부패, 재고에 묶인 현금 등으로 인해 장기적으로 볼 때 구매에서 얻은 절약이 상쇄될 수 있다.

● 브랜드명

식품을 구입할 때 가능하면 비싼 브랜드 제품은 피한다. 물론 좋은 품질의 식재료를 구입한다는 것이 중요하지만 고객들은 브랜드 제품과 그렇지 않은 제품을 구분하지 못한다.

- **지역 농산물의 구입**

  지역 농산물 납품업자를 만나 더 신선하고 저렴하며 품질이 좋은 식재료를 농민들로부터 직접 구매할 수 있는지 알아본다. 생산지로부터 레스토랑까지 10분 정도의 거리에 있다면 납품업자의 창고를 거치는 대신 생산지에서 업소로 바로 배달하는 방법을 쓴다.

- **메뉴 개발**

  다른 메뉴와 유사한 재료를 사용하는 메뉴를 추가한다. 예를 들어, 새우칵테일과 새우파스타는 두 가지 전혀 다른 메뉴이지만, 새우를 사용한다. 여기에 사용되는 새우는 간단하고, 비싸지 않고, 많은 저장공간을 필요로 하지 않는다. 또는 대여섯 개의 파스타 소스 중 선택하게 한다면 재고의 증가 없이 메뉴 선택권을 넓힐 수 있다. 식재료를 대량으로 구매하면 원가가 절감되고, 또한 주방종사원들의 부담을 줄일 수 있다.

- **샘플 평가**

  새로운 식재료 구매를 고려한다면 구매결정 전 샘플을 평가해 보도록 한다. 이것은 무료이므로 이익이 될 뿐 아니라, 새로운 제품을 평가하는 것은 사전에 제품과 관련된 문제를 찾을 수 있는 기회가 되므로 필수적인 과정이다.

- **검수**

  식재료가 배달되었을 때 반드시 물품을 확인한다. 검수가 이루어지지 않는다면 물품이 손실될 수 있고, 물품이 손실되고 있다는 것조차 모르게 된다. 주문된 것보다 많은 양의 배달, 주문한 것보다 높은 가격 청구, 제품의 양 부족은 흔히 일어나므로 반드시 검수가 필요하다.

- **구매 목록**

  창고관리 담당종사원이 발주서 작성 업무도 수행하도록 한다. 재고를 가장 잘 파악하고 있는 사람과 구매량을 함께 결정함으로써 구매 습관으로 인해 잘못된 구매가 일어나는 것을 예방할 수 있다.

- **재고 조사의 전산화**

  구매와 재고 관리에 컴퓨터를 이용한다. 구매와 재고 관리에 슈퍼마켓에서 볼 수 있는 바코드 스캐너와 유사한 레이저 스캐너를 사용할 수 있다. 전산관리 프로그램이 납품업자의 프로그램과 연계되면 재고량에 따라 전자발주가 가능하다. 재고 관리, 래시피, 메뉴원가 계산, 영양분석을 위한 소프트웨어를 이용할 수 있다.

- **기타 웹사이트**

  미국의 경우 식품업계의 유통 효율화를 위한 Efficient Foodservice Response(EFR)와 관련된 인터넷 사이트(www.foodprofile.com)가 운영 중이다. EFR에 대한 자세한 내용은 www.efr-central.com에서 찾아볼 수 있다.

- **재고량 관리**

  다음 제품 입고일까지 충분한 재고를 갖추지 못하면 비용이 낭비된다. 부족시 가까운 슈퍼마켓에서 추가로 구입할 수 있지만, 정상적으로 구매된 제품과 비교하여 가격이 높다는 사실을 인식해야 한다.

▨ 납품업자와의 거래

잘만 활용한다면 납품업자는 큰 도움을 주는 파트너가 될 수 있다. 납품업자와의 좋은 관계를 이용하여 운영비용을 절감하는 방법이 다음에 제시되어 있다.

● 납품업자와의 관계

물품의 검수와 입고를 담당하는 종사원들은 물품 배달시 시간을 내어 배달직원과 이야기를 하도록 한다. 납품업자와 거래시 매번 같은 사람이 거래하도록 하여 신뢰관계를 맺도록 한다.

● 가격 절감

납품업자에게 최근에 저렴한 가격으로 물품을 구매했거나 평상시보다 우수한 품질의 제품을 구매하였는지 질문해 본다. 납품업자에게 저렴한 가격으로 물품을 제공해 줄 수 있는지, 대량 구매시 가격할인이 가능한지, 물품대금 결제를 빨리 하는 경우 할인이 가능한지 등에 대해서 요구해 본다.

● 주문량 결정

같은 물량을 반복해서 주문하는 경우 납품업자가 자신의 구매량을 예측할 수 있으므로 가격할인을 해주기도 한다. 그러나 정기적으로 주문하는 양이 실제 필요량보다 많다면 이 거래로 인한 비용절감보다는 발생하는 비용이 더 높아질 수 있다. 적어도 분기당 한 번씩 모든 주문상태를 분석하고 적절히 주문량을 조정하여 적정 재고 수준을 유지하도록 한다.

● 납품업자의 웹사이트

CJ 프레시웨이 같은 대규모 식자재 유통업체는 인터넷을 통해 주문을 받고 또한 주문 내역을 확인하는 서비스를 제공한다. 인터넷을 통해 물류

업체들은 최신의 시장동향과 신제품 개발현황에 대한 정보를 제공하기도
한다.

● **물가동향 조사**

가격이 낮은 물품이 있는지를 파악하기 위해 주기적으로 시장상황을 모
니터하고, 매월 식재료, 음료, 소모품 가격을 분석한다. 시장조사 결과 현
재의 납품업자보다 더 낮은 가격의 제품을 판매하는 업체를 찾는다면, 현
재의 납품업자에게 그 가격에 제품을 납품할 수 있는지 요구한다. 지속적
으로 물품을 납품하고자 하는 업체는 할인, 보너스, 인센티브 등 비용 절
감 방법을 제공해 줄 것이다.

▨ 정확한 대금 지급

업소 내로 입고되는 물품관리에 주의를 기울여 다른 사람의 실수로 인한 비
용을 업소가 지불하지 않도록 한다. 제품 품질의 문제, 착오, 명백한 사기행위
등이 발생했는지를 확인한다. 물품에 대해 업체가 지불한 비용에 대한 가치를
확보하기 위한 방법들은 다음과 같다.

● **업소측 종사원이 승인하지 않은 거래명세서에 대해서는 비용을 지불하지 않는다.**

검수담당 종사원이 주문한 내용과 배달된 물품내역을 검토한 후 거래명
세서에 서명을 하지 않은 거래에 대해서는 청구된 금액을 지불하지 말아
야 한다.

● **종사원들에게 자신의 서명에 대해서 책임을 지도록 한다.**

예를 들어, 상자 당 10kg의 제품이 들어 있어야 하는데 9kg만 들어있는
경우 검수시 이것을 반드시 밝혀내야 하고, 입고 시기를 기록해 놓는다.

● **검수 직후 물품은 즉시 적합한 보관창고로 운반한다.**

　물품이 적당한 장소로 운반되지 않고 오랫동안 외부에 방치되면 빨리 상하게 된다. 따라서 납품업자에게 업소의 종사원들이 배달된 물품을 창고로 옮길 여유가 있는 시간에 물건을 배달하도록 요구한다. 이른 아침 영업시간 전에 문 앞에 물품을 방치하거나 아무도 없는 시간에 물품이 배달되지 않도록 한다. 물품이 외부에 방치되면 도난의 우려가 있을 뿐 아니라, 식품의 안전에도 심각한 문제가 발생할 수 있다.

● **물건을 반품하는 경우**

　반품하는 품목을 정확히 기록하고 배달원의 확인을 거쳐 배달차량으로 다시 옮기도록 한다. 일단 물건을 업소 내로 입고한 후에 반품하는 것은 훨씬 복잡하고 비용처리도 어렵다.

■ **구매와 저장 지침**

종사원들이 구매, 저장과 관련하여 지침들을 준수할 수 있도록 지침서를 제공한다.

● **구매, 저장 지침서**

　구매, 저장 지침서에는 다음의 내용을 포함해야 한다.

> ▪ 발주를 위한 정확한 제품의 정보
> ▪ 올바른 저장 온도
> ▪ 재고 회전 방침

● **선입선출**

　저장창고 내 모든 품목에 대해 선입선출 방법을 이용하여 관리한다. 선입선출 방법을 이용함으로써 제품의 유통기한이 지난 채 방치되어 낭비되는 것을 방지할 수 있다.

- **저장 중 물품관리**

  냉동식품은 -18℃ 이하에서, 냉장식품은 5℃ 정도의 온도에 저장하여 저장 중 식품의 손실을 최소화한다. 건조창고의 식품은 바닥과 벽으로부터 적어도 15cm 정도 떨어진 선반 위에 보관한다. 조리되지 않은 육류는 채소류 아래 선반에, 냉장생선은 -1~1℃를 유지하기 위해 얼음 위에 담아 냉장고 안에서 보관한다.

- **유통기한**

  물품의 유통기한을 확인하고, 유통기한이 의심되는 경우 폐기하거나 반품시킨다.

- **저울의 사용**

  일주일에 한 번씩 저울을 보정하여 정확한 상태로 유지한다. 정확한 저울을 사용하여 구매한 양에 대해서만 비용을 지불하도록 한다.

- **적합한 저울의 사용**

  구매하는 물품의 무게를 측정하기 위해 적합한 저울을 갖추도록 한다. 적당한 저울을 사용하면 검수과정이 정확해지고 속도도 빨라진다. 저울이 없다면 적절한 것을 구입한다.

6

**레스토랑
원가관리
노하우**

유지·보수 비용의 절감

▦ 린넨, 식기, 조리기구

많은 레스토랑이 조리기구, 유리그릇, 냅킨, 테이블보, 식기 등의 재고를 유지하는데, 이 모든 것이 업소에는 비용이 된다. 따라서 실수로 손실되거나 종사원들이 유리그릇이나 테이블보, 접시 등을 몇 개씩 훔친다면 업소측은 큰 경제적 손실을 입게 된다.

● 재고 식기 양의 파악

스푼 하나의 무게를 측정하고, 모든 스푼을 큰 팬에 담아 무게를 잰 후 팬의 무게를 뺀다. 이 무게를 스푼 한 개의 무게로 나누면 현재 가지고 있는 스푼의 개수를 파악할 수 있다. 다른 식기도 이 방법으로 재고량을 측정한다.

● 내열 주걱과 스푼

최근 내열성이 있는 만능주걱, 스패튤러, 스푼 등이 개발되어 이용되고 있다. 이들은 204℃까지 열에 얼룩이 생기거나 녹지 않는다. 이들은 또한 식기 세척기에도 사용 가능하다.

- **재활용 제품**

  종이 냅킨을 이용한다면 재생 종이를 사용한 제품을 구매한다. 이것은 가격면에서 저렴하면서 환경친화적이다.

- **테이블보의 사용**

  테이블보가 정말 필요한지 검토한다. 경제적으로나 미적으로 테이블보를 사용하지 않는 것이 나을 수 있다. 대신 우아하면서도 다시 사용할 수 있는 개인용 테이블매트를 이용할 수 있다. 테이블을 유리로 덮고 지도, 조화(造花), 지역 특산품 등 다양한 인테리어 제품으로 장식할 수도 있다. 예를 들면, 스포츠가 주제인 레스토랑은 운동팀의 깃발, 야구카드 등으로 장식할 수 있다.

- **냅킨링(밴드)**

  냅킨링을 사용하면 테이블 세팅에 드는 시간과 비용이 절감되고 종사원들의 생산성도 향상된다. 또한 냅킨링을 사용하면 스푼/포크, 나이프 등을 깨끗하고 위생적으로 관리할 수 있으며, 냅킨링에 업소의 이름을 인쇄할 수도 있다.

▣ 업장 내에서의 세탁

냅킨과 테이블보의 세탁을 외부업체에 위탁하고 있다면, 업소에서 수행할 때와 어느 것이 더 경제적인지 비교해 볼 필요가 있다. 비교시 다음의 사항들을 고려한다.

- **자본 투자**

- **운영비용**

- 투자로 얻을 수 있는 절감과 투자액의 회수기간

- 일일과 주간별 세탁량

- 필요한 기기의 용량

- 예상 세탁량 처리에 필요한 인력

- 일일, 주간, 월간별 운영비용

- 단위당 세탁비

- 전기료와 수도세 등의 비용

▨ 종사원 유니폼

종사원 유니폼 구입에 상당한 비용이 소비된다. 종사원들이 가지고 있는 기본적인 검정색 남방셔츠, 바지, 치마 등도 유니폼이 될 수 있다. 원가 절감을 위한 몇 가지 방법을 소개하고자 한다.

- **앞치마는 주방 종사원들만을 위한 것은 아니다.**

   앞치마는 종사원들의 옷에 오염물에 묻는 것을 방지해 줄 뿐 아니라 종사원과 고객 간의 구분을 짓는 상징이기도 하다. 종사원들에게 유니폼을 제공하는 경우 앞치마도 함께 제공하여 유니폼이 상하는 것을 방지한다.

- **유니폼이 정말 필요한지 생각해 본다.**

   평상복이 유니폼만큼 효과적일 수 있다. 예를 들어, 종사원들은 검은색 바지에 진한 남색 셔츠를 입거나 업소의 로고가 새겨진 셔츠 또는 모자를 쓸 수 있다.

▣ 점포와 주차 관리

점포와 주차 관리에는 자체의 종사원을 고용하는 것과 외부업체에 이 서비스를 위탁하는 방법이 있다.

- **다양한 서비스 위탁업체의 비용과 서비스 품질을 비교해 본 후 점포의 청소를 위한 업체를 결정한다.**

  얼마나 자주 이러한 서비스가 필요한지, 특정 서비스업체를 추천하는 업소가 있는지를 알아본다. 위탁업체 고용시 이상적인 비용은 전체 매출의 0.2% 미만이다. 시급 종사원의 임금보다 더 저렴하게 서비스를 제공하는 업체가 있다면 위탁서비스를 활용한다.

- **화장실은 항상 깨끗하게 유지한다.**

  화장지와 손을 닦은 후 사용하는 휴지를 항상 준비하고, 바닥을 청결히 유지하여 청소와 관리비를 상당히 절감할 수 있다. 이 일을 잡일을 하는 종사원의 직무에 포함한다면 비용절감 폭은 더 커질 것이다.

- **주차장을 깨끗이 유지하는 것은 그리 어려운 일이 아니다.**

  매 근무조의 시작시 식기를 수거하는 종사원으로 하여금 담배꽁초와 휴지들을 쓸도록 한다. 매일 한 명의 종사원이 10분씩만 청소하여도 주차장 청소 서비스를 주 1회 정도로 줄일 수 있어 운영비용을 절감할 수 있다.

- **카펫을 사용하는 업장에서는 오염을 방지하기 위한 노력을 한다.**

  입구에 흙을 털을 수 있는 발판을 마련하여 카펫을 밟기 전에 흙, 물, 눈 등의 오염을 차단할 수 있다.

- **청소용구 비용 절감을 위해 일회용 종이타월 대신 다시 사용할 수 있고 경제적인 걸레를 사용한다.**

- **커튼은 물세탁이 가능한 것으로 구입한다.**

  물세탁이 가능한 커튼을 사용하면 창문 청소도 용이하고, 건조 후 바로 사용이 가능하다.

■ 수리 비용

아무리 기기들을 잘 관리한다 할지라도 고장이나 사고가 발생하게 되므로 이러한 피할 수 없는 비용을 줄이는 방법들은 다음과 같다.

- **관리 소프트웨어**

  정기적으로 기기의 유지관리를 실시하고, 소프트웨어를 이용해 관리기록을 유지한다.

- **기기 고장**

  중요한 기계가 작동하지 않을 경우, 기기 고장 비용을 수리비용과 부품 교체비용으로 나누어 비교해 본다.

- **기기 목록**

  보유하고 있는 기기 목록을 작성하여 보관한다. 이 기기 목록에는 모델명, 제조업체명, 사용년한, 서비스 전화번호 등을 기록하여 고장시 즉각적인 서비스를 받을 수 있도록 한다. 고장 신고시 수리공에게 기계와 문제에 대해 충분한 정보를 준다면 수리공이 와서 문제를 파악하고 다시 돌아가 부품을 가지고 와서 수리하는 것을 피할 수 있어 훨씬 경제적이다.

- **부품과 액세서리**

  기기의 수리 및 유지를 위해 기기 부품이나 액세서리만 전문으로 하는 업체를 이용하면 비용이 절감될 수 있다.

- **담당종사원 고용**

  높지 않은 비용으로 전기, 토목, 정원, 하수구 등을 관리해주는 사람을 고용하는 것은 각 분야별로 전문업체를 이용하는 것보다 경제적이다.

- **유지관리시간**

  이른 아침이나 늦은 저녁시간, 혹은 영업시간 이후에 정기적으로 유지 관리를 계획하고 수행한다. 정기적인 유지관리를 위해 영업을 쉰다면 매출이 감소할 뿐만 아니라 고객들을 다른 업소에 뺏기게 된다.

▨ 정기적 유지관리

단순한 정기 유지관리만으로도 연간 수리비용을 상당히 절감할 수 있다. 스토브, 냉장고, 냉동고와 같은 주방기기를 정기적으로 관리하면 큰 고장 없이 기기를 사용할 수 있다. 계획된 관리 스케줄에 따라 청소하고, 사소한 고장은 처리하는 방법을 배워놓도록 한다. 모든 주요 기기는 매년 정기 서비스를 받도록 한다. 흔히 문제가 생길 경우 전화를 걸어 해결하지만, 미리 예방하는 것이 훨씬 더 경제적이고 기기의 효율을 높이는 방법이라는 것을 잊지 않는다.

- **사용 설명서**

  기기 사용 설명서를 잘 읽고, 미래를 위해 보관한다. 사용 설명서에는 청소 방법, 유지관리 방법, 흔히 발생하는 문제를 쉽게 처리할 수 있는 방법들이 적혀져 있다.

- **책자**

  사용 설명서 외에 업장 내에 레스토랑 기기 관리와 관련된 서적을 비치하는 것도 좋다.

- **제빙기**

  제빙기는 적절히 작동하는지, 물이 고이지는 않는지, 얼음의 양은 적절한지, 얼음의 모양이 원하는 대로 생성되는지 등을 정기적으로 체크해 본다. 수도관이 냉각기기를 통과하도록 설치하면 비용을 낮출 수 있다.

- **정기적으로 하수관 청소를 실시한다.**

  더러운 하수구는 악취의 원인이 되고 하수구가 막히는 경우 수리에 비용이 든다. 문제가 발생하기 전에 예방하는 것이 가장 바람직하다. 주방 바닥 하수관 입구에 거름망을 설치하여 오염물질의 방출을 방지한다.

- **모든 기기의 정기 청소는 주방 종사원들의 직무의 일부이다.**

  튀김기와 배기후드는 다른 기기보다 자주 청소해야 하고, 레인지의 내부는 일주일에 한 번 정도 청소해야 한다.

- **기기의 유지 스케줄이 포함된 체크리스트를 만든다.**

  기기의 용량과 자주 고장 나는 기기들을 기록한다. 정기적으로 관리된 기기는 수명이 길고 교체비용도 낮다.

- **업장 내에 유지관리시 이용할 수 있는 간단한 공구상자를 구비한다.**

  작고 기본적인 수리는 종사원이나 매니저가 수행할 수 있다.

- **필요시 버너, 손잡이, 타이머 등을 교체한다.**

  부적절한 조리시간과 방법으로 음식이 타거나 부패하는 것을 막을 수 있고 종사원이 부상당하는 것을 예방할 수 있어 보험료 절감이 가능하다.

- **기기가 작동하지 않는 경우, 서비스 전화를 걸기 전 전원이 켜져 있는지 먼저 확인한다.**

- **기기의 관리와 사용년한의 증가**

  주방기기의 유지와 식기, 조리도구의 사용년한을 늘리는 방법, 주방 리모델링에 대한 정보는 인터넷을 통해 얻을 수 있다.

■ 페인트 비용

레스토랑에서 벽은 지붕을 지지하는 기능 이상을 수행한다. 벽은 고객들의 경험에 분위기를 더하기도 하고 뺄 수도 있다. 수년 간 벽에 대해 관심을 갖지 않았고 페인트에 투자한 적이 없었다면 고객수의 감소와 전면적인 페인트 공사는 당연한 것이다. 다음에 페인트 비용을 최소로 줄이는 방법들이 제시되어 있다.

- **레스토랑의 페인트 필요성을 이해한다.**

  레스토랑의 색이 바래도록 두면 고객들은 레스토랑이 청결하지 못하다고 느끼거나 친밀감을 느끼지 못하게 된다.

- **규모가 큰 페인트칠 업체에 비해 지역의 소규모 페인트칠 업체는 저렴한 비용으로 서비스를 제공한다.**

  그러나 잘못된 페인트 작업을 수정하는 데 더 많은 비용을 소비할 우려가 있으므로 계약 전 해당 페인트칠 업체와 작업을 한 경험이 있는 업체의 의견을 들어보도록 한다.

- **페인트**

  잡부를 고용하여 직접 페인트칠을 하는 것도 하나의 방법이다.

- **그을음과 기름때**

  한 달에 한 번 정도 벽의 그을음과 기름때를 제거하면 페인트를 좋은 상태로 유지할 수 있어 페인트칠 횟수를 줄일 수 있다. 또한 벽을 청소함으로써 이취를 예방할 수 있어 고객들에게 보다 쾌적한 환경을 제공할 수 있다.

● 페인트 업체에 대한 정보

페인트 업체에 대한 정보는 인터넷, 전화번호부, 신문을 통해 얻을 수 있다.

▨ 책임보상 비용

고객의 법적 소송, 화재, 기기의 고장, 종사원의 사고 등으로 인한 책임보상은 재정적인 부담이 되므로, 이런 문제로부터 스스로를 보호할 수 있는 조치를 취해야 한다.

● 주방에서 화재위험 감소

오븐과 튀김기 위의 후드에 기름과 음식 찌꺼기가 쌓이지 않도록 함으로써 화재의 위험을 줄일 수 있다.

● 대청소

대청소 스케줄을 계획하고 주기적으로 청소를 실시하여 항상 위생점검에 대비되어 있도록 한다.

● 가구상태 점검

주기적으로 가구 상태를 점검하여 사고로 인한 보험료를 절감하고 혹시 발생할 수 있는 소송의 가능성을 줄일 수 있다.

● 전선관리

모든 전선을 안전하게 관리하고 사람들이 돌아다니는 통로에 방치하지 않음으로써 건물을 안전하게 유지하는 것 역시 소송 가능성을 줄이는 방법 중 하나이다. 바닥으로 전선이 지날 수밖에 없다면 시작에서 끝까지 테이프로 고정하고 밝은 색 테이프로 표시한다. 전선이 영구적으로 바닥을 통과해야 하는 경우, 벽을 타고 지나게 하거나 카펫 아래로 지나가도록 한다.

● **가구 모서리**

새로운 레스토랑을 디자인하는 경우 테이블, 바 카운터, 서빙 카운터, 계산대 등 모든 가구의 모서리가 둥글게 디자인된 가구를 구입한다.

● **진입로, 통로**

건물 밖을 둘러보아 모든 것이 안전한지 확인한다. 고객들이 쉽게 지날 수 있는지, 장애인이 건물로 진입하는 데 불편함은 없는지 등을 자세히 검토한다. 건물 내부에서도 같은 검토를 한다. 모든 전등이 작동하는지, 밝기는 적절한지, 불편함 없이 두 사람이 동시에 식탁 사이를 지날 수 있는지를 확인한다.

● **종사원의 책임**

종사원들로 구성된 안전팀을 만들어 레스토랑 내에서 문제가 발생할 수 있는 위치를 파악하도록 한다.

● **레스토랑 관련 법규**

레스토랑과 관련된 법규는 서적이나 한국음식업중앙회 홈페이지에서 찾아볼 수 있다.

▨ 기술의 활용

과학기술의 활용으로 얻을 수 있는 이익들을 인식하는 레스토랑 운영자는 유능한 경영자라고 할 수 있다. 하지만 이 과학기술을 적절히 이용하지 못할 경우 발생하는 부정적인 결과 또한 무시할 수 없다. 예를 들어, 아무 이유 없이 컴퓨터가 작동하지 않을 수도 있다. 이러한 문제 발생시 어떻게 대처해야 하는지 알아야 한다.

- **자료의 백업**

  매일 자료를 다른 하드디스크나 장소에 저장하도록 한다. 이러한 백업 서비스를 제공하는 인터넷 사이트를 이용할 수도 있다.

- **자료의 출력**

  모든 재무 관련 보고서는 매주 또는 매일 인쇄하여 보관한다. 컴퓨터에 문제가 생기더라도 이 보고서가 있으면 작업을 수행할 수 있다.

- **자료의 수기**

  컴퓨터 고장을 대비하여 중요한 전화번호, 주소, 비밀번호 등을 수작업으로 기록하여 둔다.

- **임금관리**

  주간 임금관리 대장을 손으로 장부에 작성하면 컴퓨터가 고장나더라도 외부 서비스를 이용할 필요가 없다. 어려운 시기에는 이 서비스를 외부업체에 위탁할 수도 있으나, 한 번 위탁하는 데에도 그 사용료가 매우 높다.

- **종사원의 의견**

  종사원들이 컴퓨터나 주방의 저울, 전화 등에 문제가 있다고 보고할 경우 문제가 더 크게 발생하기 전에 적절한 수리를 받도록 한다.

• 쉬운 해결법

팩스, 복사기, 프린터 등에 문제가 발생할 경우 토너나 잉크, 그외의 부속품의 상태가 적절한지 확인한 후 애프터서비스를 요청한다. 이러한 전자제품의 문제 원인이 전원이 들어와 있지 않는 것으로 판명되는 경우가 흔히 발생한다.

• 잉크제트 프린터 카트리지

대부분의 잉크제트 프린터 카트리지는 리필이 가능하므로 매번 비싼 새 잉크 카트리지를 구매하는 대신 리필키트를 구입한다.

• 기기의 유지 방법

컴퓨터와 프린터의 유지방법은 인터넷에서 얻을 수 있다.

▣ 가구의 유지

테이블 다리가 흔들거릴 때 그 테이블을 폐기할 수도 있고 목수를 불러 고치도록 할 수도 있다. 하지만 이 두 가지 방법 모두 비용을 낭비하는 것뿐 아니라 고객에게 부정적인 경험을 줄 수 있다.

• 흔들거리는 테이블

흔들거리는 테이블에서 고객들은 식사를 제대로 할 수 없고, 또 주위가 산만해지며 물컵이 넘어질 수도 있다. 이때 이러한 흔들림을 방지해 줄 수 있는 와블 웨지(wobble wedge)와 슈퍼 레벨(super level)을 이용한다. 와블 웨지는 작고, 투명하고, 각도가 있는 높이 조절도구로 테이블 다리 밑에 받친다. 슈퍼 레벨은 기존의 테이블 다리 밑에 나사 형식으로 부착한다.

- **여분의 가구**

  가구를 교체해야 할 경우에 대비해 여분의 의자와 테이블을 보관한다. 필요할 때마다 소량의 가구를 구입하는 것보다 가구를 대량으로 구매시 할인을 받을 수 있고 색상과 크기에서 통일성을 유지할 수 있어 효과적이다.

- **긁힘 수리**

  홀 가구의 마모를 예방하고 외관상으로 좋은 상태를 유지하기 위해 긁힘 자국을 수정할 수 있는 제품을 이용한다. 직접 할 수 있는 가구 수리방법에 대한 아이디어들은 인터넷에서 얻을수 있다.

▨ 안전관리 절차

고객들과 종사원들의 안전사고는 법적 소송이나 영업 중단을 초래할 수 있어 예방하는 것이 중요하다. 인건비, 보험료, 종사원의 복리후생비, 치료비와 같은 금전적 지출과 법률적 문제 등은 안전수칙을 준비하고 준수함으로써 예방이 가능하다.

- **기기유지**

  모든 기기는 안전한 상태로 작동하도록 관리한다.

- **의사소통**

  종사원들에게 작업장 내 안전사고에 대해 미리 알려 주고, 필요시 도움을 요청하도록 교육한다.

- **위생관리**

  홀, 화장실 등 업소 내의 모든 시설을 안전하고 위생적으로 관리한다.

- **종사원 훈련**

  모든 종사원들에게 관련 정보와 훈련을 제공하고 적절히 지휘, 감독한다.

- **종사원 참여**

  작업장 내 건강과 안전 문제에 관한 의사 결정에 종사원들을 참여시킨다.

- **안전관리 절차**

  업장 내 가능한 위해를 파악하고 위해와 관련된 위험 정도를 통제하는 안전수칙을 적용한다.

- **사고기록**

  작업과 관련된 부상과 질병발생 내역을 기록하여 보관한다.

- **안전에 대한 인식**

  작업장의 안전에 관심을 기울임으로써 경쟁력 있는 업소가 될 수 있고 산업재해로 고통받지 않게 된다.

- **안전 관련 표시판**

  지역의 위생 및 노동 관련 부처나 기기의 제조업체에서 제작·배포하는 안전 관련 포스터를 주방에 부착한다. 이런 포스터들은 무거운 짐을 안전하게 드는 방법, 미끄러운 바닥을 알려 주는 사인, 위험한 기기, 전구를 교체하는 방법, 칼을 가는 방법 등을 자세히 다루고 있다.

▨ 안전한 칼 사용방법

칼로 인한 손의 부상에 레스토랑들은 상당한 치료비를 지출하고 있고 이로 인해 생산성도 저하된다고 한다. 그러나 이러한 부상의 상당 부분이 예방될 수 있다.

• 칼을 날카롭게 유지하고 안전하게 사용하는 방법

■ 칼날을 자신이나 손가락 방향으로 향하지 않게 한다.

■ 칼을 서랍 안에서 움직이지 않도록 보관한다.

■ 칼을 사용하다 떨어뜨리게 되면 뒤로 물러선다. 그냥 칼이 바닥으로 떨어지도록 하고, 절대 잡으려 하지 않는다.

■ 칼을 식기세정 싱크대 안에 넣어두지 않는다. 식기 세척기 안에 많은 날카로운 칼들이 방치되는 것도 바람직하지 않다.

■ 칼의 날이 위를 향하도록 놓지 않는다.

• 장갑

칼을 사용할 때에는 손보호 장갑을 착용하도록 한다. 이러한 장갑은 스테인리스 스틸을 포함하는 강한 섬유로 만들어진다. 가장 안전한 장갑은 금속망으로 된 장갑으로 정육점이나 육류 가공업체, 조리사, 얼음 조각하는 사람들이 주로 사용한다.

■ 주방 내 화상 예방

뜨거운 수증기, 기름, 솥, 그릴, 오븐은 화상의 원인이다. 화상재단(Burn Foundation)에 따르면 많은 화상이 매니저가 안전지침을 정확히 주지 않았거나 종사원 스스로가 안전에 대해 무관심한 경우 발생한다고 한다. 또한 종사원들이 피로하거나 약물이나 마약을 투약한 경우, 불필요하게 위험한 행동을 취하는 경우 사고 가능성은 높아진다. 모든 레스토랑은 분주하고 복잡하여 사고의 모든 원인을 제공한다. 다음은 화상이 없는 주방을 유지하기 위한 방법들이다.

• 보호장갑

뜨거운 냄비를 다루거나 뜨거운 튀김 기름 사용시 보호장갑을 착용한다.

- **신발**

  물이나 기름으로 젖은 타일 위에서 미끄럼을 방지하기 위하여 바닥이 미끄럽지 않은 신발을 착용한다.

- **초기진압**

  불은 작을 때 잡도록 한다. 뜨거운 기름에 불이 붙은 경우 용기 위에 뚜껑을 덮어 불을 끈다.

- **뜨거운 기름**

  뜨거운 기름이나 불 위에 있던 기름 그릇을 절대로 옮기지 않는다.

- **작업방법**

  뜨거운 열 표면이나 버너 위로 손을 뻗지 않고, 뜨거운 표면에 접촉하는 것을 예방하기 위하여 덮개 등을 이용한다.

- **기기 사용설명**

  전기기기의 사용설명서를 읽고 올바른 사용법을 따른다.

- **응급처치**

  응급처치 상자를 구비하고 각 근무조에 적어도 한 명은 응급처치 교육을 받도록 한다.

- **소화기**

  소화기를 가까운 곳에 비치하고 유효기간을 확인한다.

▣ 기타 예방 가능한 주방 내 사고

아무리 바쁘다 할지라도 다음의 위험을 무시하지 말아야 한다.

● 뜨거운 기름

튀김기에서 사용한 뜨거운 기름을 옮기는 것은 아주 위험한 행동이다. 오후 근무조 종사원이 기름을 교환할 때 종사원들은 피로한 상태에 얼른 일을 마치고자 하므로 심각한 사고가 많이 발생한다. 적절한 기기를 이용하면 작업을 안전하고 쉽게 할 뿐 아니라 화상의 위험을 사실상 제거할 수 있다.

● 바닥의 물기

바닥청소를 담당하는 종사원은 바닥에 물기가 있거나 미끄러운 경우 이를 알리는 표시를 남겨야 한다. 이는 노란색 원뿔 하나를 세우는 것에 그치는 것이 아니라 지나가는 사람이 충분히 위험을 인지할 수 있을 정도의 사인을 의미한다.

● 아이스박스

큰 아이스박스는 가능하면 허리 높이나 그보다 높게 설치한다.

● 안전한 식품

종사원들은 식품위생에 대해 교육을 받아야 한다. 지역음식업중앙회, 식품공업협회 등에서 실시하는 위생교육에 참여하거나 외식업체 종사자를 위한 식품위생 교육비디오나 CD롬 등을 활용할 수 있다.

■ **식품위해요소 중점관리기준**(Hazard Analysis Critical Control Point : HACCP)

식품위해요소 중점관리기준(Hazard Analysis Critical Control Point : HACCP)을 업장에 적용한다. HACCP은 30여 년 전 미항공우주국에서 우주인들의 음식을 안전하게 생산하기 위해 개발되었다. 현재 HACCP은 식품 제조업체에서 광범위하게 적용되고 있으나 레스토랑에서의 도입은 아직 초창기라 할수 있다. HACCP 시스템을 적용할 경우 위생사고와 관련된 소송 등의 문제를예방할 수 있고, 위생사고가 발생한 경우에도 적절한 관리가 수행되었음을 증명할 수 있어 혹시 가능한 법률적 문제로부터 자유로울 수 있다.

- **HACCP 7원칙**

  HACCP은 7가지 기본 원칙을 바탕으로 한다. 첫 번째 원칙은 조리, 저장, 생산 등 식품의 안전성이 저해될 수 있는 모든 위해요소를 파악하는것이다.

- **한계기준 설정**

  다음 단계는 식품의 안전성을 확보하기 위한 조치를 개발하는 것이다. 이러한 조치에는 메뉴별 최저 조리온도 설정, 보존온도 등이 포함된다.

- **모니터링**

  이러한 안전성 확보 방법들이 제대로 수행되고 있는지 모니터링하는 단계가 따라야 한다.

- **개선조치**

  만일 안전성 확보 방법이 수행되고 있지 않는 것을 발견하면 이를 수정할 수 있는 방법들을 설정해야 한다.

- **HACCP에 관해 좀더 자세한 정보를 얻고 싶으면 식품의약품안전청(www. kfda.go.kr)을 참고한다.**

■ 식품 취급상의 문제점

식품을 안전하게 다루기 위해 다음에 주의를 기울여야 한다.

- **손세척**

  손세정대 주위에 손톱솔과 손세척 비품을 비치한다.

- **장갑**

  작업 전환시 장갑을 교체한다.

- **표면소독**

  조리대와 도마는 작업이 바뀔 때마다 적절히 세척하고 소독하여야 한다.

- **온도관리**

  식품을 부적절한 온도에서 장기간 방치하거나 밀가루, 설탕 등을 포장이 열린 상태로 보관하지 않는다.

- **부적절한 이동 절차**

  식자재가 배달된 후 바로 적절한 저장 공간으로 이동시킨다. 또한 바닥에 놓여 있던 배달 상자를 작업대 위에 놓지 않도록 한다.

- **기기**

  기기는 청결히 유지한다.

- **화장실**

   화장실에는 비누와 물기를 닦을 수 있는 타월이나 종이가 비치되어 있어야 한다.

▨ 레스토랑 위생과 안전 정보

많은 웹사이트들이 레스토랑의 위생과 안전에 관한 정보를 제공하고 있다. 다음에 몇몇 사이트를 제시하였다.

레스토랑 위생과 안전정보에 들어가야 할 인터넷 사이트이다.

- 보건복지부 www.mw.go.kr
- 식품의약품안전청 www.kfda.go.kr
- 식품의약품안전청 식중독예방 대국민 홍보사이트 http://fm.kfda.go.kr/
- 질병관리본부 www.cdc.go.kr
- 한국식품공업협회 www.kfia.or.kr
- 한국음식업중앙회 www.ekra.or.kr
- 농식품안전정보서비스 http://www.agros.go.kr
- 수협식품안전상담실 http://safe.suhyup.co.kr
- 대한영양사협회 www.dietitian.or.kr
- 강푸드세이프티 www.kangfoodsafety.co.kr
- 미국정부 식품위생정보 www.foodsafety.gov

인사관리

▣ 종사원 관리

종사원은 레스토랑 운영에서 가장 중요한 자원이면서 가장 큰 문제점이기도 하다. 생산성이 높고 기술이 있는 종사원은 한 레스토랑을 성공으로 만들지만 항상 그런 종사원들과 일할 수 있는 것은 아니다. 종사원과 관련된 문제에는 비생산성부터 범죄 행위까지 실로 다양하다. 종사원과 전반적인 생산성에 영향을 미치는 중요한 요인은 선발 과정, 훈련, 지휘와 감독, 작업일정 계획, 기기, 근로의욕, 관리자의 기대 등이다. 종사원들을 동기부여 하여 수행도를 높이기 위하여 다음의 내용을 참고하도록 한다.

• 종사원의 참여

대부분의 종사원들은 레스토랑 운영에 얼마나 많은 비용이 소모되는지 이해하지 못한다. 많은 종사원들은 레스토랑 운영이 금광을 캐는 일이라고 생각할 것이다. 종사원들에게 운영에 대하여 알려주면 종사원들의 태도가 변화할 것이고, 종사원들은 부주의, 낭비, 도난 등의 문제에 대해 이해하게 될 것이다.

• 종사원 훈련

새로 고용된 종사원이 직무에 대하여 배우는 방법은 여러 가지가 있다.

교육자료를 통해 스스로 공부할 수도 있고, 다른 종사원들에게 직무에 대하여 교육을 받을 수도 있다. 이러한 교육에서도 작은 준비를 통해 많은 비용이 절감될 수 있다. 새로운 종사원을 고용했을 때, 맡은 직무에 따르는 책임과 업체의 방침이 적힌 자료를 제공하여 종사원들로 하여금 그들에 대한 기대가 무엇인지 정확히 인식하도록 한다. 시판 중인 종사원 훈련을 위한 교육 비디오테이프, 포스터, 책, 컴퓨터 소프트웨어를 구입하여 활용할 수 있다(참고-http://info.foodbank.co.kr).

- ● **종사원의 직무 만족**

  종사원들의 직무 만족도 조사를 통해 비용 절감과 종사원 만족도 향상법 등 많은 정보를 얻을 수 있다. 종사원 만족도 조사를 위한 설문지를 임금 봉투와 함께 배포하고 익명으로 또는 이름을 적어 응답한 후 제출하도록 한다. 종사원들을 만족시킬 수 있는 가능한 방법을 다 수행하도록 한다. 만족한 종사원은 결국 고객들을 만족시킬 것이다.

- ● **불만족한 종사원**

  종사원들이 직무에 만족하지 못하면 종사원들의 이직률은 높아지고 결국 종사원 선발과 훈련 비용 상승으로 이어진다. 종사원을 만족시키는 방법은 종사원들에게 레스토랑 운영에 대하여 적절한 정보를 제공하고 그들이 팀의 일원으로 느끼도록 하는 것이다. 예산이 허락하는 범위에서 파티를 연다든가 운동 팀을 만들어 다른 레스토랑의 종사원들과 경기를 할 수 있다. 종사원들에게 그들의 노력에 대하여 감사하고 있다는 것을 보여주도록 한다. 이러한 노력은 종사원들의 근로의욕 향상에 도움을 줄 것이다.

- ● **종사원들의 의견 수렴**

  비용 절감을 위한 아이디어를 종사원들에게 묻는다. 많은 업체들이 이 방법을 이용해 비용을 절감하였다. 종사원들의 참여를 높이기 위하여 절감된 비용의 일부분을 보너스로 제공하는 프로그램을 이용해 볼 수도 있다. 그러나 단기간적인 성과만을 강조하는 경우 이러한 프로그램은 효과가 없거나 혹은 더 나쁜 결과를 초래할 수도 있다.

● **기기 관리**

종사원들에게 기기의 가격과 수리 비용이 얼마인지 알려준다. 새 콤비 오븐의 가격이 신형 재규어 자동차 가격과 같다는 사실을 알지 못하는 종사원들이 많이 있다.

● **이윤의 창출**

종사원들에게 레스토랑 사업의 현실을 보여준다. 한 달 매출액을 만 원 짜리 지폐 뭉치로 테이블 위에 놓는다. 그리고 식재료비 30만 원, 주류비 20만 원, 임금 30만 원, 세금 6만 원, 전기료 5만 원, 임대료 4만 원 등 비용을 지불하면 결국 4~5만 원이 남게 될 것이다.

■ 약물 중독이 의심되는 종사원

종사원들 중 술이나 약물 등에 중독된 종사원이 있는지 주의깊게 관찰한다. 대부분의 경우 그러한 종사원은 돈을 필요로 한다. 미국 노동부의 보고에 따르면, 1,480만 명 정도의 미국인들이 불법 약물을 복용하고 있고, 12~17세 청소년 중 11% 정도가 불법 약물을 복용한다고 한다. 가장 흔히 사용되는 약물은 마리화나라고 한다.

불법 약물 복용 비율이 가장 높은 연령층은 18~20세 사이로, 약물 복용의 정도가 20%에 이르고 있다. 약물 복용은 여성보다는(4.9%) 남성에서(8.7%) 높게 보고되고 있다. 알코올 중독은 18~25세 연령층에서 많이 나타나고 있고(13.3%),

21세 연령층에서 가장 높은 비율을 보인다(17.4%). 알코올 중독은 불법 약물 복용과 밀접한 상관 관계를 보인다. 알코올 중독 1,240만 명 중 30.5%가 불법 약물 복용자로 보고되고 있다. 어떻게 이러한 종사원들을 파악할 수 있을까? 다음의 현상을 관찰한다.

• 휴가를 반납하는 종사원

불법 약물이나 알코올 중독 종사원들은 휴가기간 동안 대신 일하는 다른 종사원들이 이 사실을 알게 될 것을 두려워한다.

• 거짓말하는 종사원

물건을 훔치거나 공금을 횡령하는 종사원들은 도난에 대하여 다른 가치관을 가지고 있다.

• 심한 행동변화를 보이는 종사원

종사원의 태도나 기분이 갑자기 변화하거나 초조함, 적대감 또는 일반 행동에서의 변화를 보이는 종사원을 주의한다.

• 작업 기록, 개인 파일, 고객 영수증 등의 지나친 보호

이러한 것들을 혼자만 관리하려고 하는 종사원들은 범죄 사실이 밝혀지는 것을 방해하고 있을 수도 있다.

• 고의적인 작업규칙 위반

업체의 방침과 규정을 따르지 않는 종사원들을 주의하여 관찰한다. 종사원의 공금 횡령은 사업을 위험하게 만들 수 있다.

▥ 현장 관리

관리자들이 업장의 규칙과 방침에 대해 관심을 보이지 않는다면, 종사원들 역시 규칙과 방침에 주의를 기울이지 않게 된다. "내가 행동하는 대로가 아닌, 내가 말하는 대로 행동하라" 라는 경영방식은 통하지 않는다. 경영진은 규칙과 방침에 대해 언급하는 것뿐만 아니라 종사원들에게 어떻게 수행해야 하는가를 직접 행동으로 보여주어야 한다. 이를 위해서 관리자는 현장에 종사원들과 같이 있어야 한다. 다음에 이러한 관리방식에 대한 예가 제시되어 있다.

- **업장의 순찰**

  사무실 밖으로 나와 업장을 돌아다니면서 어떻게 돌아가고 있는지 관찰한다. 종사원들, 그들이 어떻게 업무를 수행하는지, 누가 좋은 서비스를 제공하는지 등에 대하여 파악한다.

- **작업에 참여**

  주문한 음식의 서빙이 지연될 때에는 직접 작업에 참여한다. 종사원들에게 서빙의 지연이 심각한 문제이며, 또한 관리자가 서빙과 같은 일을 두려워하지 않는다는 것을 인식시킨다.

- **호스트와 호스티스의 관리**

  홀 매니저들의 관리도 철저히 하여 홀 매니저가 서비스 종사원들의 담당 고객의 정도를 잘 파악하여 고객을 분산시키도록 한다. 단체 손님의 경우 작은 집단의 고객들에 비해 서빙하는 데 시간이 더 걸리게 되기 때문이다. 이것은 항상 각 서비스 종사원의 구역에 같은 수의 고객들을 할당한다는 의미가 아니다.

- **화장실 관리**

  매시간 화장실 상태를 파악하고 체크리스트에 기록하도록 한다. 화장실이 깨끗할 경우 고객들은 음식이 얼마나 좋은지에 관심을 갖는 반면, 지저분한 화장실은 고객들의 업장에 관한 인식을 바꿀 수 있다.

- **서비스 종사원 교육 실시**

  고객들을 만족시키기 위한 방법에 대한 계획을 문서화하고 종사원에게 이를 교육시킨다. 서비스 커피, 할인, 무료 음료나 디저트를 제공함으로써 고객들을 만족시킬 수 있으나, 종사원들은 이윤을 고려하여 이런 서비스가 어느 정도까지 가능한지를 이해할 필요가 있다.

- **고객에게 감사 인사하는 교육**

  모든 종사원들이 고객들에게 업장을 찾아준 것에 대하여 감사의 인사를 하도록 교육한다. 감사의 인사를 함으로써 고객들이 다시 방문하도록 할 수 있다.

- **음식에 대한 지식 교육**

  모든 종사원들은 메뉴상의 모든 음식이 무엇인지, 어떻게 조리되는지에 대해 교육받아야 한다. 또한 모든 음식명을 정확히 발음할 수 있어야 한다. 주문시 발생하는 오해로 고객들이 잘못된 음식을 제공받게 될 경우, 비용이 낭비되고 또한 고객과 종사원 모두에게 당황스러운 상황이 발생한다.

- **규정의 시행 확인**

  업소 내 규정된 절차가 시행되고 있는지 파악하도록 한다. 규칙과 법규, 절차의 준수는 최고 경영자에서부터 시작되어야 한다. 관리자가 이러한 것들을 강조하지 않는다고 느낄 경우, 종사원들은 관리자들이 지시한다 할지라도 중요성을 인식하지 못한다.

- **문제 발생과 해결**

  고객과 문제가 발생한 경우 중요한 것은 종사원과 관리자의 태도이다. 문제가 발생하였을 때, 고객들이 원하는 것을 묻고 즉각적인 조치를 취하도록 한다. 가격 할인, 서비스 음식 등을 제공하거나 고객을 진정시키도록 한다.

- **작업 스케줄의 재검토**

  매니저나 고참 종사원은 종사원의 스케줄을 검토하고, 성수기와 비수기 시 제안사항이 있는지를 물어본다. 관리자가 종사원의 작업 스케줄을 충분히 검토할 경우라도 간과되는 문제들이 있다.

▣ 시간 관리

시간을 현명하게 활용하는 것은 업소 운영에서 필수적인 요소이다. 시간 관리를 이용함으로써 인건비와 고객들의 대기 시간을 줄일 수 있고, 좌석을 최대로 활용할 수 있다.

- **스태프의 책무**

  모든 매니저와 종사원들이 자신의 임무를 파악할 수 있도록 책임 소재를 분명히 한다. 종사원들이 특정 직무를 소홀히 하는 경우, 중간관리자를 두어 종사원 개개인의 직무를 수행하는 것뿐만 아니라 다른 사람들이 자신의 직무를 수행하는 것을 돕도록 한다.

- **작업 일정표 작성**

  주간 일정표는 종사원들의 사생활이 아니라 고객들을 고려하여 작성하여야 한다. 하지만 레스토랑에서 종사원들의 스케줄 작성은 쉬운 일이 아니다. 일정표 작성자는 고객이 몰리는 시간과 광고 계획과 같은 요소를 고려하여야 하고, 종사원들의 사생활도 참고하여야 한다.

- **일정 작성과 소프트웨어**

    레스토랑 운영이나 종사원 스케줄링을 위한 소프트웨어 활용을 고려해
볼 수 있다. 관련 소프트웨어는 인터넷에서 확인해 볼 수 있다.

- **일용직 종사원 고용**

    일용직 종사원을 고용하고, 그들에게 고객수가 감소할 경우 근무 시간
이 짧아질 수 있다는 것을 인지시킨다. 이 방법을 이용하면 바쁜 시간에
충분한 노동력을 확보하면서 임금 지출과 세금을 절감할 수 있다. 비수기
에 다른 종사원들의 근무 시간도 단축하는 방법을 고려해보도록 한다.

- **업무 위임**

    스케줄이 복잡해지고 관리하기 어려워지면, 하위 매니저에게 스케줄 작
성 업무를 위임하도록 한다. 어떤 사람들은 업무를 위임하면 자신의 통제
력이 감소한다고 느끼기도 하지만 사실 통제력은 자신의 업무를 적절한
시기에 수행하지 못할 경우 상실된다.

- **문제의 발생과 분석**

    문제의 발생 즉시 문제를 분석하여 문제의 재발을 방지하는 조치를 취
하도록 한다. 수표와 잔액과 관련된 문제는 다른 종사원이 다시 확인함으
로써 예방될 수 있다.

▨ 효율적인 종사원 관리

종사원과 관련된 비용은 언제든지 절감할 수 있다. 그러나 고객 서비스의 질
을 고려한다면, 비용 절감과 함께 종사원의 효율성을 향상시켜야 한다. 이것이
쉬운 작업은 아니지만, 종사원 이직률이 높은 레스토랑 산업에서 중요하다. 종
사원 고용시 관리 방법, 규칙, 절차 등을 분명히 한다.

- **전직원의 교육**

  업주, 관리자, 종사원 모두가 직무 관련 교육을 받아야 한다. 업소의 규모가 확대됨에 따라 기존의 업무 외에 다른 업무들을 수행해야 하므로 다양한 기술을 교육받은 종사원이 훨씬 더 적합하다.

- **웃는 얼굴**

  종사원의 웃는 얼굴은 고객들에게 그들이 환영받고 있다는 느낌을 줄 뿐만 아니라, 종사원 스스로에게도 자신감을 심어주는 역할을 한다. 근무 시간 동안 '웃는 얼굴(game face)'을 유지하도록 훈련시키고, 웃는 얼굴의 종사원이 더 많은 팁을 받는다는 사실을 인지시켜 준다.

- **종사원의 의견 듣기**

  종사원들의 불평, 제안, 의견에 주의를 기울인다. 종사원들은 무언가 잘 못되고 있는 것을 이야기하는 것이다. 종사원들의 의견은 즉각적인 조치가 필요한 중요한 문제를 알려주고 있는 것이다.

- **사적인 문제와 업무 수행**

  종사원들의 개인적인 문제가 업무 수행에 영향을 미치는 경우가 자주 발생한다. 개인적인 문제로 결근하게 되면 운영상에서 손실이기는 하지만 다른 측면도 고려하여야 한다. 문제로 고민 중인 종사원을 억지로 근무하도록 할 경우 다른 종사원들에게 영향을 미칠 수도 있고, 고객들에게 부정적인 환경을 만들 수도 있다. 때때로 직접 이야기를 해서 종사원에게 일과 개인적 문제를 구분하도록 하는 것이 좋다.

- **업무 수행 기준**

  종사원과 매니저를 위한 업무 수행기준을 설정하고 모든 종사원들에게 공지한다. 한 직무가 제대로 수행되지 않을 경우 모든 사람들이 누구 때문인지를 알기 때문에 변명이 불가능하다.

- **고객을 존중**

  종사원들은 고객들을 평가하지 않도록 교육받아야 한다. 종사원들은 모든 고객들을 존중하고 평등하게 다루어야 한다. 종사원이 고객을 좋아하는지는 관심사가 아니다. 중요한 것은 그 고객을 단골손님으로 만드는 것이다.

▨ 인센티브 제공

일반적으로 종사원들은 임금을 지급받는 대가로 직무를 수행하므로 그 이상의 작업량을 할당할 경우 인센티브를 지급하도록 한다. 인센티브는 작은 지출이지만, 종사원들이 더 열심히 근무하도록 동기부여하여 그로 인해 얻게 되는 이익은 훨씬 크다.

- **공로 인정 및 칭찬**

  만일 주방이나 바에서 기기 고장이 감소하면 종사원들의 노력에 대하여 칭찬을 해준다. 만족감을 느낀 종사원들은 고객들을 만족시키게 된다.

- **종사원들 각각의 작업에 책임부여**

  호스티스가 열심히 하여 붐비는 시간에 고객들이 돌아가는 것을 최소로 줄인 경우, 보너스를 제공하거나 바쁘지 않은 시간에 근무시간을 단축시켜 준다.

- **직무 수행을 위한 도구 제공**

  종사원들은 계산기, 펜, 앞치마, 쟁반받침, 메뉴판, 조리기구, 호출기 등을 필요로 한다. 종사원들에게 직무 수행시 필요한 도구를 제공하여 작업의욕을 높이고 작업 수행시 발생할 수 있는 좌절감을 줄이도록 한다.

- **적절한 보상 제공**

    예를 들어, 한 달 동안 지각이나 결근이 없는 종사원에게 무료 식사 쿠폰을 제공할 수 있다.

- **인센티브의 제공**

    문제를 해결하는 방법을 제안하거나 더 많은 업무를 수행하는 종사원에게 인센티브를 제공하여 노동생산성을 향상시킨다. 근무 외 작업을 감소시키거나 기기의 수리비용을 절감한 종사원들을 적절히 보상해 준다.

- **판매 인센티브**

    서비스 종사원을 대상으로 판매 콘테스트를 열고 매출이 높은 종사원들에게 인센티브를 제공한다.

- **종사원을 위한 파티**

    예를 들면, 한 달 간 식재료 원가를 절감하는 프로그램을 실시한다. 현재 식재료 원가의 비율이 38%이면, 이를 한 달 동안 35%로 낮추도록 한다. 이 목표가 달성되었을 때, 인센티브로 파티를 연다. 파티에서 티셔츠와 상품을 나누어 줄 수도 있다.

▣ 종사원 고용

레스토랑 매니저에게 있어서 가장 어려운 일은 적합한 종사원을 고용하는 것이다. 지면광고를 통해 지원자들은 모을 수 있으나 레스토랑 업계에서 필요로 하는 사람들은 대개 경쟁업체에서 근무하고 있는 것이 현실이다. 다음에 레스토랑 업계에서 가장 적합한 사람들을 확보하는 방법들이 제시되어 있다.

- **현재 근무하는 종사원들은 새 종사원 확보를 위한 훌륭한 정보원이다.**

    종사원들은 일반적으로 레스토랑 업계에 적합한 친구들을 많이 알고 있다. 개인적으로 신뢰하는 사람의 추천은 확실한 방법이다. 그러나 종사원 간의 파벌 가능성을 조심하도록 한다.

- **장래에 채용 가능성이 있는 지원자의 파일을 보관한다.**

    지원자가 근무를 희망하지만 현재 고용할 수 없을 경우 이 지원자의 정보를 파일로 보관한다. 광고가 나지 않을 때 직접 찾아와 취업 가능성을 타진하였다면, 그러한 사람들은 업소에 대하여 충분한 정보를 가지고 있고 근무 의사가 높음을 알 수 있다.

- **시간은 돈이다.**

    모든 지원자를 면접하는 데 많은 시간을 허비하지 않는다. 지원자가 별로 마음에 들지 않는 경우, 지원해 준 것에 감사하고 다른 지원자 면접으로 넘어간다.

- **새로운 종사원 고용시 성격이 안정되어 있는지를 평가한다.**

    일반적으로 사생활이 안정되어 있을수록(은행 대출을 받았거나 자녀가 있는 기혼상태) 갑작스러운 이직이나 직무 태만의 가능성이 적다.

- **고용 웹사이트를 활용한다.**

    잡쿡(www.jobcook.com)과 같은 레스토랑 업계를 위한 종사원 고용 인터넷 사이트를 활용한다.

- **조리 종사원 구하기**

    지원자들은 조리학교에서 찾을 수 있다. 이들의 장점은 이미 레스토랑을 위해 훈련되어 있다는 것이다.

- **구하고자 하는 종사원의 조건은?**

  종사원이 수행할 작업에 따라 필요한 기술이 달라진다. 모든 직무에 풍부한 경험이 요구되는 것은 아니지만, 안정성, 지적 능력, 성격, 정직성, 근무의사는 모든 종사원에게 요구된다. 경험이 없는 지원자가 이러한 특성을 보인다면 기술이 부족하더라도 훈련시킴으로써 훌륭한 인적자원으로 변화시킬 수 있다.

- **고객들이 볼 수 있는 모든 종사원들이 한 업소의 성격을 반영한다.**

  따라서 종사원들은 고객들을 잠재적인 친구로 보아야 한다. 어떤 사람들은 작은 미소 하나로 분위기를 변화시킬 수 있다. 이런 종사원 2~3명만 있다면 고객들은 다시 방문할 것이다.

- **지원자가 이력서를 제출할 때 바로 면접을 실시하지 않는다.**

  며칠 후 지원자를 다시 방문하게 하여 얼마나 근무의욕이 있는지 파악한다. 지원자가 나타나지 않거나 관심을 보이지 않는다면, 고용하지 않는 것이 바람직하다.

- **지원자 면접시 필요로 하는 정보를 얻기 위하여 질문을 미리 작성한다.**

  면접자는 훨씬 더 편안하게 얻고자 하는 정보를 얻을 수 있다.

- **지원자에게 직접 작업을 수행해 보도록 요구한다.**

  바텐더가 와인의 코르크를 열지 못하거나 서비스 종사원이 4개의 접시를 동시에 들지 못하는 것 등을 미리 파악할 수 있다.

- **사무실에 모든 종사원의 연락처를 보관한다.**

  이 명단에 장기간 근무 후 최근에 그만 둔 종사원들도 포함시켜 아주 바쁜 날이나 이벤트가 있을 때 도움을 청할 수 있다. 이들의 장점은 업소에 대하여 잘 알고 있다는 것이다.

▨ 훈 련

레스토랑 운영자들은 특별한 노력없이 필요한 특정 기술을 가진 종사원들을 고용한다. 대부분의 종사원들은 새로운 기술을 훈련받는 것을 거부하지 않는다. 종사원들이 다른 종사원들을 대체할 수 있을 때 이 투자의 회수는 매우 크다. 다음에 제시된 종사원 훈련에 대한 제안들을 이용해 업소의 효율에 큰 영향을 미치고 종사원 만족도를 높이도록 한다.

- **매니저는 항상 신입 종사원에게 훈련 과정을 설명한다.**

  신입 종사원 훈련을 기존의 종사원에게 맡길 경우 무의식적으로 새로운 종사원에게 나쁜 습관을 교육할 수도 있다. 대부분의 종사원들은 일상적인 근무 중 멀리해야 할 손쉬운 편법들을 습득한다(예 : 저기 밑은 청소할 필요 없어. 아무도 안 보거든). 기존의 종사원이 신입 종사원에게 이런 편법을 전해준다면 이것은 고질화되어 교정하기 어렵다.

- **멀티 플레이어**

  종사원들이 여러 가지 업무를 수행할 수 있도록 훈련한다면 장기적으로 종사원과 업소 모두에게 이익이 된다. 바 종사원이 효율적으로 주문을 받고, 고객들에게 자리를 안내하고, 테이블을 정리하고, 음식을 서빙하도록 훈련을 받는다면, 플로어 종사원들이 부족하거나 바쁠 때 도움을 줄 수 있다. 또한 플로어 종사원이 바의 붐비는 시간에 음료를 준비할 수 있다면 고객 서비스에 도움이 될 것이다.

- **훈련, 재훈련, 평가**

  종사원들에게 기대사항을 한 번 설명한 후 종사원들이 완전하게 이해하기를 기대하는 것은 무리이다. 종사원이 한 부분에서 훈련을 받았을 때 며칠 후 다시 설명하여 완전히 이해하도록 한다.

• 짧은 회의

회의는 5~10분 정도로 짧게 계획한다. 목적에 초점을 두고 참여자들에게 미리 배경이 되는 정보를 제공한다. 중요한 의사결정자들만을 참여시킨다.

• 교차 훈련

세정 담당 종사원들이 근무시간 내내 바쁘게 일하도록 훈련한다. 세정 담당 종사원들에게 추가의 임무를 할당함으로써 비용을 절감할 수 있다. 이들이 할 수 있는 업무는 감자 껍질 벗기기, 영업 종료 후 청소, 버서 (busser)가 쓰레기 치우는 것을 돕는 것, 주방 청소 등 매우 다양하다. 다양한 업무에 대한 교육을 받음으로써 모든 종사원들은 보다 효율적으로 서로를 돕고 할 일이 없이 보내는 시간을 줄일 수 있다.

▣ 종사원의 생산성 향상

무엇보다도 매니저는 사무실에만 있는 상사가 아니라 팀원이고 코치로서 모범을 보여야 하고, 보수와 직업윤리가 직접적으로 관련되어 있음을 보여주어야 한다. 종사원들과 팀으로 함께 일하는 매니저는 존경을 받는 동시에 생산성 향상에도 큰 공헌을 하게 된다. 다음은 매니저들이 종사원의 생산성과 관련하여 고려해야 할 사항들이다.

• 출근시간 관리

특별한 지시가 있는 경우를 제외하고는 종사원들이 근무 시작보다 5분 이상 일찍 출근 카드에 체크하도록 하지 않도록 한다. 한 종사원이 지속적으로 일찍 출근 카드에 기록한다면 결국 비용 상승에 영향을 주게 된다.

- **타임 카드**

  종사원이 정규시간 이상 근무하게 될 경우 근무조 매니저는 해당 종사원의 타임 카드에 서명하고 근무 목적을 기록한다. 이 기록은 초과 근무를 쉽게 파악하고 추가의 인적·재정적 자원이 필요한 부분을 분석하는데 이용된다.

- **잘못된 주문의 감소**

  종사원이 주문을 받은 후 고객에게 다시 확인하도록 훈련한다. 고객들은 자신이 주문한 것을 정확히 제공받을 수 있고, 의사소통상의 오해, 실수, 시간낭비, 음식물 쓰레기 등이 감소된다.

- **휴식시간**

  종사원들이 8시간 근무 동안 최고의 속도로 계속 근무한다면 피곤해지고 실수를 범할 수 있다. 종사원들이 최상의 상태로 근무하기 위해서는 충분한 휴식시간과 신체적·정신적 능력을 북돋을 수 있는 식사시간을 계획해야 한다. 물론 이것은 추가 비용이지만 스트레스와 피로함으로 인한 휴가가 더 큰 비용이 될 것이고, 종사원의 실수와 불친절한 태도로 인한 고객의 손실은 업소의 이윤에 더 큰 영향을 미칠 것이다.

- **병가와 휴가**

  업소에서 중요한 정규직원의 병가와 휴가를 계획하는 것은 어려울 수도 있다. 장기간 근무하면서 병가와 휴가를 축적한 종사원들은 그만큼 업소에 공헌을 해왔으므로, 이런 종사원의 휴가로 인한 불편함보다 이들의 가치는 훨씬 더 크다. 휴가의 효과를 극대화하기 위해 비수기에 휴가를 이용할 경우 추가로 하루 이틀 정도 휴가를 더 제공하도록 한다.

▨ 인적자원

몇 가지 작은 기법으로 신뢰할 수 있는 종사원이 최고의 종사원으로 발전하도록 할 수 있다. 사실 종종 서비스 종사원들이 고객들에게 남기는 인상은 고객들이 식당에서 얻는 인상으로 이 인상은 오래 지속된다.

- **서비스 종사원들이 스스로를 단순한 레스토랑 종사원 이상으로 인식하도록 한다.**

  고객과의 관계에 있어서 서비스 종사원들은 고객들과 접촉하는 역할을 할 뿐만 아니라 고객들의 분위기를 파악하고 고객들의 경험을 향상시킬 수 있는 점들을 규명할 수 있다. 종사원들로 하여금 그들이 홀을 통제하고 있고, 문제가 발생했을 때 그것을 처리하거나 혹은 매니저가 책임져야 할 경우에는 매니저에게 사실을 알리는 것이 그들의 임무임을 인지시킨다.

- **전문적이고 훌륭한 종사원을 유지하는 것은 중요하다.**

  보통 종사원은 한 번에 4개의 테이블을 담당할 수 있으나 능력있는 종사원은 한 번에 5~6 테이블 혹은 그 이상을 관리할 수 있다. 서비스 종사원을 잘 관찰하고 칭찬, 금전적 인센티브, 자부심 등을 이용해 기술을 향상시킬 수 있도록 한다.

▒ 종사원에 의한 도난

때때로 이윤 향상에 가장 좋은 방법은 비용 절감이 아니고, 들어오는 수입을 잘 관리하는 것이다. 특히 절도의 감소는 가장 주의를 기울여야 하는 부분이라 할 수 있다. 내부에서의 절도는 많은 업소에서 손실의 원인이므로 보안에 많은 비용을 낭비하고 싶지 않다면 예방만이 방법이다. 종사원의 절도를 최소화하기 위하여 다음의 사항 등을 고려해 보아야 한다.

• 종사원 업무 순환

가능하다면 종사원들의 업무 내용을 순환시켜 같은 사람들이 항상 같이 일하는 것을 피하고 절도의 가능성을 최소화한다.

• 정기적인 점검

일상적인 점검은 종사원들의 정직하지 못한 행위나 업장 내의 시스템이 잘 작동하지 않는 것을 파악할 수 있는 좋은 방법이다. 매니저는 수시로 불시 점검을 수행하여 현장에서 발생하고 있는 일들을 파악하고 있어야 한다.

• 바 구역의 관리

바 구역에서 음료값이 제대로 지불되고 있는지를 관찰한다. 음료 제공 후 고객과의 돈 거래가 없었다면 바텐더가 무료로 음료를 제공하고 있는 것이다. 잘 관찰함으로써 바의 비용을 절감하고 불시에 현금과 매출을 확인해 본다. 또한 바 구역에 미성년자가 자리를 잡거나 근무하지 않도록 관리한다.

● **바텐더와 종사원의 관리**

종사원이나 바텐더가 1인 분량을 준수하는지 파악한다. 음료 가격은 잔 단위로 결정되는데, 만일 바텐더나 종사원이 매번 1잔 반씩 서빙한다면 결국 주류 3병당 1병이 무료로 제공되고 있는 것이다.

● **추가 아이템의 가격**

종사원들이 커피, 차, 소스 등의 추가 아이템의 가격을 정확히 계산하는지 확인한다. 서비스 종사원을 관찰하고 속임이 발생할 경우 조사하여 적절한 조치를 취한다.

● **실수**

종사원들로 하여금 관리자에게 실수가 왜 일어났고 어떻게 발생했는지를 보고하도록 한다. 이로써 종사원과 매니저가 낭비와 부패를 진지하게 여기고 절도를 예방할 수 있다.

● **종사원 식사**

종사원의 식사는 무료로 제공되는 것이 아니라면 가격을 지불하도록 해야 한다. 무료로 제공되는 경우에는 반드시 서명을 하고 매니저는 이를 확인해야 한다.

● **무료 식사**

종사원들이 매출기록없이 음식을 고객이나 친구, 심지어는 자신의 차에 음식을 가져가기도 하므로 관리가 필요하다.

▣ 금전등록기 관리

수입은 통장에 입금되기 전까지 여러 단계를 거치게 된다. 첫 번째 단계는 고객에서 금전등록기로의 이동이다. 엄격한 매출 관리가 이루어져야 하고 모든 종사원들이 이러한 규칙준수의 중요성을 인식해야 한다.

- **캐셔는 하루의 영업 후 매출기록 출력을 위한 열쇠를 사용할 수 없도록 해야 한다.**

  모든 거래는 금전등록기에 반드시 기록되어야 하고 매니저가 확인해야 한다. 그 시점에서부터 새로운 현금보관기를 이용한다.

- **모든 주문 취소와 초과금액 청구 모니터링**

  종사원이 너무 많은 실수를 저지른다면 고객이 음식값을 지불하고 업소를 떠난 후 종사원이 금전등록기에서 현금을 취하고 있을 가능성이 있다. 유사한 경우가 수표를 등록하지 않는 것이다. 항상 모든 수표가 금전등록기에 기록이 되어 있는지 확인한다.

- **매출전표**

  모든 매출전표의 일련번호가 맞도록 한다. 매출전표의 번호는 종사원의 이름과 같이 기록을 남겨야 한다. 매출전표와 금전등록기의 기록이 맞지 않는다면 기록으로 보관하여 해당 종사원의 해고 결정시 증거로 이용한다.

- **취소된 매출전표**

  실수로 취소된 매출전표에 대한 설명이 있어야 한다. 이것으로 어떤 매출전표가 없어졌는지를 파악할 수 있고, 모든 매출전표의 매출이 금전등록기에 입금이 됐는지를 확인할 수 있다.

▥ 서비스로 제공되는 식음료

많은 업소는 판촉비용의 일부로 고객들에게 음식이나 음료를 무료로 제공한다. 한 개의 가격으로 2개를 판매하거나 모든 주메뉴 주문에 무료 음료를 제공하는 것 등은 고객을 유인하는 효과적인 방법이지만, 이 과정에서 손해를 보지 않도록 주의한다.

• 다른 버튼의 사용

고객에게 종종 무료 음식이나 음료를 제공한다면 이러한 음식의 제공은 금전등록기의 다른 버튼을 사용하여 기록을 남기고, 매니저가 사인을 하거나 쿠폰을 수집하여 이 내용을 파악할 수 있어야 한다. 이 방법으로 무료 음식이나 음료의 제공 과정을 철저하게 관리할 수 있게 하고, 이윤을 극대화하며 인센티브를 유지할 수 있다.

• 쿠폰 사용 관리

서비스로 제공된 음식이나 가격 할인 쿠폰을 수집한 후 파기하여 같은 쿠폰이 다시 사용되는 것을 방지한다. 한 번 사용된 쿠폰을 친구에게 제공해 다시 사용하는 것은 정직하지 못한 종사원들에 의해 종종 사용되는 방법이다.

• 종사원 식사

종사원들이 근무시간에 무료 또는 할인가격 식사를 할 수 있으나, 재고에 대한 정확한 기록을 확보하고 구매를 정확히 예측하기 위해 이런 비용을 정확히 관리해야 한다.

• 무료 음료

종사원들이 근무 후 바에서 너무 많은 무료 음료를 마시지는 않는가?

많은 업소들은 근무 후 한 잔의 음료를 무료로 마시는 것을 방침으로 가지고 있으나, 이런 것들이 종종 2~3잔으로 늘어나게 된다. 매니저만이 무료 음료를 제공할 수 있도록 한다.

▨ 보안관리

현금만이 보안과 관련하여 걱정해야 할 것은 아니다. 스테이크 고기, 나이프, 스푼, 샴페인병 등의 재고 식품이나 물품도 내부 도난의 대상이므로 소유하고 있는 모든 것들의 관리는 철저하게 이루어져야 한다. 다음은 업소들이 취약한 분야로 집중적으로 관리되어야 할 것이다.

● **바가 오픈하지 않는 시간에 바의 저장고는 항상 닫혀 있도록 한다.**

이런 철저한 관리를 통해 종사원들과 고객들의 절도를 사전에 예방할 수 있고, 물품의 손실이 일어날 경우 정확히 파악할 수 있다.

● **모든 저장창고는 닫혀 있어야 한다.**

저장창고의 열쇠를 사용할 수 있는 사람을 정해놓는다. 또한 열쇠공과 상의하여 자물쇠와 CCTV나 카드키 등의 기타 방법에 대한 정보를 얻는다.

● **사무실 문은 잠궈 놓는다.**

사무실에의 접근을 제한하여 물품과 정보의 절도를 예방할 수 있다.

● **주방의 설계**

주방을 설계할 때 냉동고와 창고형 냉장고는 가능한 한 뒷문으로부터 멀리 배치한다. 원가가 높은 품목들의 절도를 어렵게 함으로써 손실을 효과적으로 줄일 수 있다.

- **종사원들을 위해 강도대처 계획을 적용한다.**

  예상하지 못한 사건이 발생할 경우 종사원들과 고객 모두의 신변이 안전하고 현금이 안전하게 보존되어야 한다. 보안 전문가와 지역 경찰과 상의하여 강도가 발생할 경우 가장 바람직한 행동계획을 결정한다.

■ **현금관리방법**

올바른 현금관리는 중요한 기술이다. 현금관리에는 만의 하나라는 실수가 허용될 수 없다.

- **금전등록기 관리**

  종종 종사원들이 금전등록기를 비우는 경우가 발생하곤 하는데, 이것은 절도의 가능성을 높이게 된다. 종사원들이 금전등록기를 비우지 않도록 하고 금전등록기를 열기 위해서는 비밀번호를 입력하도록 한다. 이로써 절도를 예방할 수 있을 뿐 아니라 다른 사람에 의한 실수로 종사원들이 의심을 받지 않도록 할 수 있다.

- **캐셔가 거래 총액을 말로 확인하도록 한다.**

  캐셔는 또한 고객이 거스름돈으로 받는 금액을 말로 확인하도록 한다. 이는 고객과의 거래 내역에 대한 의사소통의 수단일 뿐 아니라 고객이 실제보다 더 많은 비용을 지불했다고 주장하는 등의 위험을 줄일 수 있다. 거래가 완전히 계산될 때까지 캐셔가 금전등록기에 어떤 메모도 넣지 못하도록 한다.

- **종사원들이 고객들에게 잔돈을 거슬러 줄 때 큰 소리로 계산하도록 훈련을 시킨다.**

  이로써 잔돈이 3번 계산되는 효과를 얻을 수 있다. 한 번은 캐셔가 금전등록기에서 돈을 꺼낼 때, 또 한 번은 고객에게 잔돈이 전달될 때, 또 한 번은 고객에 의해서 계산이 이루어질 때이다. 이 방법으로 실수와 오해, 종사원의 절도 등을 줄일 수 있다.

● **저녁에 입금시킬 때**

　종사원이 저녁에 은행에 현금을 입금시켜야 한다면 다른 종사원이 동행하도록 한다.

● **종사원의 퇴근 전에 모든 매출전표가 확인되어야 한다.**

　업소 내의 현금을 철저하게 관리함으로써 부족을 파악하는데 드는 시간과 인력, 절도의 기회를 상당히 감소시킬 수 있다.

▣ 주의해야 할 고객들의 행위

종사원들이 부주의할 경우 고객들도 주된 손실의 원인이 될 수 있다.

● **편지 사기**

　'고객들은 항상 옳다'라는 말은 맞다. 그러나 주의를 기울일 필요가 있다. 고객들의 편지 사기는 몇 년에 한 번씩은 발생한다. 이런 편지는 우편이나 팩스로 주로 전달된다. 한 예로 "음식, 와인, 서비스 모든 것이 좋았다. 그러나 유일한 문제는 그릇을 치우는 종사원이 내 외투에 와인을 쏟았고 그에 대한 세탁비 3만 원 영수증을 동봉합니다."를 들 수 있다.

● **부정 수표**

　부정 수표는 고객절도의 주된 원인이다. 고객과 잘 알고 있는 관계가 아니라면, 개인수표는 가능한 한 받지 않는 것이 좋다. 개인수표를 받아야 한다면 서명인의 신분증을 반드시 확인한다.

- **신용 카드**

  신용 카드를 받을 때는 종사원들로 하여금 영수증의 서명과 카드 뒷면의 서명이 일치하는지를 확인하도록 한다. 이 과정을 종사원들이 잘 수행하도록 하기 위해 영수증의 뒷면에 종사원들이 확인서명을 하도록 한다.

- **잔돈 부족**

  때때로 고객들이 받아야 하는 거스름돈보다 부족하게 받았다고 주장하는 경우가 생긴다. 이 경우 금전등록기 사용을 중단시키고, 금전등록기 내 현금을 빨리 계산한다. 만일 이미 금전등록기를 닫았을 경우 고객의 이름과 전화번호를 받아두고 나중에 현금 계산을 끝낸 후 그 차이를 돌려주어야 한다. 할 수만 있다면 고객을 잃고 싶은 업주는 없다. 그러나 쉬운 사기대상이 되는 것은 이윤에 큰 손실이 된다.

- **지폐 관리**

  저녁 영업시간 동안 주기적으로 캐셔와 함께 매니저는 금전등록기 안의 지폐가 10장을 넘으면 10장을 한 묶음으로 묶어 금고로 옮기고, 금전등록기에는 그 대신 서명을 한 종이를 한 장 넣어둔다. 이 과정으로 인해 영업 종료 후 계산이 용이해지고, 현금을 보다 안전하게 보관할 수 있다.

- **쉬운 대상**

  테이블 장식으로 고객들이 탐을 내서 집으로 가져가고 싶어 할 정도의 것을 사용하는가? 이를 방지하기 위해 작아서 주머니에 쉽게 들어갈 정도의 것보다는 약간 큰 것을 이용하는 것이 좋다.

- **무전 취식**

  고객들이 식사 후 비용을 지불하지 않고 나가는 것을 방지하기 위해 종사원은 영수증을 고객에게 건넨 후 결재를 위해 즉시 테이블로 가거나 적어도 고객들을 관찰하도록 한다. 캐셔를 경보장치가 설치되지 않은 출구에 위치시키는 것만으로 고객이 지불하지 않고 몰래 나가는 것을 완전히 예방할 수는 없지만 적어도 이러한 행위를 어렵게 하게 된다. 종사원들이 주의를 기울이면 고객들의 무전 취식을 최소화할 수 있다.

▣ 지속적인 확인과 관리

모든 고객과 종사원을 관찰하는 것이 중요하지만 매니저 자신의 행동도 중요하다. 이것은 절도의 기회를 제한할 수 있는 사무관리 절차를 수립하는 것을 의미한다. 다음에 제시된 과정들은 레스토랑의 운영 원가 절감에 큰 영향을 미칠 것이다.

• **현금을 만들기 위해 개인수표를 발행하거나 현금화를 위한 개인수표를 받지 않는다.**

개인수표는 누구나 은행에 입금할 수 있으나, 최악의 경우는 종업원이 고객의 개인수표를 자신의 은행에 입금하고 그 수표를 받지 않았다고 하는 것이다. 또한 개인수표는 고객의 지불방법 중 가장 최종의 선택이 되어야 하며, 받은 수표의 보완은 신중해야 한다.

• **소액 현금에 대한 접근을 제한한다.**

소액 현금은 사무실 횡령의 첫 번째 부분이다. 소액 현금을 잠금 장치가 있는 곳에 보관하지 않는다면 매우 쉽게 손실될 수 있다.

• **입금의 재확인**

은행에 입금할 때 사무실과 은행 사이에 문제가 발생하지 않도록 하기 위해 은행 입금표를 작성하고, 현금을 세고, 장부에 입금 내역 기록을 책임지는 매니저는 항상 다른 사람이 그 기록을 재검토하도록 해야 한다.

▣ 무인 보안시스템

레스토랑 업계에서 무인 보안시스템은 필수품이다. 다음의 필수요소를 고려해 본다.

• 후문의 보안

후문에 작은 벨을 설치해 문이 열릴 때마다 소리가 나게 해서 주방이나 사무실에서 이를 알 수 있게 한다. 이 장치로 고객, 위생감시원, 경쟁자들이 주방을 엿보는 것을 방지할 수 있다. 또한 열린 문을 통해 벌레, 쥐, 외부의 소음이 주방으로 들어오므로 후문 관리가 필요하다.

• 가능한 한 모든 POS 시스템에 종사원 로그인 시스템을 설치한다.

종사원들은 로그인 번호가 그들 자신을 위한 것이고 다른 사람이 이것을 알면 스스로의 안전을 해할 수 있음을 알아야 한다. 이러한 시스템은 금전등록기를 누가 열었는지 기록할 뿐만 아니라 어느 종사원이 가장 바쁘고, 열심히 근무하고, 가장 적은 실수를 저지르는가를 알 수 있다.

• 출구에 경보장치 설치

모든 비상 출구에 경보장치를 설치하여 비상시가 아닌 때 고객이나 종사원들이 출입하거나 외부인이 업소로 몰래 들어오는 것을 방지한다.

• 무인 카메라 설치

출입구나 현금관련 구역에 무인 카메라나 적어도 가짜 무인 카메라를 설치하여 종사원들과 고객들이 몰래 출입하는 것을 제한할 수 있다.

▣ 파손 방지

다음의 몇 가지 단순한 원칙을 준수함으로써 파손에 의한 손실을 크게 줄이고 유리제품, 식기, 조리도구들이 불필요하게 낭비되는 것을 방지할 수 있다.

● 핫패드

종사원들이 서빙할 때 항상 핫패드를 사용하도록 하여 식기가 너무 뜨거울 때의 파손사고를 줄이도록 한다.

● 냉각 시간

식기세척기를 사용하는 종사원들이 식기나 유리그릇을 식기세척기로부터 꺼내어 사용하기 전에 충분히 냉각할 시간을 갖도록 한다. 유리나 사기그릇은 뜨거울 때 훨씬 더 잘 깨지고 금이 가기 쉽다.

● 올바른 사용법

주방 종사원들이 계란 거품을 낼 때 사기그릇을 사용하지 않도록 교육한다. 이러한 행위는 식기에 손상을 주어 사용 연한을 줄이게 된다. 이러한 용도에는 타파웨어나 금속그릇을 사용한다.

- **식기**

  장기간 보관시 모든 식기는 완전히 건조하도록 한다. 이 단순한 작업으로 모든 나이프나 포크들이 실제로 깨끗하게 유지되고 또한 보관 기간동안 녹이 스는 것을 방지한다.

- **일반 유리제품**

  모든 유리제품은 특히 식기세척기 사용시 랙에 적절히 넣어야 한다. 랙에 꼭 맞지 않으면 세척 사이클 동안 또는 운반시 그릇이 움직이게 되어 사용 연한이 짧아진다.

- **손잡이가 긴 유리잔**

  손잡이가 긴 유리잔은 다른 유리제품보다 고가이고 훨씬 깨지기 쉽다. 모든 종사원들은 이런 제품을 다룰 때 더 주의를 기울여야 한다.

- **다루기 어려운 식기**

  종종 테이블에서 보기 좋은 식기들이 종사원들에게는 다루기 어려운 제품인 경우가 있고 쉽게 파손된다. 유사하게 식기가 쉽게 포개지는 구조가 아니고 일상 영업활동에서 매일 사용할 정도로 두껍지 않다면 이 또한 낭비 원인이 된다. 레스토랑용 식기를 선정할 때에는 보기 좋은 것 외에 다른 요소도 고려해야 한다.

- **아이스 스쿠프**

  바 종사원들에게 유리제품을 아이스 스쿠프로 사용하지 못하도록 한다. 이 내용을 분명히 전달함에도 불구하고 현장에서 종종 이런 일을 볼 수 있다. 아이스메이커 속에 빠진 조그만 유리조각은 큰 상해를 입힐 수 있고, 바의 유리제품들은 얼음을 덜기 위한 목적으로 제조되지 않았다. 유리가 아이스메이커 주위 또는 안에서 깨진 경우 아이스메이커 전체를 비우고 다시 사용하기 전 내용물을 완전히 제거하여야 한다. 아이스메이커 안에 비닐 봉투를 깔고 작동시키면 청소가 더 용이하다. 아이스 스쿠프로 세균, 먼지에 오염되지 않고 얼음 속에 묻히지 않도록 디자인된 제품을 이용한다.

• 음료의 서빙

종사원들이 음료를 서빙할 때, 유리컵의 윗부분을 만지지 않도록 한다. 이것은 비위생적일 뿐만 아니라 고객들이 보기에도 매우 불쾌한 일이다. 또한 유리컵을 이러한 방법으로 서빙하면 훨씬 깨지기 쉽게 된다.

• 식기의 점검

서빙하기 전에 모든 유리그릇과 식기를 점검한다. 립스틱자국, 이가 나간 것, 금이 간 것, 음식찌꺼기 등은 고객을 불쾌하게 만들 뿐 아니라 고객들에게 위험을 초래할 수 있다.

• 식기의 보관

식기보온기, 식기세척기, 식기보관고 내에 식기를 쌓을 때 너무 많은 식기를 쌓지 않도록 한다. 너무 많은 식기를 포개어 저장할 경우 아랫부분에 위치한 식기에 부담이 되어 쉽게 파손될 수 있다. 12개 이상은 쌓지 않도록 한다.

• 식기의 관리

식기와 유리제품을 불필요하게 만지거나 옮기지 않는다. 식기가 식기세척기로부터 식기보온기, 다시 조리대, 그리고 식탁까지 이동하는 거리가 길면 불필요한 단계를 제거하는 방법을 고안해 본다. 식기보온기를 식기세척기 바로 옆으로 이동한다면 단계를 줄일 수 있다.

▣ 식품의 부패 방지

부패한 식품은 창문 밖으로 뿌리는 돈과 같다. 다음 방법을 적용해 식품의 부패 및 변질을 최소화하도록 한다.

- **모든 변질된 식품을 기록한다.**

  이로써 재고를 조절하고, 한 품목을 너무 많이 주문하고 있는지 또는 기기에 문제가 있는지를 파악한다.

- **모든 식품에 컬러코드, 라벨을 붙이고 날짜를 기록한다.**

  새로 입고된 식품보다 오래된 식품을 먼저 사용하여 손실을 최소화하고, 앞으로의 문제를 미리 파악한다. 또한 날짜 스티커를 사용하면 종사원들은 식품이 얼마나 오랫동안 저장되었는지 알 수 있다. 일회용 라벨을 사용하여 라벨과 접착제가 세척 과정에서 손쉽게 제거될 수 있도록 한다.

- **냉장고 온도가 적절한지 살펴본다.**

  냉동, 성에, 냉동화상 등은 냉장고에서 발생하는 주된 변질의 원인이다. 냉장고의 온도를 주기적으로 측정하고 과거 기록을 보관한다. 냉장고 온도 측정을 위한 적절한 온도계를 사용해야 하고, 냉장고 내의 온도 변화와 위치 별로 온도가 크게 차이가 나는지를 살펴본다.

- **품질과 브랜드에 따라 변질 정도가 다를 수 있다.**

  납품업자나 제조업체를 바꾼 경우 제품의 상태를 주의깊게 관찰하여 신선도나 품질 등에서 변화가 있는지 기록하여 다음 구매에 참고한다.

- **달걀의 보관**

  냉장보관한 달걀을 사용 전에 잠시 상온에서 보관하면 달걀의 노른자가 쉽게 깨지는 것을 방지할 수 있다. 이 간단한 방법으로 달걀을 완전한 상태로 이용하여 낭비를 최소화할 수 있다.

- **냉동은 식품의 맛을 감소시키므로 식품을 냉동하지 않는다.**

  물론 선택의 여지가 없는 경우도 있지만 식품은 냉장온도에서 보관하고 빨리 이용하는 것이 가장 바람직하다.

- **양념류, 소스류, 양념장은 미리 준비한다.**

  미리 준비하여 적절한 온도에서 보관하면 변질 없이 장기간 저장이 가능하다. 만일 소스나 양념장이 변질되기 쉬운 재료를 포함하고 있다면, 많은 양을 만든 후 소량씩 용기에 나누어 담고 냉동하여 필요한 양 만큼씩만 사용하여 시간과 비용을 절약하도록 한다. 이 방법을 이용하면 음식의 맛을 균일하게 할 수 있다.

- **예비 발전기 준비**

  전기 공급이 반나절 동안 중단된다면 저장된 식품에 어떤 일이 발생하겠는가? 예비용 발전기를 구입하여 이러한 문제를 예방하도록 한다. 작지만 창고형 냉장고를 가동시킬 수 있는 정도의 용량을 가진 발전기를 구입하여 전기 공급 중단시 발생할 수 있는 손실을 예방할 수 있다.

- **창고형 냉장고와 냉동고 온도를 모니터한다.**

  냉동고와 냉장고의 온도를 모니터하는 프로그램을 사용하여 정확하게 원거리에서 다양한 냉장고의 냉장 효율을 측정할 수 있다.

- **정전**

  정전으로 전력 공급이 1~2일 안에 재개되지 못하거나 기계적 문제가 해결되지 못할 경우, 냉동고 문을 닫아놓고 드라이 아이스를 이용해 냉동고의 온도를 어는점 이하로 유지하여 부패를 예방한다. 드라이 아이스를 구입할 장소를 미리 알아놓으면 후에 많은 시간을 절약할 수 있다. 문제가 지속될 경우 다른 레스토랑에 전화를 걸거나 납품업자, 냉장저장 업체 등에 전화를 걸어 도움을 얻을 수도 있다. 계획을 미리 수립한다.

▨ 저장 관리

정돈된 저장 시스템과 체계적인 절차를 통해 레스토랑의 운영비용을 크게 절감할 수 있다. 다음의 사항을 잘 고려해 보도록 한다.

• 올바른 위치에 저장

저장용기를 부적절하게 쌓으면 음식이 흐르거나 파손되고, 사고가 발생할 수도 있다. 저장용기를 사용한다면 적절히 쌓아 다루기 쉽다. 냉장고에서 물품 위에 다른 것을 쌓는 것은 좁은 공간을 활용하는 생산적인 방법처럼 보이지만, 그러한 시스템은 청소나 특정 물품에 접근하는 것을 어렵게 하기도 한다.

• 선반의 사용

높이를 변경할 수 있는 선반 시스템이 필수적이다. 이 유연성으로 사용 가능한 공간을 최대로 활용할 수 있고, 냉장고 내 모든 물품에 쉽게 접근할 수 있고, 청소가 수월해진다.

• 용기의 재사용

밀가루, 설탕, 소금 등을 대량용기로 구입한 경우 그 용기를 다른 건조제품의 저장을 위해 사용할 수도 있다. 이러한 용기들은 보통 밀폐용기이고, 내용물을 보호하도록 고안되었으므로 버리기보다는 세척 후 라벨을 새로 붙여 사용한다. 그러나 이러한 용기를 얼음보관을 위해 사용하지는 않는다.

● **얼음의 이동**

얼음을 옮길 때는 지정된 이동용기를 사용한다. 얼음이동은 많은 업소에서 발생하는 교차오염의 원인이다. 이러한 식품안전상의 위해를 통제하도록 고안된 제품이 개발되어 있으므로 활용해본다.

● **통조림과 생식품**

음식의 품질 저하 없이 사용할 수 있는 통조림 제품이 있다면 신선한 과일이나 채소 대신 이용한다. 토마토, 아티초크, 고추, 배 등의 통조림 제품은 향미의 변화 없이 많은 음식에 사용될 수 있고, 용이한 저장, 원가 절감, 변질우려 감소 등의 장점이 있다.

● **재고 순환**

새로 물품이 입고되었을 때 새 제품을 뒤에 놓고 기존 제품을 앞으로 배치한다. 새로운 물품이 입고가 되는 시점보다 재고를 회전시키기 더 나은 시점은 없다. 이렇게 하지 않으면 무엇이 오래되었고 새로 된 것인지를 구분하는 것이 어려워진다.

■ **종사원 개인 위생**

위생불량은 재정적으로도 업소에 큰 손실이 된다. 한 번의 사고로 좋은 평판이 무너지고 사업을 그만 두어야 하는 상황이 발생하기도 한다. 다음의 예방조치들을 준수한다.

● **개인 위생**

주방 종사원은 모자와 장갑을 항상 착용하고, 음식을 다룰 때 머리를 항상 뒤로 묶는다. 이러한 예방조치를 하지 않아 머리카락 하나가 발견되면 재정적 손실이 막대하다.

- **남은 음식의 보관**

　남은 음식을 보관할 때 플라스틱 랩으로 음식을 꼭 싸거나 밀폐용기에 담는다. 예를 들어, 자른 상추나 토마토, 양파 등을 밀폐용기에 보관하면 갈변하거나 물러지는 것을 지연할 수 있다. 음식을 밀폐된 상태로 보관하지 않으면 건조해져 사용할 수 없게 된다. 또한 음식이 외부에 노출되면 미생물이나 벌레들이 침입하기 쉬워진다.

- **뜨거운 음식의 보관**

　수프나 스튜 같이 뜨거운 음식을 보관할 때에는 적은 양으로 나누어 낮은 팬에 담아 냉각한다. 또는 얼음물이 낮게 담긴 큰 그릇 안에 팬을 놓아 냉각시킬 수도 있다. 이 방법으로 음식은 빨리 냉각되고 오염 가능성을 줄일 수 있다. 음식의 내부 온도를 낮추기 위해 고안된 급속냉각기나 작고 사용하기 쉬운 플라스틱 플래시칠(Flash Chill) 용기를 사용할 수 있다.

▨ 방서 · 방충

　고객들을 레스토랑에서 내쫓는 데는 생쥐 한 마리면 충분하다. 주방이 실제로 얼마나 깨끗한가에 관계없이 한 마리의 벌레로 고객의 눈에 주방은 충분히 불결하게 보일 수 있다. 이러한 상황을 예방하는 방법은 다음과 같다.

- **입고 절차**

　곤충과 쥐는 여러 가지 통로를 통해 주방으로 들어올 수 있지만 특히 문 아래, 벽에 난 틈새, 배달되는 과일과 야채를 통해 주로 들어온다. 이런 제품들이 배달될 때마다 주방 외부를 확인하여 조리구역으로 어떤 곤충이나 쥐도 들어오지 못하도록 해야 한다.

- **방충, 방서**

  방충, 방서업체 고용에 많은 비용을 소비할 필요는 없다. 스스로 할 수 있는 방충, 방서 프로그램에 대한 정보를 인터넷에서 찾아볼 수 있다.

- **벌레 없는 주방**

  곤충과 쥐가 없는 주방을 만드는 유일한 방법은 먹을 것이 없어 굶을 정도로 주방을 깨끗하게 유지하는 것이다. 바닥이나 표면에 음식물이 남지 않도록 하고, 정기적인 방충, 방서를 실시한다. 바퀴벌레를 잡는 트랩을 사용하는 것도 또 다른 예방 방법이다.

- **식품 보관**

  건조식품은 상자 안이든 밖이든 관계없이 열린 채로 두지 않는다. 그 대신 다시 밀봉할 수 있는 투명한 플라스틱 용기를 사용하여 쥐, 곤충, 바퀴벌레, 개미가 발생하는 것을 예방한다.

레스토랑
원가관리 노하우

2

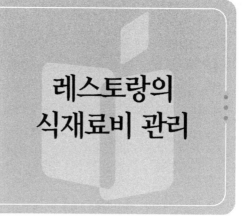

레스토랑의
식재료비 관리

레스토랑을 운영하기 위해서는 식재료를 구입해야 한다. 레스토랑이나 바에서 가장 원가가 높은 부분이 식재료비이다. 본 장은 식재료비를 낮출 수 있는 다양한 방법을 소개하고자 한다. 만약 식재료비가 4억 원인 레스토랑에서 식재료비를 3%만 감소시킨다고 해도 대략 1,200만 원을 절감할 수 있다. 식재료비를 효과적으로 관리하기 위해서는 다음 4가지 요소가 필수적이다.

첫째, 판매하고자 하는 음식의 종류와 양의 예측
둘째, 예측치에 근거한 구매, 검수, 조리
셋째, 효과적인 1인 분량 관리
넷째, 돈, 폐기물, 도난방지 관리

신기술과 관리기법의 발전에 따라 고객에게 적절한 수준의 서비스를 제공하면서도 이윤 창출이 가능한 범위로 식재료비를 유지할 수 있게 되었다. 레스토랑 매니저는 이윤 창출이 가능한 원가관리 프로그램을 개발하여 식재료비를 모니터링하여야 한다.

스스로 변화하려 하지 않는다면 이 책은 전혀 쓸모없게 될 것이다. 사고방식을 변화시키고, 이를 받아들여 사업의 일부로 삼을 수 있을 것이다. 우리 주위를 살펴보면 식재료비 감소와 제품 향상에 기여할 수 있는 많은 아이디어가 있으므로 이를 이용해 매출을 증가시키고 더 많은 이윤을 창출하도록 한다. 식재료비를 절감하는 것은 수중에 더 많은 돈을 보유하게 되는 것이다. 본 장에 있는 정보는 불필요한 실수없이 유용한 결과를 유도할 수 있는 현실적인 방법을 찾아내는데 기여할 수 있을 것이다.

개 요

■ 기본 개념

식재료비 관리는 다음 두 가지 의미를 내포하고 있다. 첫째, 사용한 모든 식재료와 수입을 계산하고 가장 효율적인 관리방식으로 이용한다. 둘째, 구입한 식품은 가능한 한 최고가에 판매한다. 이 장에서는 식재료비 관리 시스템을 설명할 것이며, 제시된 기본 절차와 방침에 따른다면 식재료비 관리가 완벽해질 것이다.

■ 조직화

조직화는 생산성을 향상시키고 식재료비를 절감할 수 있는 가장 기본적이고 경제적인 방법이다. 업무시간 내내 종사원을 감독하는 대신 서면으로 지시사항을 전달하거나 종사원에게 체크리스트를 주는 단순한 활동으로 비용 절감이 가능하다.

- #### 조직도

조직도를 이용하면 하루, 한주, 한달 동안 레스토랑에서 일어나는 일에 대하여 누가 어떤 업무를 하는지 쉽게 이해할 수 있다. 조직 구조를 어떻게 개선할 것인가? 생산성을 고려하여 직무를 할당하였는가? 문서화된 직무 기술서는 이에 대한 답을 줄 수 있다. 인터넷에서 직무 기술서의 예시를 찾아 참고하도록 한다.

- **체크리스트 이용**

    매일 수행하는 업무에 대한 체크리스트를 작성하고 시간을 조직화하도록 한다. 필요한 경우 즉시 변경할 수 있고, 지침서를 이용할 때보다 일상적인 업무를 빨리 처리할 수 있다. 또한 매니저와 종사원의 시간을 절약해 주고 혼선을 피할 수 있다.

▣ 식품 매출액과 식재료비 조사

식재료비 절감을 위한 최상의 방법을 결정하기 위해 우선 매출액과 원가를 살펴보아야 한다. 다음 표에 레스토랑 식품 매출액과 원가의 통계자료를 제시하였다. 당신의 식당과 비교하면 어떠한가?

2002년 레스토랑 식품 매출액과 식재료 원가조사 결과

레스토랑 유형	식품 매출액	식재료 원가
풀서비스 레스토랑	70~75%	26~40%
패스트푸드 레스토랑	90~95%	25~35%

▣ 식재료비 비율의 의미

'가' 레스토랑은 식재료 원가 비율이 38%인 반면, '나' 레스토랑은 식재료 원가 비율이 44%이다. 어느 곳이 더 효율적으로 운영되고 있는가? 어느 쪽이 더 많은 이익을 창출하는가? 식재료비 원가 비율이 1월에 38%였고 2월에 32%가 되었다면 2월에 더 효과적으로 운영한 것인가? 이 질문에 대한 답은 '정확히 알 수 없다' 이다. 이 상태로서는 판단을 내릴 만한 정보가 부족하다. 그래서 식재료비 비율이 무엇을 의미하는지 이해할 필요가 있다.

• 식재료비 비율의 중요도

식재료비 비율이 설정되어 있지 않은 상황이라면, 식재료비 비율을 지나치게 의식할 필요는 없다. 은행에 입출금하는 것은 퍼센트가 아닌 현금이다.

• 가중 식재료비 비율

식재료비에 대한 관리와 통제가 100% 효율적으로 운영되었는가를 알기 위해 가중 식재료비 비율을 계산하여 비교해 본다.(2장에서 자세히 소개)

▨ 식재료비 관리 회계

식재료비를 관리하기 위해 우선 식재료비가 얼마인지 알아야 한다. 정확한 회계 기록은 원가관리 시스템 실행의 필수요소이다.

• 대규모 업소 관리

업소 규모가 크거나 레스토랑이 멀리 위치한 경우, 효과적인 원가관리 회계의 필요성이 커진다. 이런 방식으로 세계적인 레스토랑 프랜차이저는 수천 개의 점포를 관리한다.

• 매니저와 정보 공유

레스토랑 매니저는 영업시간 동안 자신이 점포에 있는 경우 세부적인 원가관리 시스템이 불필요하다고 생각하기 쉽다. 또한 소규모 업소의 경우 도난방지 대책을 종사원에 대한 불신으로 간주하기도 한다. 원가관리의 주목적은 업소의 경영 정보를 매일 경영자에게 제공하는 것임을 기억해야 한다.

• 도난방지

도난방지는 식품원가 통제의 이차적 기능이다. 원가관리란 업소가 어떻게 운영되고 있는가를 알려주는 것이며, 파악하기 힘든 낭비와 비효율 요인을 숫자를 이용하여 이해하는 것이다.

● **관련 용어**

매니저는 식재료비와 관련된 숫자를 이해하고 해석할 수 있어야 하는데, 특히 '통제'와 '절감'의 차이를 알아야 한다.

> 1. 통제(control) : 수입과 지출에 대한 자료와 비율을 계산하고 해석하여 달성
> 2. 절감(reduction) : 원가를 미리 정해놓은 표준치 내로 끌어오는 실천적 행위

효과적인 원가관리는 조직의 상위 계층에서 시작하여야 하고, 관리 계층은 표준과 절차를 수립·지지·집행하여야 한다.

▣ 전산화

레스토랑의 규모에 관계없이 전산화는 필요하다. 컴퓨터와 회계 소프트웨어는 대부분 100~200만 원 수준이며 전산화에 대해 투자함으로써 회계 수수료 절감과 통찰력을 얻을 수 있다.

● **퀵 북스(Quick Books)**

인튜이트사가 개발한 전문가용 퀵 북스(Veteran Quickbook®)는 비용과 편리성 면에서 우수한 회계 패키지로 포스(Point-of-sale, POS) 옵션도 제공한다. 피치트리(Peachtree®)도 인기있는 회계 패키지이다.

● **테이스티 프라핏 소프트웨어(Tasty Profits Software)**

퀵 북스를 설치할 때 '레스토랑용 퀵 북스에 대한 테이스티 프라핏 가이드' 제품을 추가할 것을 권장한다. 정확한 식재료비 및 바의 원가계산과 은행 및 신용카드 전표, 수수료, 부가세 계산이 가능하다. 프로그램은 70

달러 정도이며 애틀란틱출판사 홈페이지(www.atlantic-pub.com)에서 구입할 수 있다.

- **타업체와 자료 비교시 같은 서식의 회계 도표 활용**

  비율을 이용하여 레스토랑의 운영 자료를 업계 평균과 비교할 수 있다.

- **운영 보고서**

  미국식당업협회(National Restaurant Association)는 매년 「운영 보고서」를 발간하고 있다. 이 보고서는 레스토랑을 4개 타입으로 구분하여 수입과 지출 내역을 상세히 제시하고 있다. 풀 서비스 부문은 1인 객단가 규모에 따라 3단계(10달러 이하, 10~25달러, 25달러 이상)로 구분하고 있으며, 제한적인 서비스 부문(패스트푸드)도 따로 구분하고 있어 비교 자료로 유용하다.

- **4주의 회계기간**

  일반적으로 회계 장부는 월 단위로 작성한다. 그러나 레스토랑과 같은 소매부문의 경우 매달 날짜수가 다르고 유형이 다름으로 인하여 문제가 될 수 있으므로 4주의 회계기간을 사용하면 비교가 용이하다.

- **POS(point-of-sale) 시스템**

  터치스크린 방식은 급식산업에서 널리 사용되는 기술이다. POS 시스템은 전자 금전등록기의 파생물로서 1980년대 중반 외식분야에 도입되었으며, 미국에서는 90% 이상 업소에서 사용되고 있다(자세한 사항은 9장에 소개한다).

▣ 식재료비 관리의 핵심

● 조정

식재료비 관리에서 조정은 매우 중요하다. 원가관리의 모든 단계와 행동은 제3자에 의해 검토·조정되어야 하고, 시스템이 수립된 후 매니저가 매일 모니터링을 해야 한다. 모든 단계와 절차가 이행될 때 원가와 식재료의 정확한 사용처를 파악할 수 있다.

● 교육

매니저는 모든 종사원의 훈련·감독에 관여해야 한다. 원가관리 시스템이 작동하기 위해서 종사원은 자신이 무엇을 해야 하는지 알아야 한다. 종사원에 대한 감독과 훈련 제공은 매니저의 책임이다.

● 의사소통

매일 관여하고 의사소통하는 것은 성공을 위한 필수 요소이다. 종사원들은 정확히 모든 절차를 준수해야 하고, 절차에서 벗어난 경우 자세한 이탈사항에 대한 지적과 수정을 받아야 한다. 이를 위해 현장에서 의사소통은 매일 수행되어야 한다.

● 집행

관리라는 것은 매니저가 준수하고 집행할 때에만 효과가 있다. 본서에 기술한 업무 수행에 매일 1시간 이내가 필요할 뿐이다. 매일 모든 절차를 시행해야 하며, 하루라도 매니저의 관리가 소홀할 경우 큰 손실로 이어질 수 있다.

● 추적

본서에 매뉴얼 시스템을 간략히 소개하고 있지만, 원가관리 절차는 전산 회계 시스템과 POS 시스템으로 상당수 추적된다. 대부분의 회계 프로그램에 구매와 검수기능이 포함되어 있다.

▣ 예 시

주방 원가관리는 모든 업무 담당자의 업무와 절차를 검토하여 균형잡힌 시스템으로 통합하는 것이다. 다음에 예시된 서식과 간략한 절차를 이용하여 레스토랑 매니저는 식재료와 원가의 흐름을 파악할 수 있을 것이다. 담당자별 업무절차와 관리방법이 레스토랑 식재료비 관리에 어떻게 통합되는가를 알아보기 위하여 업무의 일련 과정을 기재하였다.

예를 들어, 평일 사용된 새우 13kg을 초기 구매부터 매출액까지 추적할 수 있다. 이를 통해 각 서식이 어떻게 사용되며 왜 각각이 전반적인 관리 시스템에서 주요한 역할을 하고 있는지 알게 될 것이다. 다음에 제시한 서식을 업체의 목적에 따라 적절하게 체크리스트 양식으로 활용할 것을 권장한다.

▣ 업무의 일련 과정

1. 새우의 필요량을 정한다.
2. 필요량을 구매한다.(예 : 13kg)
3. 새우를 배달받는다. 검수와 저장 절차를 따른다.
4. 영구 재고 기록에 배달된 분량을 넣는다.(예 : 13kg)

품 목	1	2	3	4	5	6	7	8	9	10	11	12	13	14	15
새우	13														
(단위: kg)															

5. 전처리 조리사는 전날 저녁의 판매량을 참고로 미리 준비되어 있는 재료 수량을 전처리 작업일지에 집계한다.(예 : 저녁 새우요리 25인분)
6. 판매기록 분석을 통해 최소 필요수량을 결정하면 33인분이다. 전처리 조리사는 당

일 저녁에 10인분을 더 준비한다.

품 목	최소 수량	출고/해동량	초기 수량	추가 수량	총준비 수량
새우요리	33	—	25	10	

7. 조리사는 냉동실에서 새우 5kg(10인분)을 출고한다. 영구재고기록지에 -5kg을 기재한다.

품 목	1	2	3	4	5	6	7	8	9	10	11	12	13	14	15
새우	13														
	-5														
(단위: kg)	8														

8. 조리사는 출고 청구서에 이 사항을 기록한다.

품 목	날짜	출고량	담당자
새우	12-1	5kg	김○○

9. 전처리 작업일지의 "출고/해동량"란에 5kg이라고 기재한다.

품 목	최소 수량	출고/해동량	초기 수량	추가 수량	총준비 수량
새우요리	33	5kg	25	10	

10. 표준 래시피와 조리지침서의 과정에 따라 새우요리를 한다.

11. 조리사는 10인분(1인 500g씩)을 조리하고 '추가 수량'란에 기재한다. 총준비 수량은 10인분 + 25인분 = 35인분이며, 이를 해당란에 적는다.

품 목	최소 수량	출고/해동량	초기 수량	추가 수량	총준비 수량
새 우	33	5kg	25	10	35

12. 전처리 작업일지 서식이 완성되면 주방장에게 제출한다. 저장창고에서 이동하기 전 잠금장치를 확인토록 한다.

13. 납품서를 매니저 사무실에 보관한다.

14. 주방장은 산출량(수율)을 계산한다.

품 목	초기 중량(g)	수량(고객수)	최종 중량(g)	산출률%	담당자
새우요리	500	10	450	90	이○○

15. 조리사들은 저녁영업을 위한 조리를 시작하고, 재료 분량을 세어 생산일지의 총준비 수량란에 기재한다.

품 목	초기 수량	추가 수량	총준비 수량	남은 수량	판매 수량
새우요리	25	10	35	—	—

16. 매니저는 전처리 작업일지에 기재된 총준비 분량과 조리사가 확인 후 기재한 생산일지의 총분량이 일치하는가를 확인한다.

17. 매니저는 서비스 종사원에게 주문표를 주고, 현금등록기를 캐셔에게 주며, 이때 초기 수량을 확인한다.

서비스 담당자	총수량	제공 수량	초기 수량	손실 수량(확인 필)

18. 매니저는 주요리 품목의 당일 사용량에 대하여 영구 재고기록을 확인한다.

19. 서비스 종사원은 주문서를 주방 전달 담당자에게 건네준다.

20. 주방 전달 담당자는 주문 음식명을 조리사에게 읽어주고 조리사는 조리를 시작한다.

21. 음식이 완성되면 웨이터/웨이트리스는 고객에게 음식을 제공한다.

22. 계산서를 발행하여 고객에게 전달한다.

23. 캐셔는 금액을 확인하고 돈을 받는다.

24. 조리사들은 영업종료 후 남은 재료 수량을 집계한다.

(총준비 수량 35, 남은 수량 22, 판매 수량 13)

품 목	초기 수량	추가 수량	총 준비 수량	남은 수량	판매 수량
새우요리	25	10	35	22	13

25. 주방 전달 담당자는 주문서 사본을 품목별로 나누어 새우요리는 13인분 판매를 확인한다.

26. 매니저는 캐셔와 매출을 계산한다. 품목별로 나눈 주문서를 통하여 새우요리 13인분 판매를 확인한다.

품 목	✔표 집계(✔는 1인 분량을 의미함)	총판매 수량
새우요리	✔ ✔ ✔ ✔ ✔ ✔ ✔ ✔ ✔ ✔ ✔ ✔ ✔	13

27. 조리사, 주방 전달 담당자, 캐셔 3부문에서 판매 수량의 일치가 확인되었다.

28. 다음날 매니저는 조리사 작성서식 중 남은 수량(22인분)을 전처리 작업일지의 초기 수량란에 기재하면 된다.
29. 회계담당자는 전날의 모든 활동을 재검토하고 검증하여 새우요리 13인분 판매와 매출 정산을 완료한다.

식재료비 문제발생 요소 75항목

1. 고·저비용 메뉴의 불균형
2. 지역 산물을 이용하지 않음
3. 경쟁입찰 방식을 사용치 않음
4. 도난
5. 필요량 이상의 구매와 저장기간 중 변질·부패
6. 납품서, 품질, 가격을 매일 검토하지 않음
7. 부적절한 재고 회전
8. 메뉴 품목수가 너무 많음
9. 판매가 낮고 식재료비 높은 메뉴가 적음
10. 영구 재고 시스템 부재
11. 부적절한 식재료 출고관리
12. 낮은 산출량(수율)
13. 과다한 전처리(쓰레기, 부패)
14. 검수하지 않고 납품서를 승인
15. 표준 래시피를 정확히 준수하지 않음
16. 1인 분량을 정확히 준수하지 않음
17. 부적절한 식재료 관리(포장, 회전, 저장)
18. 판매된 음식과 소비된 식재료량의 차이
19. 종사원 취식과 같은 좀도둑질
20. 주문 실수
21. 냉동식품이 회전되지 못함
22. 납품업자와 관계가 좋지 않음

23. 냉동고 문이 잘 닫히지 않음

24. 건조식품의 부적절한 저장

25. 해썹(HACCP) 프로그램의 미시행

26. 냉동·냉장창고가 뒷문과 가까워 도난 발생 가능

27. 관리자가 쓰레기통을 불시에 검사하지 않음

28. 과도한 쓰레기 발생을 막기 위해 종사원마다 투명한 개인 쓰레기통을 지급하지 않음

29. 반품한 식품 대금을 회수하지 못함

30. 위해한 화학물질을 식품 근처에 저장함

31. 건조창고가 정돈되지 않아 과잉 주문을 유발

32. 냉동창고가 정돈되지 않아 과잉 주문을 유발

33. 냉장보관 식품을 상온에 방치함

34. 바에서 사용되어 바 매출로 기록되는 식품

35. 식재료비가 상승하였으나 가격을 인상하지 않음

36. 개인적 용도로 구매한 식품

37. 주방 주문 기록과 고객 판매기록의 불일치

38. 바 고객에게 무료 음식 제공

39. 판매기록을 남기지 않고 음식을 제공함

40. 과잉 제공(샐러드 드레싱을 분량을 나누지 않고 사용)

41. 덮개를 닫지 않아 식품이 부패됨

42. 냉동식품 과량 저장

43. 녹슬거나 지저분한 선반

44. 창고의 문이 잠기지 않음

45. 대금의 이중 지불

46. 문서 및 관리 양식을 잘못 사용함

47. 종사원 훈련 부족

48. 기기온도의 정기적 검·교정 부족

49. 저울의 정기적 검·교정 부족

50. 과량 조리

51. 종사원 자신이 먹기 위해 의도적으로 실수를 가장함

52. 훈련부족으로 인하여 음식을 태우거나 지나치게 익힘

53. 1인 분량의 무게를 재지 않음

54. 고객이 식은 음식을 돌려보냄

55. 부적절한 음식 장식

56. 계산서 오류

57. 마가린이나 버터를 적정 1인 분량 이상을 제공

58. 추가 주문 사항이 기록되지 않음

59. 용기를 완전히 비우지 않고 버림

60. 금전 등록기를 초기화 상태로 처리함

61. 부적절한 해동으로 식품이 변질됨

62. 음식이 남은 상태에서 세척하여 식재료를 낭비함

63. 표준 래시피가 없음

64. 재활용 가능한 식품 용기를 버림

65. 커피, 차, 탄산음료 등의 가격을 부과치 않음

66. 부도수표나 유효치 않은 신용카드를 받음

67. 커피, 아이스티, 티를 지나치게 많이 만듦

68. 조리한 음식을 바닥에 흘림

69. 납품업자에게 대금을 빨리 지급하여 할인을 받지 못함

70. 판매전표에 대한 관리시스템 부재

71. 식후 박하사탕에 대한 관리 부재

72. 판매기록 없이 서비스 종사원이 주방에서 음식을 가져감

73. 날이 무딘 칼

74. 위조된 납품서에 대금을 지불함

75. 재고 회전이 안 되거나 날짜를 기록한 라벨을 사용하지 않음

원가 계산과 원가 비율

레스토랑
원가관리
노하우

▣ 초기 재고

레스토랑 경영자와 매니저는 식재료비 분석에 사용하는 원가 비율 용어의 의미와 계산법을 이해해야 한다. 레스토랑의 원가 비율이 어느 정도인가를 파악하고 이를 원가와 이익 평가지표로 사용하는 것이 매우 중요하다. 원가관리는 수치 계산만을 의미하지 않으며, 계산된 수치를 해석하여 설정된 표준에 따라 관리될 수 있도록 합당한 조치를 취하는 것을 포함한다.

- **초기 재고**

    초기 재고는 회계기간의 초기에 보유하고 있는 식품의 총 화폐가치이다. 이 수치는 매달 식재료비 계산시 초기값이 된다.

- **초기 재고가의 계산**

    이것은 매우 단순하다. 만일 모든 식품을 새롭게 구입하였다면 개장일 전까지의 구입한 모든 식품비를 합하면 된다. 이것이 초기 재고가이다.

- **기존 레스토랑을 새로운 장소로 이전하여 개점하는 경우**

    운영 중이던 레스토랑의 기존 재고를 이용할 경우 이전 재고를 파악하고 재고가를 평가한다. 개점일 전 새로 구입한 식재료비에 기존 재고 품목의 평가 금액을 합산한다.

▣ 월말 재고

회계 기간의 마지막에 직접 식품창고에서 정확히 수를 세어 조사하고 남은 양에 대해 각 품목별 원가를 산출한다. 월말 또는 실사 재고조사를 할 때 다음 사항에 유의한다.

● **저울 사용**

정확한 조사를 위해 저울을 사용한다.

● **물품의 순서**

창고에 물품이 진열된 순서대로 재고 조사지를 작성한다.

● **조사지 분리**

각 영역별로 조사지를 분리하여 사용한다.

● **기타 조사지에 기재할 사항**

재고 단위, 박스당 개수 및 사이즈, 액면가격, 공급자 코드

● **조사자 2인**

매니저가 수를 세고 다른 사람(주로 다른 부문 종사원)이 기록한다. 예를 들어, 바 매니저가 식품 재고조사를 보조하도록 한다. 수를 세는 사람은 품목 이름, 단위, 총량을 말하고, 다른 종사원은 조사지에 기록한다.

● **부분 품목**

토마토 반 상자와 같은 부분 품목의 경우 0.1~0.9 중에서 추산하여 기록한다(반상자는 0.5로 기재).

- **집계 순서**

  선반을 순서대로 엇갈려 집계한다.

- **모든 칸 기입**

  재고가 없는 품목은 기록지에 0으로 기재한다.

- **무게와 단가를 사용**

  모든 품목에 무게와 단가를 기록할 수 있도록 기록지를 준비한다.

  예 : 생선 300g씩 15인분 = 4.5kg

- **곱셈**

  품목의 무게나 숫자를 곱할 때 종이를 분리하여 사용하고, 결과치를 2회 검토한다.

- **2중 검토**

  각 품목을 목록에서 재확인한다.

- **완벽성 검토**

  새로운 장부에 옮기기 전에 각 부분을 완성하고 공란이나 실수할 수 있는 부분을 검토한다.

- **추정**

  추정이 반드시 필요한 때에는 추측하지 말고 합리적으로 추정한다.

▣ 식재료비 비율

식재료비 비율은 다양한 방법으로 계산되기 때문에 종종 잘못 해석되기도 한다. 원칙적으로 식재료비 비율은 식재료 원가를 식품 판매가로 나눈 값이다.

식재료비가 식품 판매가에 의해 결정되었는지 아니면 식품 소비액으로 결정되었는지는 큰 차이를 낳는다. 당월의 식재료비 비율을 정확히 파악하려면, 당월의 월말 재고액이 필요하다. 안정된 환경에서도 재고가는 매달 변화하기 때문에 월말 재고액 자료가 없다면 식재료비 계산은 부정확하고 쓸모없게 된다.

● **판매된 식품과 소비된 식품의 차이**

소비된 식품이란 소비자와 종사원에 의해 이용된 모든 식품, 즉 판매되고 버려지고 도난되는 식품을 포함하고, 고객에게 판매된 식품이란 소비된 식품 중에서 정가로 판매된 식품을 의미한다. 아래의 예를 참조한다.

판매 식재료비 계산법	
초기 재고 +	5,000,000원
구매 비용 +	100,000,000원
전체 =	105,000,000원
월말 재고 −	35,000,000원
월간 식재료비 =	70,000,000원
*종사원, 행사경품, 관리자 식사 −	3,000,000원
판매 식재료 원가	67,000,000원
판매 식재료비를 매출액으로 나눈다.	
매출액	175,000,000원
식재료비 원가 비율	38.29%

■ **원가계산의 기본 사항**

식재료비 최대 허용률(Maximum allowable food-cost percentage : MFC)은 이윤 목표에 부합할 수 있는 구체적 수치이다. 만일 그 달의 식재료비 비율이 MFC를 넘어선다면 기대하는 이윤 수준에 도달하기 어렵다. 다음 순서로 계산한다.

1. 인건비와 관리비(식재료비 제외)의 총액을 기재한다. 실제적인 원가 추정을 위해 이전 회계기간이나 연간 평균을 참조한다.
2. 이윤 목표치를 더한다.(금액 또는 비율)
3. 소요 비용을 매출로 나누어 백분율을 계산한다. 이때 최고최저 매출은 제외한다. 100에서 계산된 백분율을 뺀다. 산출된 값이 MFC이다.
4. 100-{(월간 경비-식재료비))%+월간 이윤 목표%}=% MFC

$$또는\ 100-\{\frac{(월간경비-식재료비+이윤목표)}{매출}\times100\}=\%MFC$$

• **실제 식재료비 비율**

실제 식재료비 비율(Actual food-cost percentage : AFC)은 실제 운영시 발생하는 식재료비 비율로, 식재료비를 식품 매출로 나눈 값이다. 대부분의 경우 사용한 모든 식품을 포함하여 식재료비를 계산하지만, 종사원의 식사로 제공된 식재료비를 빼고 계산하는 경우도 있다. 소비된 전체 식품으로 계산할 때 식재료비가 많게 나온다. 재고가치가 정확히 파악되지 않으면 식재료비 원가계산은 구매가로부터 추정될 수밖에 없다.

• **잠재 식재료비 비율**

잠재 식재료비 비율(Potential food-cost percentage : PFC)은 이론적인 식재료비 비율이라 불린다. 이 값은 식재료비 비율 중 가장 낮은데, 그 이유는 모든 소비된 식품이 판매되었고 전혀 낭비되지 않았다고 가정하기 때문이다. 이때 식재료비 원가는 각 메뉴 품목의 판매개수와 표준 레시피 원가를 곱하여 계산한다.

• **표준 식재료비 비율**

표준 식재료비 비율(Standard food-cost percentage : SFC)은 비현실적으로 낮게 계산되는 잠재 식재료 비율(PFC)을 조정하기 위한 것으로, 피할 수 없는 낭비, 종사원 식사 등을 포함한다. 표준 식재료비 비율은 실제 식재료비 비율(AFC)과 비교되며 기준치가 된다.

• 주원가

주원가(prime cost)는 직접 인건비와 식재료비를 포함한 원가이다. 전처리가 필요하거나(스테이크), 원재료부터 인력이 필요한 식품 품목(파이, 빵)의 경우 직접 인건비가 포함된다. 이 계산방법은 소비자에게 제공되기 전에 직접 인건비가 상당히 필요한 메뉴 품목에 적용된다. 간접 인건비는 특정 메뉴 품목에 부여되지 않고 관리비로 처리한다.

• 음료 제외

음료 매출은 식품으로 분류되는 커피, 차, 우유, 주스와 별도로 처리한다. 만일 탄산음료를 식재료비에 포함시킨다면 식재료비를 낮추어, 판매가에 대한 원가 비율을 지나치게 낮추게 될 것이다.

• 음료 매출액 대비 식품 비율

식품 판매보다 음료 판매 비율이 높은 레스토랑의 이윤이 높은데, 그 이유는 음료의 이윤 마진이 많기 때문이다.

• 판매 믹스

판매 믹스(sales mix)는 판매된 메뉴 품목의 수이다. 판매 믹스는 원가분석시 식재료비와 식재료비 비율에 대한 각 품목의 영향이 다르기 때문에 매우 중요하다.

■ 가중 식재료비 비율

일단 식재료비가 계산되면 가중 식재료비 비율을 결정한다. 가중 식재료비 비율은 식재료비가 효율적으로 절차와 통제를 받아왔는지를 알려준다. 다음 할 일은 레스토랑의 POS 시스템이나 판매장부의 기록으로부터 판매정보를 요약하는 것이다. 식재료비와 식재료비 비율을 결정할 때에는 표준 래시피 원가에 근거한다. 예시는 4종류의 메뉴를 판매하는 레스토랑의 자료이며, 가중 식재료비를 계산하면 실제 식재료비와 700만 원의 차이가 발생한다. 이 레스토랑의 가중 식재료비 비율은 34.28%이다.

가중 식재료비 비율 계산표

메 뉴	1인분 식재료비(천원)	판매개수	각 메뉴의 식재료비(천원)
닭요리	5	2,000	10,000
스테이크	8	4,000	32,000
생선요리	9	1,000	9,000
햄버거	3	3,000	9,000
가중 식재료비			60,000
매출액			175,000
가중 식재료비 비율			34.28%
실제 식재료비 비율과의 차이			4% 또는 7,000

▣ 1일 식재료비 분석

전통적으로 식재료비는 1개월 기준으로 계산한다. 그러나 매일 식재료비나 가중 식재료비를 분석하지 못할 이유도 없다. 매일 주방에 생산에 필요한 식품만을 교대시작 시간에 가져오면 재고수량 조사를 많이 하지 않아도 된다. 이런 방식으로 문제가 발생할 수 있는 영역, 종사원, 교대 등을 정확히 알 수 있다. 또한 조식이나 중식을 분리해서 계산할 수도 있다.

▣ 가격 인상

즉시 식재료비 비율을 낮추고 싶은가? 그렇다면 판매 가격을 올리면 된다.

매니저라면 가격을 올리는데 관련된 문제를 반드시 다루어야 한다.

• 가격 인상의 이유

당신의 업소를 전반적으로 검토해 본다. 식재료비가 급격히 인상되었기 때문에 식재료비 원가가 높아진 것일 수도 있고 업소를 수리하여 식당의 분위기를 한층 높였을 수도 있다. 아니면 경쟁 관계가 변화되었거나 이윤을 상승시킬 필요가 있다는 결정을 하였을 것이다. 이 모든 것이 가격 인상의 타당한 이유가 된다. 그러나 가격 인상방법은 조심스럽게 선택해야 한다.

• 가격 인상 품목 결정

가격을 전반적으로 올리면 일부 고객은 식당을 외면하게 될 수도 있다. 주요리 몇 품목만 인상시키고 다른 음식은 남겨두었다가 다음 번에 올리도록 한다.

• 가격 인상을 알리는 방법

새로운 메뉴판을 제작할 것인가 아니면 기존 메뉴판에 가격 인상을 알릴 방법을 고안할 것인가? 기존 가격에 줄을 긋고 새로운 값을 쓰는 것은 결코 좋은 방법이 아니다. 그러나 많은 매니저들은 가격을 올릴 때 제공 메뉴판을 바꾸는 것을 좋지 않다고 느끼고 있다. 무엇을 선택하던 간에 고객에게 가격 인상을 크게 알릴 필요는 없다.

• 시장 테스트

기존 메뉴판에 새로운 가격을 기재하여 출력하는 것도 좋은 방법이다. 이 전략은 새로운 가격에 대한 시장 테스트가 될 수 있다. 매출이 기대에 미치지 못하면 다시 가격을 조정해 볼 수 있다.

3 메뉴, 가격책정 및 표준 래시피

레스토랑
원가관리
노하우

■ 메 뉴

메뉴는 식재료비를 관리하기 위한 시작점이다. 다음 요구 사항을 고려하여야
한다.

• 기능성

일단 컨셉이 결정되면 주방기구와 공간이 메뉴의 래시피에 따라 디자인
되어야 한다. 물론 메뉴 변경에 대한 융통성도 있어야 하지만, 일단 주방
이 완성되면 새로운 기기의 도입은 상당한 비용이나 개조없이는 불가능
해진다. 정확히 디자인하기 위해 운반, 가공, 조리, 서빙, 세척까지 파악하
도록 한다. 이를 위해 각 메뉴 품목에 정통해야 하는 것이다.

■ 가격 책정

판매 가격을 결정하는 것은 수익과 고객수 측면에서 중요하다. 가격이 너무
높으면 고객을 유인할 수 없으며, 가격이 너무 낮으면 이윤 창출을 기대하기
어렵다. 비용을 상쇄할 수 있는 적당한 가격의 결정은 단순한 문제가 아니며
다른 여러 가지 요소와 결합되어 있다.

• 시장 주도 품목

시장 주도 품목의 가격은 경쟁업자의 가격에 반응하여 형성된다. 수요가 창출되지 않은 새로운 품목을 도입할 때도 유효하다.

• 수요 주도 품목

소비자가 요구하거나 수요가 공급을 초과하는 품목을 의미한다. 일시적인 독점 품목이 되므로 수요가 감소하거나 유사품목을 판매하는 경쟁업체가 나타날 때까지 가격은 인상된다.

• 가격 인상폭

메뉴 품목별로 방법을 혼용하는 것이 바람직하다. 가능한 한 최대로 인상하는 것과 가능한 한 최소만큼만 인상하는 두 가지 방법이 있으며, 각각 장단점을 갖고 있다. 가능한 한 많이 인상을 하면 당연히 이윤 창출의 기회는 증가할 것이다. 하지만 고객이 가격에 비해 가치를 느끼지 못할 위험을 안고 있다. 최소로 가격 결정을 할 경우 고객의 가치면에서 만족을 줄 수 있겠으나 품목별 이윤 마진은 낮아질 수밖에 없다.

▣ 식재료비 추적

메뉴가격을 결정할 때 가장 기본적인 요소는 원가이므로 최대 이윤을 창출할 수 있는 메뉴가격을 결정하려면 식재료비 원가를 추적하는 방법을 이해하여야 한다. 가격을 결정하기 전에 각 메뉴 품목의 원가를 파악해야 한다. 이 정보는 표준 래시피나 메뉴상의 모든 품목을 기재한 원가 자료로부터 얻을 수 있다.

• 표준 래시피에 기초한 원가

래시피의 표준화를 통해 일관성 유지, 원가관리, 고객의 기대 충족이 가능하다. 맥도날드의 예를 보자. 그들이 최고로 잘하는 것은 무엇인가?

런던, 도쿄, 시카고 어느 곳에서 빅맥을 주문하더라도 일관성 있게, 따뜻한 음식을 빠르게 제공해 준다. 표준 래시피 이용시 고객은 주문할 때 무엇을 받게 될지 정확히 알게 된다.

● 표준 래시피

고객이 갈비요리를 먹기 위해 단골 레스토랑에 갔을 때 평상시보다 훨씬 적은 양이 나왔다면 어떤 반응을 보이게 될 것인가? 마케팅 조사 결과 단일점포 레스토랑의 경우 수익의 60~90%는 반복고객으로부터 발생한다고 한다. 표준 래시피는 정확한 원가 파악과 경쟁력을 부여하는 유일한 방법이다. 급식업체를 제조업 공장이라고 가정해보라. 제너럴일렉트릭사가 생산하는 토스터는 조립공이 달라져도 일정하다. 제공하는 모든 음식 품목에 대한 표준 래시피는 필수적이다.

표준 래시피 이용시 얻을 수 있는 장점

● 고객은 맛있는 음식, 일정한 분량, 훌륭한 서비스에 대해 다른 사람들에게 이야기한다.

● 음식의 일관성, 즉 동일한 품질과 맛을 보장해준다.

● 서비스 종사원은 나올 음식을 잘 알고 있으므로 고객에게 자세히 알려줄 수 있다.

● 고객은 기대할 음식에 대해 정확히 알게 된다.

● 1인 분량 조절을 통해 원가관리의 향상을 가져온다.

● 품목의 원가를 알려주어 가격 책정을 용이하게 한다.

● 주방을 원활하고 효율적으로 운영하도록 도와준다.

- 재고 및 구매 리스트 작성에 도움이 된다.

- 종사원의 훈련에 효과적으로 이용된다.

- 조리과정에 대한 감독이 덜 필요해진다.

- 고도로 훈련된 조리원이 덜 필요해진다.

- 식재료비 원가관리를 더 잘할 수 있다.

- 각 끼니의 원가를 정확히 계산할 수 있다.

- **메뉴 품목 원가 정보**

  표준 래시피는 메뉴 품목 원가를 기재하기 좋은 곳이지만 유일한 곳은 아니다. 원가 변동사항을 기록하지 않는 경우도 많다. 메뉴 품목의 원가 정보를 납품서 및 구매관련 서류와 함께 별도의 자료에 기록하여 보유한다. 이 방법은 식재료비 원가를 쉽게 모니터할 수 있게 해주며 어떠한 변화도 추적할 수 있도록 해준다.

- **표준 래시피 카드를 만들어 주방 여러 곳에 비치**

  완성된 음식의(식기, 음식의 모양 등) 사진을 래시피 카드에 첨부한다.

- **주방장과 경험있는 조리사의 표준 래시피 준수에 대한 반감**

  레스토랑에서 음식을 조리할 때는 한 메뉴는 오직 한 방법만 사용하도록 한다.

▣ 표준 래시피 개발시 유의사항

- 주방에 있는 모든 래시피를 테스트한다.

- 사용 순서대로 재료를 기재한다.

- 정확한 재료 분량을 체크한다.

- 조리방법을 명확하게 순서대로 작성한다.

- 래시피대로 조리할 모든 기구를 확인한다. 만일 정확한 팬의 사이즈를 기재하지 않는다면 다른 작업자는 같은 음식을 같은 시간에 완성하지 못할 것이다.

- 건조상태의 재료는 무게로, 액체는 부피로 기재한다.

- 일정한 사람이 시간이 경과함에 따라 래시피의 변화를 기록하도록 한다.

- 종사원에게 표준 래시피 사용을 준수하도록 한다.

- 적절한 식기와 최종 음식 모양을 사진과 함께 기술한다.

- **래시피 보관철**

  색인 카드를 이용하여 래시피를 관리한다. 3링 바인더도 좋다.

- **유형별 분류 보관**

  애피타이저, 수프류, 주요리, 샐러드류, 후식류 등으로 구분 보관한다.

▨ 래시피 정보

래시피 형식에 포함되어야 할 필수 정보는 다음과 같다.

- **품목 이름**

- **래시피 번호**

- **산출량**

- **1인 분량**

  무게나 개수를 기재한다. 서빙에 사용하는 기구의 사이즈를 명시한다.

- **장식**

  모든 메뉴는 같은 모양으로 제공되어야 한다. 따라서 래시피에 상차림 그림이나 사진을 제시하는 것이 좋다.

- **재료**

  재료가 사용되는 순서대로 재료명을 제시한다. 표준 래시피에 동일한 단위를 사용하고, 재료의 물리적 상태를 제시한다(통호두나 다진 호두, 체에 친 밀가루).

- **조리 지침**

  예열에 대해 언급하고, 정확한 용어를 사용한다. 종사원이 손으로 저을 것인지 아니면 전기 믹서로 혼합할 것인지, 그 외에 조심할 사항과 구체적인 지시가 필요하다. 예를 들어, 캐러멜을 만들 때 설탕물이 매우 뜨거우므로 크림을 섞기 전에 충분히 열을 식혀야 한다는 주의를 주어야 한다. 지침에는 팬 사이즈, 조리시간, 가열 온도, 가열시간, 조리완료 시점, 그릇에 담기 등의 내용이 포함되어야 한다.

- **마무리**

  기름을 바른다거나 녹인 초콜릿을 붓는 등 필요한 마무리 정보를 묘사한다. 냉각방법과 보관온도도 명시한다.

• 원가

모든 표준 래시피에 원가가 포함되지는 않지만, 원가가 표시된 표준 래시피는 메뉴 작성뿐 아니라 주문시 유용한 자료로 이용할 수 있다.

표준 래시피 카드

래시피 번호 126		음식명 : 닭볶음
1인 분량 : 90g 일인분 원가 : 900원		산출분량 : 40인분
재 료	무게/부피	원가(원)
닭고기(1인치 크기)	2kg	12,000
감자, 깍둑썰기	400g	5,000
양파, 깍둑썰기	400g	2,500
당근, 깍둑썰기	200g	2,000
홍고추, 어슷썰기	80g	3,500
청고추, 어슷썰기	100g	2,000
파, 어슷썰기	80g	600
마늘, 간 것	40g	900
간장	6Tbsp	500
고추장	4.5Tbsp	700
생강, 간 것	20g	1,200
설탕	120g	400
고춧가루	30g	1,700
참기름	2Tbsp	2,200
콩기름	8Tbsp	500
참깨, 볶은 것	10g	700
총 원가		36,000

조리방법 : 닭고기를 손질하여 1인치 크기로 자른다. 소금물에 삶아낸다. 감자, 양파, 당근은 깍둑썰기를 하고, 홍고추, 청고추, 파는 어슷썬다. 마늘, 간장, 고추장, 생강, 설탕, 고춧가루, 참기름을 혼합하여 골고루 잘 저어 양념장을 만든다. 양념장을 삶아낸 닭고기, 감자, 양파, 당근, 파, 홍고추, 청고추에 넣어 버무린다. 콩기름을 두르고 소량씩 볶아낸다. 냉장보관하거나 즉시 서빙한다.

서빙 : 90g씩 국자를 이용하여 따뜻한 그릇에 담아 배식한다. 참깨를 뿌려 장식한다.

■ 산출량 원가

표준 래시피가 준비되었다면 음식의 원가를 결정할 수 있다. 원가 계산을 위해서는 재료의 원가와 각 재료의 가식부량을 알아야 한다. 산출량 원가(yield costs) 결정을 하기 위해 알아야 할 용어가 몇 가지 있다.

- **구매 중량(As Purchased : AP)**

  뼈, 부산물을 포함한 배달된 상태의 무게

- **가식부 중량(Edible Portion : EP)**

  전처리 후 조리에 이용될 수 있는 부분의 중량이나 부피

- **폐기량**

  가공, 조리, 분배시 손실되는 사용 가능한 분량

- **이용 가능한 부산물**

  조리과정 중 남은 부분으로 다른 메뉴에 이용할 수 있는 것

- **산출량**

  조리 후 분배 이전까지의 중량이나 부피

- **표준 산출량**

  표준 래시피에 따라 조리, 분배된 산출량

- **표준 1인 분량**

  표준 래시피에 따른 1인 분량, 원가 결정의 기초로 이용

- **산출량 원가**

  조리사가 최종 다듬은 정도에 따라 달라짐. 산출량 원가는 식기에 놓인

실제 음식의 원가

- **편이 식품**

  전처리한 품목을 구입하면 인건비를 줄일 수 있다(토막친 닭고기, 미리 만든 도넛 등). 가공하지 않은 재료보다 값이 높지만 인건비, 필요기기, 재고, 복잡한 구매, 저장 등을 고려할 때 비용 절감이 가능하다.

- **편이 식품의 원가**

  편이 식품의 원가계산은 개당 무게나 부피를 측정하고 개수를 세어본다. 구매 중량 가격을 개수로 나눈다.

- **가공하지 않은 식재료의 원가**

  가공하지 않은 재료의 원가는 계산하기가 복잡하다. 대부분의 음식은 조리시 양이 줄어들게 되므로 음식의 무게나 부피면에서 가식부 원가가 구매 원가보다 높아진다.

- **최소 1개월마다 메뉴 원가 수정**

  신선식품과 수산물의 가격은 계속 변동되므로, 적절한 소프트웨어를 이용해 변화를 추적한다.

- **메뉴의 판매 가격과 원가를 정기적으로 비교**

  식재료비 인상을 반영하여 메뉴가격을 변동시킬 시점을 알기 위하여 정기적인 비교가 필요하다. 원가와 판매가를 검토한다면 이윤이 급격히 떨어지기 전에 가격을 조정할 수 있다.

▦ 메뉴가격 결정

메뉴가격 결정은 식재료비 원가 공식의 주요 부문이다. 고객이 많이 지불할수록 원가 비율이 낮아진다. 가격은 원가 인상폭에 따라 조절되며 식재료비 원가, 매출, 이익 마진에 따라 결정된다. 가격 결정시 다음 요소를 고려해야 한다.

• 가격 결정 의사결정

가격은 고객의 심리, 시장 조건, 위치, 분위기, 서비스 스타일, 경쟁상태, 소비자의 지불의사 등 간접적 요소에 의해 영향을 받는다.

• 가격은 수요나 시장에 의해 변화

불황시 외식과 여행이 감소하므로 레스토랑의 이윤도 감소하게 된다. 궁극적으로 시장이 가격 결정의 주요소가 되는 것이다. 가격은 음식의 원가뿐 아니라 경쟁업소의 판매가, 고객이 메뉴에 대해 지불하고자 하는 가격을 반영해야 한다.

• 경쟁력 있는 가격

시장이 주도하는 가격은 경쟁에 쉽게 반응한다. 그 지역에서 일반적인 메뉴(햄버거, 치킨 샌드위치, 갈비요리와 감자튀김)를 판매하고, 경쟁 레스토랑의 수가 많다면 경쟁력 있는 가격이어야만 한다.

• 조리사의 가격 결정을 허용하지 말 것

조리사가 창조하는 음식은 자부심과 즐거움을 주지만 조리사가 가격을 책정하도록 해서는 안 된다.

• 독창적인 음식

수요가 주도하는 가격 결정에 집중하면 이익이 높아질 것이다. 수요 주도형 가격을 갖는 음식은 독창적인 음식이나 유행하는 음식이다.

- **가격 결정을 할 때 위치와 분위기 고려**

  고객은 시애틀에서 레드 스내퍼를 사려 할 때 조지아보다 더 지불할 의사가 있을 것이다. 고객은 테이블 서비스로 치킨 샌드위치를 구입할 때 드라이브쓰루 레스토랑보다 더 많이 지불할 준비가 되어 있다.

- **경쟁업체**

  만일 같은 음식을 경쟁식당보다 3천 원 비싸게 판매한다면 고객을 잃게 될 것이다.

- **소비자의 지불 의사**

  가격 결정시 매우 중요한 요소이다. 고객이 제공받는 음식이나 서비스에 비해 가격이 높다고 판단하면 다른 요소는 무의미하다. 고객은 원가에 관심이 없다는 것을 기억해야 한다. 고객은 외식할 때 지불하는 금액만큼의 가치를 얻는데 관심을 가진다.

▣ 부가적 이윤 증가 방법

어떤 요소는 음식에 경쟁력을 부가할 수 있다. 만일 당신의 식당에서 한우갈비를 제공하는 반면, 동네의 다른 식당에서는 수입산 갈비만을 판매한다면 고가로 판매할 수 있다. 만일 실내장식이 화려하고 서비스가 완벽하거나, 골목에 위치한 경우 발레 파킹 서비스를 제공한다면 경쟁업체보다 높은 가격을 부여할 수 있다. 다음 사항을 준비한다.

- **음식 진열**

  조명을 도입하여 음식을 맛있게 보이도록 진열한다면 높은 값을 받을 수 있다.

- **도자기와 멋진 유리식기에 음식을 제공**

  음식에 가치를 부여함으로써 플라스틱이나 1회 용기에 제공하는 것보다 높은 값으로 판매할 수 있다.

- **분위기와 실내 장식**

  수 년 동안 변화가 없었다면 리모델링을 고려해본다. 페인트색만 바꾸더라도 훨씬 매력적이고 안락한 식사공간을 제공할 수 있다.

- **청결함**

  고객은 지저분한 식당에서 식사하길 원치 않는다. 정기적인 청소와 해충구제 계획을 수립하여, 당신의 식당이 매력적인 장소가 되도록 믿음을 준다.

- **서비스**

  어떤 유형의 서비스를 제공하는가? 고객이 고품질의 음식을 원하는 것이 명백하듯 훌륭한 서비스도 그만큼 중요한 것이다.

- **테이블 서비스**

  테이블 서비스에 더욱 주목한다. 셀프서비스보다 높은 메뉴가격을 책정할 수 있다.

- **위치**

  어느 지역에 위치하고 있는가? 이는 가격 결정시 중요한 요소이다. 중산층 거주지역이라면 비록 식품의 품질이 높더라도 최고가는 받을 수 없다. 도심지라면 높은 가격을 받을 수 있다.

- **고객 정보**

  고객이 대학생이라면 제한된 수입을 갖고 있을 것이다. 시장에서 벗어난 가격 책정은 안 된다.

▣ 주요리와 끼니별 식재료비 원가계산

원가 정보로 무장했다면 메뉴가격을 수립할 시점에 온 것이다. 그러나 이 시점에도 다른 요소의 영향을 고려해야 한다.

● 식재료비 계산

일반적으로 식재료비는 메뉴가격이나 총매출액의 백분율로 표현된다. 특정 메뉴의 식재료비 비율은 재료 원가를 메뉴가격으로 나누어 백분율로 표현한다. 예를 들어, 3,800원(식재료 원가)÷12,500원(판매가) = 0.30 (식재료비 : 30%)이다.

● 월간 손익계산서에 총 식재료비 원가기록

이 수치는 식당이 효과적으로 운영되는지 판단하는 데 도움을 준다.

● 월간 경향을 이용

월간 식재료비 원가가 높다는 것은 여러 지침을 줄 수 있다. 종사원 훈련의 필요성, 메뉴가격 조정의 필요성, 과잉 구매, 낭비나 도난 등을 알 수 있다.

● 목표 설정

레스토랑의 현실적인 식재료비 목표를 정한다.

● 가능한 수익 결정

원가, 메뉴가격, 매출기록을 살핀다. 총수입을 품목별 총원가로 나누면 일정 기간의 식재료비 원가를 결정할 수 있다. 예를 들어, 1개월에 200인분을 판매하고 원가가 3,800원, 판매가가 12,500원이라면 76만 원(3,800 원×200)÷250만 원(12,500원×200) = 30%이다.

● 판매기록을 이용하여 미래에 판매될 수요 예측

식재료 발주량과 생산량을 결정할 때 도움을 줄 수 있다. 또한 조리 인 건비를 감소시킬 수 있다.

● 메뉴 디자인

식재료비 목표에 도달하지 못하거나 기대하는 이익 수준에 도달하지 못 하는 원인이 메뉴 디자인 때문일 수도 있다. 현재 메뉴판에서 식재료비 비율이 높거나 이윤이 낮은 품목이 강조되고 있다면 메뉴 디자인을 바꾸 어 식재료비를 낮추고 이윤을 높일 수도 있다. 쇠고기나 해산물처럼 원가 가 높은 품목이 지나치게 많다면 식재료비는 인상될 것이고, 반면 원가가 낮은 품목을 많이 판매한다면 총이윤이 감소할 것이다. 메뉴를 디자인할 때 이들 품목을 적절히 혼합하도록 한다.

● 실제 식재료비와 목표 식재료비의 차이

모든 식당은 가중 식재료비 계산에 근거하여 일정 식재료비 비율이나 범위를 설정하고 있다. 식재료비 목표 달성시 상여금을 지급하는 것도 좋다.

● 목표 변경

끊임없이 변화하는 식재료비를 일정하게 유지하기 위해서는 매월 전투 를 치러야 한다. 식재료비란 실제로 지출하는 재료비라는 것을 기억해야 한다. 목표 식재료비 비율을 32%로 설정했더라도 지난 3월의 실제 식재 료비는 38%가 될 수도 있다. 이 차이가 발생하는 이유를 규명하는 것이 식재료비 원가관리의 주요 요소이다.

▦ 메뉴 판매가 계산 방법 및 소프트웨어

일반적으로 사용하는 5가지 판매가 결정 방법이 있다.

1. 식재료비 비율법	2. 계수법
3. 실제 가격법	4. 총이익법
5. 주원가법	

• 필요사항

매출기록과 영수증, 생산 기록, 손익계산서

• 원가계산 소프트웨어

계산을 쉽고 정확하게 해준다. 미국의 경우 애틀랜틱출판사는 뉴트라코스터(Nutracoster)라는 프로그램을 제공하고 있다. 뉴트라코스터는 음식의 원가(인건비, 포장, 관리비 포함)와 영양소 함량까지 분석해 준다. 이외에도 쉐프텍(ChefTec), 재고관리, 래시피, 메뉴 비용 계산, 영양소 분석에 관한 소프트웨어를 공급하고 있다.

▦ 식재료비 비율법

가장 널리 사용되는 메뉴가격 설정 방법으로 메뉴 대부분에 적용할 수 있다. 식재료 비율법으로 판매가를 계산하기 위해서는 목표 식재료비 비율과 실제 식재료비가 필요하다.

• 원리

식재료비 비율법은 관리비, 인건비, 식재료비가 매출액의 몇 %인지, 이익이 몇 %인지를 알려줄 수 있다. 대부분의 식당은 이익이 10~20% 정도로 알려져 있으나 업소마다 차이를 보인다.

- **계산방법**

  판매가 결정을 위해 실제 식품비와 목표 식재료비 비율을 알아야 한다.
  식재료비÷목표식재료비 비율=메뉴가격

- **예시**

  치킨 샐러드를 판매하고 있는 식당이다. 식재료비가 1,840원이고, 목표
  식재료비 비율이 35%라면 메뉴가격은 1,840원÷0.35 = 5,250원이다.

- **올림/내림 처리**

  위의 예시에서 계산된 가격은 5,260원이지만 5나 9로 올림/내림처리를
  할 것인가를 결정해야 한다(미국은 5 또는 9로 끝자리 가격을 결정함).
  소비자가 기꺼이 가격을 지불할 용의만 있다면 5,350원으로 할 수도 있
  다. 대부분의 레스토랑 관리자는 올림처리한다.

- **장점**

  계산이 간편하다.

- **단점**

  인건비나 기타 경비를 고려하지 않는다.

▣ 계수법

계수법으로 가격 결정을 하기 위해서는 목표 식재료비 비율과 해당 메뉴의
식재료비가 필요하다. 가격 결정 계수를 구한 후 식재료비와 곱하여 메뉴 판매
가를 산정한다.

- **원리**

  이 방법은 가격 결정을 하기 위해 계수를 사용한다. 계수는 100을 목표

식재료비 비율로 나눈 값이다.

- **계산방법**

  목표 식재료비 비율이 35%라고 가정하면, 35로 100을 나누어 계수는 2.86이다. 이 숫자를 식재료비와 곱하면 판매가가 된다.

- **예시**

  1인분 식재료비가 2,670원이라면 2,670원×2.86 = 7,650원(식재료비×가격 결정 계수 = 메뉴가격)

- **장점**

  쉬운 방법이다.

- **단점**

  모든 메뉴의 판매가가 같은 식재료비 목표치에 도달할 수는 없다. 메뉴 중 일부는 높은 원가를, 일부는 낮은 원가를 갖게 될 것이다. 계수법 적용은 식재료비가 높은 품목의 값을 높이고, 원가가 낮은 품목의 가격을 낮게 책정하게 한다.

▓ 실제 가격법

이 방법은 메뉴 판매가가 식재료비보다 먼저 정해진 경우에 사용한다. 다른 원가를 살펴보고 식재료비로 소비될 수 있는 부분을 결정한다. 이 방법은 이익을 메뉴 판매가의 일부로 포함한다. 케이터링 업소는 한정된 예산을 갖고 있는 고객과 거래할 때 이 방법을 사용한다. 한 사람이 소비할 수 있는 금액에서 출발하여, 식품에 소비될 수 있는 비용을 결정하고, 어떤 종류의 메뉴를 고객에게 제공할 수 있을지 결정한다. 실제 원가를 계산하기 위해 메뉴가격, 관리비(%),

인건비(%), 원하는 이익률(%)을 이용한다.

- **원리**

  첫째로 관리비와 인건비가 원가의 몇 퍼센트가 되어야 하는가와 매출액의 몇 퍼센트가 이익이 되어야 하는가를 결정한다. 이 방정식은 백분율로 나타내므로 관리비, 인건비, 식재료비, 이익률의 합은 100%가 된다. 즉 100% − 관리비% − 인건비% − 이익률% = 식재료비%

- **계산방법**

  예를 들어, 손익계산서에 기초하여 인건비가 매출액의 30%, 관리비 20%, 목표 이익률이 15%라면, 100% − 30% − 20% − 15% = 35%이므로, 판매 가격의 35%를 식재료비로 사용할 수 있다.

- **예시**

  매출기록을 살펴볼 때 6개월 간 매출액이 10억 원이고, 인건비 3,000만 원, 관리비 2,000만 원, 이익 1,500만 원이 할당되었다. 남은 3,500만 원은 식재료비로 소비되었다.

- **장점**

  각 메뉴 품목의 판매가에 이익이 포함된다.

- **단점**

  메뉴가격으로부터 식재료비를 계산하게 되므로, 메뉴가격 설정이 목표일 때는 도움이 되지 않을 수 있다.

▣ 총이익법

총이익법은 각 고객이 제공하는 이익을 알려줄 수 있도록 고안된 방법이다. 총이익을 계산하기 위해 이전 매출액, 총이익, 고객수, 실제 식재료비를 사용한다.

- **기본자료**

  전년 매출액이 8,000만 원이고, 식재료비가 2,560만 원, 총이익이 5,440만 원이었다. 해당기간 고객수는 25,000명이었다.

- **계산 방법**

  총이익을 고객수로 나누면 고객 1인당 평균 총이익은 2,180원이다. 총이익(5,440만 원)÷고객수(25,000명) = 고객당 평균 총이익(2,180원)

- **표준 래시피에서 식재료비를 결정**

  메뉴당 식재료비와 총이익을 더하여 판매 가격을 결정한다. 메뉴당 식재료비 + 평균 총이익 = 판매 가격

- **예시**

  스파게티의 식재료비가 3,850원이라면 판매 가격은 3,850원 + 2,180원 = 6,030원이다.

- **장점**

  고객당 지불액을 확실히 알 수 있다. 고객수 예측이 가능한 경우 적합하다.

- **단점**

  중요한 상황 변화나 고객수 변화시 적용이 어렵다. 외식업소보다 병원이나 학교같은 단체급식에 적합하다. 인건비를 계산에 고려하지 않는다.

▣ 주원가법

메뉴 품목마다 생산에 필요한 노동력은 차이가 있다. 가정식 수프와 디저트는 편이식품보다 더 많은 노동력이 필요한데, 주원가법을 이용하면 판매가에 인건비를 반영할 수 있다.

- **인건비 계산**

    메뉴 조리에 필요한 시간에 따라 노동력 소비도는 달라진다. 조리 외에 재료를 그릇에 담는 작업, 세척, 다지기, 껍질제거, 혼합, 예비조리, 세척에 소요된 시간도 포함한다. 인건비는 작업 총시간을 종사원의 시급과 곱하여 결정한다. 종사원 시간당 임금×소요되는 시간 = 메뉴당 생산 인건비

- **해당 메뉴 1인분 인건비**

    해당 메뉴별 1인분의 인건비를 결정하려면, 해당 메뉴 생산 인건비를 음식분량(몇 인분)으로 나눈다. 인건비와 식재료비를 더하면 주원가가 된다.

- **주원가 계산에 필요한 요소**

    총 인건비 비율(%), 해당 메뉴의 조리에 소요된 인건비, 해당 메뉴의 실제 식재료비, 목표 식재료비 비율(%)

- **원리 1단계**

    생산공정 중 노동력이 많이 필요한 품목을 결정한다. 특정 메뉴의 조리에 소요되는 인건비와 식재료비를 합하여 주원가를 결정한다. 식재료비 +인건비 = 해당 메뉴의 주원가

- **2단계**

    해당 메뉴 조리에 소요되는 인건비가 판매가의 몇 퍼센트인지를 결정한다. 해당 품목의 인건비 비율을 목표 식재료비 비율(%)에 더하여 프라임

원가 비율을 결정한다.

- **3단계**

    해당 메뉴의 총원가를 프라임 원가 비율로 나누어 판매가격을 구한다.

- **예시**

    스파게티 24인분을 조리하려면 1.5시간이 필요하다. 시급은 시간당 8,000원이고, 스파게티 생산에 소요되는 인건비는 12,000원이다. 1인 분량의 인건비는 500원이 된다. 8,000원×1.5시간 = 12,000원, 12,000원÷24인분 = 500원

- **품목별 인건비 원가**

    총 인건비 비율이 25%이고, 해당 메뉴에 사용하는 인건비 비율이 8%라 하자. 이 비율을 목표 식재료비 비율(37%일 때)에 더하면 주원가 비율은 8% + 37% = 45%이다.

- **메뉴가격 제시**

    직접 인건비 비율(%) + 목표 식재료비 비율(%) = 주원가 비율(%)이다. 1인 분량 당 직접 인건비(500원)를 식재료비(4,000원 가정)와 더하고 주원가 비율(45%)로 나눈다. 이것이 메뉴가격이 된다.(1인 분량 직접 인건비 + 1인 분량 식재료비)÷주원가 비율 = 메뉴가격(500원 + 4,000원)÷0.45 = 10,000원

- **장점**

    조리시 노동력이 많이 필요한 메뉴에 인건비를 포함시킬 수 있다.

- **단점**

    복잡하다. 높은 인건비를 소요하는 품목에만 사용되곤 한다.

▣ 기타 가격 결정방법

가격이란 일반적으로 경쟁과 수요에 의해 결정된다. 가격은 고객이 지불하는 수준과 동일 영역에 있어야 한다. 4가지 가격 결정방법을 소개하겠다.

● 경쟁적 가격 결정

경쟁업소 가격을 고려하는 방법이다. 이 방법은 고객이 식당을 결정할 때 음식의 품질, 분위기, 서비스 등을 제외하고 오로지 가격에만 의존한다고 가정하기 때문에 비효과적인 방법이다.

● 직관적 가격 결정

경쟁업체의 가격을 고려하지 않고 경영주의 직관에 의존하여 고객이 지불하고자 하는 가격을 이용한다. 경영주의 제품에 대한 가치판단이 적절하다면 유용하지만, 그렇지 않다면 문제 발생의 소지가 많다.

● 심리적 가격 결정

소득이 많지 않은 고객이 주로 이용하는 저가의 식당에서 가격은 선택요소 이상의 의미를 갖는다. 만일 어떤 음식이 만족스럽지 못하더라도 저렴한 가격 때문에 만족할 수도 있다. 가격을 변경할 경우 구매자의 인식도 변화된다. 원래 비쌌던 메뉴의 가격을 낮추는 경우 할인된 것처럼 인식하게 된다.

● 시행착오를 통한 가격 결정

가격에 대한 고객의 반응에 기초한다. 전반적 가격을 결정하기에 실질적인 방법은 아니지만 개별 품목을 고객이 지불하고자 하는 가격에 근접시킬 수 있는 효과적인 방법이다. 또한 식재료비가 높거나 낮은 유사 품목으로부터 구별하기에도 적절한 방법이다.

▥ 기타 유용한 요소

고객이 당신의 식당을 리더로 보는가 혹은 추종자로 보는가에 따라 가격에 대해 큰 견해 차이를 보일 수 있다. 만일 최고의 해산물 레스토랑으로 생각하고 있다면 더 지불할 용의가 있을 것이다.

● 서비스는 고객의 가치 판단을 결정하는 요소

식품의 품질면에서 경쟁업체와 거의 차이가 없을 때 서비스는 더욱 중요해진다. 만일 고객이 카운터에서 스스로 주문하는 경우 서비스 비용의 감소는 가격에 반영되어야 한다. 훌륭한 서비스를 제공함으로써 경쟁시장에서 리더의 역할과 높은 가격을 보장받을 수 있다.

● 기타 요소

장소, 분위기, 고객 정보, 제품 전시, 고객 평균 지불액 등 모든 요소를 고려하여 판매 가능성과 이익 창출 가능성을 판단하고 가격을 결정한다.

▥ 메뉴 매출 분석

메뉴 매출 분석 또는 메뉴 점수로 각 메뉴가 얼마나 팔렸는가를 추적할 수 있다. 메뉴 매출 정보는 매니저에게 다음과 같은 정보를 제공해 줄 수 있다.

● 판매 믹스

메뉴 판매 믹스를 분석하여, 강조할 메뉴를 선정한다.

● 메뉴의 구성과 식재료비 통제

메뉴의 전체 구성에 집중하는 것은 높은 이익을 실현할 수 있는 좋은 방법이다. 각 메뉴 품목보다 업소 메뉴 전체의 이익에 초점을 맞춰야 한다.

● **평균 매출에 부정적인 영향요소 배제**

  목표 식재료비를 달성하기 위해 원가가 낮은 음식만 강조하지 말아야 한다. 일반적으로 식재료비 비율이 낮은 품목은 메뉴가격도 낮다. 만약 고객들이 이러한 품목만 구매한다면 매출액이 낮아져 이익을 달성하기 어렵게 된다.

■ **간편한 분석 방법**

판매 믹스를 분석하는 여러 방법이 있다. 간단하게는 매일 매출기록을 통해 어떤 메뉴가 많이 팔렸는지 알 수도 있고, 복잡한 방법을 이용하여 분석할 수도 있다. 어떤 방법은 이익을 높이기 위해 식재료비 관리에 중점을 두기도 하고, 다른 방법은 고이익을 창출하는 메뉴의 판매증진에 중점을 두기도 한다. 매출 분석으로부터 필요한 정보를 더 많이 얻을 수 있으나 지나치게 많은 시간을 계산에 할애할 필요는 없다.

● **메뉴 판매 믹스**

  분석할 때 관심을 두어야 할 사항

  1. 메뉴별 판매수
  2. 메뉴별 원가
  3. 메뉴별 이익 창출도

● **판매 믹스가 중요한 이유는 무엇인가?**

  다음 2가지 메뉴만 판매한다고 가정한다.

  1. 새우요리 : 식재료비 5,000원, 판매 가격 12,000원
  2. 닭가슴살 요리 : 식재료비 2,500원, 판매 가격 8,500원

첫째 주 (1,000개 판매)

새우요리 900개
 매출액   (900 × 12,000원) = 10,800,000원
 식재료비   (900 × 5,000원) = 4,500,000원
닭가슴살 요리 100개
 매출액   (100 × 8,500원) = 850,000원
 식재료비   (100 × 2,500원) = 250,000원

총 판매 음식수   = 1,000개
총 매출액   = 11,650,000원
총 식재료비   = 4,750,000원
4,750,000 ÷ 11,650,000 × 100   = 식재료비 비율 40%

순이익 = 6,900,000원, 식재료비 비율 40%

둘째 주 (1,000개 판매)

닭가슴살 요리 900개
 매출액   (900 × 8,500원) = 7,650,000원
 식재료비   (900 × 2,500원) = 2,250,000원
새우요리 100개
 매출액   (100 × 12,000원) = 1,200,000원
 식재료비   (100 × 5,000원) = 500,000원

총 판매 음식수   = 1,000개
총 매출액   = 8,850,000원
총 식재료비   = 2,750,000원
2,750,000 ÷ 8,850,000 × 100 = 식재료비 비율 31%

순이익 = 6,100,000원, 식재료비 비율 31%

음식의 판매 수량은 같지만 첫째 주에 이익 마진이 12% 높다. 첫 주의 식재료비 비율도 2주차보다 9% 높다. 위의 예에서 총 매출액이 식재료비 비율과 이익 창출도에 영향을 주고 있음을 확연히 알 수 있다.

● **식재료비 비율의 의미**

지나치게 식재료비 비율에 집중할 필요가 없다. 이 수치는 일정 기간동

안 문제가 발생하지 않는 한 실제로 의미있는 수치는 아니다. 금액을 지불하고 은행에 예치할 때는 백분율이 아닌 화폐로 하는 것이다.

• 업소별 식재료비 비율 차이

식재료비 비율이 50%를 상회하는 식당도 존재하며, 이런 경우 매출액이 상당하기 때문에 이익을 창출하며 운영되고 있는 것이다.

▣ 메뉴 판매 믹스의 분석과 분류

일단 메뉴 디자인이 효과적이라면 판매 믹스를 분석하여 각 품목이 매출액, 원가, 이익에 어떤 영향을 주는가를 판단해 본다. 메뉴 판매 믹스를 살펴봄으로써 극적인 원가 절감과 이익 증대를 달성할 수 있다. 판매 촉진을 과감하게 추진할 음식 품목이나 제거할 품목을 발견할 수 있을 것이다. 메뉴 품목을 분류하는 것은 다음과 같은 의사결정에 필수적이다.

• 다음 질문의 답을 알아야 한다.

1. 가장 인기있는 주요리 품목은 무엇인가?
2. 가격을 기준으로 가장 이익 창출도가 높은 주요리는 무엇인가?
3. 식재료비 비율이 가장 낮은 품목은 무엇인가?

레스토랑
원가관리
노하우

4 구 매

구매의 목적은 음식생산에 필요한 품질의 안전한 식품을 확보하는 것이다. 식당은 고객이 요구할 때 제공할 수 있는 식품을 보유해야만 한다. 기준에 적합한 품질의 식품을 일관적으로 제공하고, 가능한 최저 원가로 구입하도록 한다.

- **납품업자와 식품의 안전성**

  구매 단계에서 식품의 안전성은 일차적으로 납품업자의 책임이고, 납품업자를 현명하게 선택하는 것이 매니저의 임무이다.

- **정부 및 지방자치단체의 위생 기준**

  해썹(HACCP) 시스템을 사용하고 종사원에게 위생훈련을 실시해야 한다.

- **배송 트럭**

  배송 트럭은 충분한 냉장, 냉동 공간을 갖추고 있어야 하며, 식품은 포장 상태가 양호하고 내수성, 내구성 재질로 포장되어야 한다. 납품업자에게 기대하는 바를 구체적으로 알려야 한다. 또한 식품 안전기준을 구매명세서와 함께 제시하도록 한다. 최근의 위생점검자료 일람을 요청하고, 배송 트럭에 대한 분기별 점검을 요구한다.

- **운반 계획**

  납품업자에게 가장 바쁜 시간을 피해 배달할 것을 요구하여 식품이 검수를 적절히 받을 수 있도록 한다.

- **구매와 재고관리 시스템**

  발주하기 전 현재 보유하고 있는 식재료의 종류와 양을 파악해야 한다. 주문기간 도중 사용할 재고를 감안하여 물품 부족이 없도록 한다. 일단 구매가 표준화되면, 주문과 관련된 납품업자, 가격, 구매단위, 제품 명세 등이 기록이 남게 된다. 이러한 기록은 문서와 전자파일로 보유한다. 식품은 사용목적에 따라 구매한다. 예를 들어, 토마토 소스를 만들 목적이라면 완전한 형태가 아닌 토마토를 구입할 수 있다. 반면 장식목적이나 토핑으로 토마토를 사용하고자 할 때에는 품질이 우수한 방울토마토나 줄기가 달린 토마토가 적합할 것이다.

▣ 재고 수준

어떤 품목을 주문할 것인가, 어느 정도 주문할 것인가를 결정하기 위한 첫 번째 단계는 재고조사서를 이용하여 재고수준을 파악하는 것이다. 창고로 들어가 직접 수량을 파악하여 '보유 수량'란에 기록한다. '최대 재고량'을 결정하기 위해 주문이 배송될 때까지 걸리는 시간을 알아야 하고, 배송기간 동안 사용할 필요 수량도 알아야 한다. 평균 사용분량의 15%를 추가하면 예상하지 못한 사용량이나, 배달 지연, 이월주문을 커버할 수 있다. 주문해야 하는 양은 '최대 재고량'과 '보유수량'의 차이이다. 경험과 식품수요를 근거로 평균 주문량을 결정한다. 지나치게 적게 주문하면 다음 배달 이전에 물품이 떨어질 수 있고, 지나치게 많은 수량을 주문하면 현금을 묶어두게 되어 레스토랑의 유동 현금을 줄이게 된다. 품목을 대량 구매하면 비용을 절감할 수 있지만 현금의 흐름으로 인한 비용도 고려해야 한다.

- **구매계획**

  구매계획을 수립한다. 구매계획시에 기재할 사항은 다음과 같다.

  - ■ 발주일자
  - ■ 배달일자
  - ■ 품목별 납품업체
  - ■ 납품업자의 전화번호
  - ■ 납품업자가 알려준 가격

- **사무실 벽에 구매계획 게시**

  계획된 시간에 배달이 되지 않으면 즉시 전화를 하여야 한다.

- **주방 클립보드에 물품 요청서 비치**

  종사원들이 작업에 필요한 품목을 쓸 수 있도록 다음과 같은 서식의 용지를 준비하면 의사소통에 매우 효과적이다.

품목	신청자	승인자	주문 품목	검수

▩ 구매와 발주

구매란 주문해야 할 납품업자, 브랜드, 등급, 제품의 세부 사항을 결정하는 것이다. 표준화된 구매 명세서는 어떤 품목이 배달되고, 비용이 지불되고, 반품될 것인가에 대한 세부 사항을 나타낸다. 매니저와 납품업자는 명세서에 대해 협의한다. 다시 말해, 구매란 무엇을 누구로부터 주문할 것인가를 의미하며, 발주란 납품업자에게 필요로 하는 수량을 주문하는 행위이다. 발주가 더 간단하며 주로 일선 종사원의 업무가 된다.

- **구매 프로그램 개발**

  고객을 만족시킬 수 있고, 이익을 창출할 수 있는 메뉴가 작성되면 이익 마진을 보증할 수 있는 구매 프로그램을 수립하여야 한다.

- **효율적인 구매 프로그램 도입**

  표준 구매 명세서는 실제 제공되는 분량에 대한 원가 통제를 위해 표준 래시피, 표준화된 산출량, 1인 분량 조정에 기초를 두어야 한다.

- **주의사항**

  필요량 이상의 구매시 과도한 1인 분량 제공, 식품 변패, 낭비, 도난 등의 문제가 발생할 수 있는 반면, 필요량 이하 구매시 더 비싸게 추가재료를 구입하거나 비싼 식품을 대체 재료로 사용하게 된다.

- **구매 절차**

  모든 물품에 대한 구매 명세서를 서면으로 작성하고 신뢰할 수 있는 납품업자 선정과정을 포함한다.

▨ 구매 프로그램이 갖춰야 할 세 조건

1. 식재료비 목표에 적합한 가격으로 필요한 품목을 구매할 수 있도록 한다.
2. 기존 재고에 대한 관리가 유지될 수 있어야 한다.
3. 적절한 가격에 품질 좋은 물품을 구입할 수 있는 절차가 수립되어야 한다.

- **구매 책임자**

  매니저 스스로 구매를 하거나 종사원에게 업무를 할당할 수 있다. 규매 담당자는 변동하는 식품가격을 파악할 수 있어야 한다.

- **다른 업자의 판매가격 검토**

  때때로 타업자에 비해 저렴하게 판매하는 납품업자를 발견할 수 있으며, 가격은 계속 변화한다. 납품업자의 경쟁사 가격을 지속적으로 관찰한다.

■ **구매 명세서**

구매 명세서를 작성함으로써 어떤 품목을 구매할지를 관리할 수 있고 제품의 일관성 유지가 가능하다. 특히 구매 담당자가 1인 이상인 경우 구매 명세서 작성은 매우 중요하다. 기록하여야 할 기본 정보는 다음과 같다.

- **구매 명세서**

  구매할 품목의 양과 품질에 대한 자세한 요구사항을 기재한다.(예 : 제품명, 수량(무게, 캔 사이즈 등도 명시), 등급, 판매 가격 단위, 용도 등)

- **육류**

  축산물가공처리법에 의거하여 농림식품수산부, 수의과학검역원에서 실시하는 도축검사를 받아 검사인이 표시된 것을 확인하고 '도축검사증명세'와 '축산물등급판정서'를 확인 · 보관하도록 한다. 농식품안전정보서비스(http://agros.golkr)와 축산물등급판정소(www.apgs.co.kr) 자료를 참조한다.

- **난류**

  계란등급제에 따라 품질등급과 중량규격을 판정받는다. 축산물등급판정소(www.apgs.co.kr)의 '축산물등급제' 자료를 참조한다.

• 기록지 사용

종사원 모두가 읽을 수 있어야 하며, 정확한 품목을 정량 주문할 수 있
는 양식이어야 한다. 기록지를 보관하고 구매 관리를 지속함으로써 목표
로 하는 식재료비 원가수준에 도달할 수 있다. 식재료비 원가를 낮게 유지
하게 되면 이익을 극대화하는 데 도움을 준다. 다음은 식품 구매 명세서
양식이다.

품목	개수	규격	단위	단위 가격	총액
토마토 (캔, 다진 것)	4	10개(캔)	상자	10,000원	40,000원
마요네즈	10	1kg	병	900원	9,000원

▣ 구매 및 재고관리 소프트웨어

대규모 식당은 재고관리 소프트웨어를 사용하여 시간과 비용을 절감하고 있
다. 대부분의 매니저는 매달 달걀, 버터, 냉동 닭고기의 양을 파악하기 위해 창
고에서 시간을 소비한다. 재고관리 소프트웨어가 있다면 매니저는 식품점에서
사용하듯 레이저 스캐너를 사용하여 바코드를 스캔할 수 있다. 소프트웨어는
납품업자와 연결되어 재고에 기초하여 주문을 넣는다.

• 온라인상에서 주문

대부분의 납품업자는 온라인 주문 시스템을 갖추고 있다. 온라인 주문
의 장점은 주문의 오류 감소, 편리성, 값 저렴, 구매 고객정보의 저장으로
재주문이 용이함 등이 있다.

현재 국내의 대규모 위탁 급식업체들은 식재유통 부문에 상당수 진출하
여 온 - 오프라인을 통해 식자재를 공급하고 있다. 인터넷 검색창에 '식자
재 유통'으로 검색하면 식자재 납품업자들의 목록을 확인할 수 있다.

• 서면 작성된 구매 요청서 이용

구매 요청서는 업자에게 정해진 시점과 가격에 물품과 서비스를 공급하도록 서면으로 권한을 부여한 것이다. 구매 요청서(발주서)의 수락은 구매 계약을 공고히 하고 법적 구속력을 갖는다. 발주서를 이용함으로써 주문한 물품이 무엇인지, 수량, 가격 정보를 알 수 있다. 만일 납품서와 재고관리 소프트웨어를 이용한다면, 가격을 수정할 때 영구 재고도 함께 갱신된다. 작성된 구매 요청서는 쉽게 팩스나 이메일로 업자에게 전송되므로 시간과 비용을 절감하게 된다.

• 구매시 가급적 고급 브랜드 제외

품질 좋은 재료를 구입하는 것을 보증받고 싶겠지만 '산업재상표'를 배제할 필요는 없다.

• 지역 생산품

직접 산지 생산업자와 연결하게 되면 더 신선하고 저렴하게 구입할 수 있다. 생산지가 식당과 가깝다면 납품업자의 창고를 거치지 않고 생산지에서 직접 레스토랑으로 배달하도록 한다. 신선하고 저렴한 식품을 이용한다면 이것을 판촉 도구로 이용할 수 있다. 산지 농산물을 사용하고 있다면 고객에게 홍보한다.

• 공동 구매

많은 레스토랑이 구매력을 높이기 위해 공동 구매 그룹을 형성한다. 대량 주문을 통해 가격을 상당히 낮출 수 있다. 일부 기관은 트럭과 창고를 구입하고 배달 인력을 고용하기도 한다. 신선 과채류, 유제품, 해산물, 육류 등의 품목은 이러한 방식으로 구매한다. 체인 레스토랑은 중앙 구매부서나 대규모 물류센터를 보유하고 있다.

- **조달자로서의 입장**

  한 업체를 선정했다고 구매관리가 잘되고 있다고 안심하지 않는다. 지속적인 비교 구매가 필요하다.

- **박스에 기재된 제품 표시 확인**

  제품이 어디에서 생산되었는가를 알 수 있을 것이다. 공급자의 거리가 멀수록 운송비는 증가한다.

- **허브나 채소를 직접 재배**

  좋은 음식은 신선한 허브나 채소로부터 출발하며, 직접 재배하는 기술은 그리 어렵지 않다. 작은 밭으로도 주방을 아로마와 각종 향기로 가득 채울 수 있다. 식재료비를 낮추고 다른 업자와 차별화할 수 있는 좋은 방법이 될 수 있다.

▣ 재고, 저장, 대금 지급

재고 품목을 완전히 파악하지 못한다면 효과적인 주문은 불가능하다. 업자에게 발주하기 전에 재고 수량을 정확히 파악한다. 소프트웨어 프로그램은 액면가와 판매 양상을 판단한 후 발주량을 결정할 수 있으므로 매우 권장할 만하다. 수작업 또는 컴퓨터를 이용하든지 간에 발주시스템의 목적은 다음과 같다.

1. 필요한 물품에 대한 기록 제공
2. 제품의 구체적 정보 제공
3. 납품업자와 접촉 정보
4. 가격
5. 가격시세 변동 자료
6. 주문 기관의 편의성을 위한 방법 제공

▨ 재고 관리시 중요한 사항

• 재고수량

재고량이 많을수록 관리가 어렵다.

• 신선제품의 저장 기한

육류, 과채류, 수산물은 2~3일 정도이므로 많은 양을 주문하지 않는다.

• 과도한 재고

현금 유동성을 방해하여 현금을 묶어두게 된다.

• 제공되지 않고 남은 여분의 음식

1인 분량을 과잉 제공하거나 도난을 유발할 수 있다.

• 재고 회전

식품의 이상적인 회전 주기는 5~8일이다.

• 납품업자

납품업자의 방문 계획을 미리 세워 다른 업무에 지장이 없도록 한다.

• 지속적 구매

정기적으로 사용하는 품목은 지속적 구매를 고려한다.

• 주거래업자의 활용

구매에 소요되는 시간을 상당히 줄일 수 있고 납품업자 및 운반, 접촉 빈도를 줄이게 되며 인건비를 낮추어 더 좋은 서비스를 받을 수 있다. 대규모 납품업자는 대부분 온라인 주문 시스템을 갖고 있다.

- **유통관련 잡지 구독과 창고클럽 구매 활용**

- **현금 할인**

  많은 납품업자들이 현금 지급시 할인을 제공한다.

- **대체품**

  반드시 생채소와 생과일만을 이용할 필요는 없다. 토마토, 아티초크, 칠리페퍼, 배 등의 통조림 제품은 향미에 큰 영향을 주지 않으므로 널리 사용되고 있다.

■ 영구 재고

영구 재고란 냉동실과 냉장실의 주재료 사용을 매일 기록하는 것이다. 육류, 해산물, 닭고기, 캐비어 등 값비싼 품목을 추적한다. 영구 재고 시스템은 냉장고나 냉동고에서 부주의한 도난을 막아줄 수 있다. 구매·재고관리 소프트웨어는 영구 재고 정보를 추적할 수 있도록 도와준다. 다음 표는 영구 재고 서식의 예시이다.

품목	1	2	3	4	5	6	7	8	9	10	11	12	13	14	15	16	17	18	19	20	21	22	23	24	25	26	27	28	29	30	31	1
새우(20)	+	5																														
(3kg)	-	1																														
	=	24																														

- **출고서와 작업지시서에 기재된 모든 식품을 기록할 것**

  '규격'란에는 포장 단위(중량)를 기재하고, 육류는 주로 개수와 중량을 표기한다. 조리사가 냉장고나 냉동고에서 출고할 때 사용하는 출고서에 기재된 단위와 같아야 한다.

- **'품목'란에 품목과 수량 기재**

  예를 들어, 새우 3kg 박스 포장이 20박스이므로 20이라고 기재한다. 첫
  줄에 당일 사용분을 적고, 당일 업무 후 ' = ' 줄에 숫자를 쓴다. 이 수치가
  '조리 작업서'의 '주문량' 또는 '해동량'과 일치하는지 비교한다. 당일 배
  달 물품이 있는 경우 ' + ' 줄에 기재한다.

- **도난**

  대형 박스 단위로 있을 때 비어있는 소박스를 넣어 속일 수 있으므로
  주의해야 한다.

- **영구 재고 중 매일 배달되는 품목에 대한 주문서 확인**

  창고에 실제 배달된 것을 확인하고 서명한다. 차이가 있다면 주문서에
  사인한 모든 종사원에게 확인한다. 초기 품목수(20)에 배달된 수(5)를 더
  한 후, 조리사가 서명한 양(1)을 제하면 수중에 보유한 수(24)와 같다. 불
  일치한 경우 도난을 의심한다.

- **도난이 의심되는 경우**

  레스토랑에서 도난이 의심되는 상황이라면 특정일에 근무한 모든 종사
  원의 이름을 기재한다. 계속 같은 유형의 도난이 발생시 모든 날 근무한
  사람 중에서 패턴을 찾아낸다. 때로는 종사원들에게 도난 문제를 신경쓰
  고 있다는 공지를 하면 문제가 해결되기도 한다.

▦ 뇌 물

불행히도 급식 산업은 뇌물로 악명이 높다. 뇌물은 결국 구매비용을 높이게
되므로 다음의 방법을 이용한다.

- **구매와 검수 담당 종사원 구분**

  주문 담당자가 검수하지 않도록 한다.

- **뇌물에 대한 방침**

  방침을 정하고 종사원 핸드북에 기록하여 현재의 업자나 공급 가능성이 있는 업자로부터 뇌물을 받을 수 없도록 한다.

- **직무 변경**

  정기적으로 직무를 변경한다.

- **가격 확인**

  육류나 해산물과 같은 고가 품목의 구매가격을 확인해본다.

▣ 구매 아이디어

원가를 낮게 유지할 몇 가지 방법이 있다.

- **저렴한 생선 이용**

  비교적 저렴한 해산물을 선택 메뉴에 넣으면 식재료비를 낮출 수 있다.

- **껍질이 있는 달걀 구매**

  달걀 사용량이 많다면 가공되지 않은 전란을 구매할 것을 검토해본다.

- **조미료**

  1인용으로 개별 포장되지 않은 덕용 상품을 구매한다.

- **유사한 재료**

  새우 칵테일과 새우 파스타는 다른 메뉴이지만 재료는 유사하다. 이 재료는 간단하고 저렴하며, 저장공간을 많이 차지하지 않는다. 5~6가지 파스타 소스만을 갖고도 과도한 재고 증가 없이 메뉴에 올릴 수 있다. 이런 방법은 재료를 대량으로 구입하여 원가를 낮출 수 있고 조리사에게도 유용하다.

● 빵 바구니

요청하는 경우에만 빵을 제공하거나 1회 제공량을 줄여본다.

● 조리 가공식품으로 대치

품질을 낮추지 않고도 조리 가공식품을 이용한 메뉴로 대치할 수 있다. 가공식품에 일부 재료를 첨가할 수도 있다. 예를 들면, 샐러드 드레싱을 구매하여 블루치즈나 허브를 첨가하면, 식재료비와 인건비를 낮추면서 품질 좋은 음식을 제공할 수 있다.

레스토랑
원가관리
노하우

5 검 수

▣ 목 적

검수의 목적은 배달되었을 때 신선하고 안전한 식품임을 보증하고, 주문한 물품을 확인하여 비용을 지불하고자 하는 것이다. 가능한 한 빠른 시간 내에 검수를 실시하고 적절한 저장고로 물품을 옮긴다.

> 검수의 주요한 두 측면
> 1. 식품을 검수할 준비를 하는 것
> 2. 배달 트럭이 도착한 즉시 식품을 검사하는 것

▣ 검수 방침

레스토랑에서는 검수가 '생략'되는 경우가 종종 발생한다. 예를 들어, 배달시간이 늦어져 점심시간에 물품이 도착하게 되면 급하게 담당자가 아닌 다른 종사원이 수령하는 경우가 생긴다. 이런 경우 즉시 오류를 수정한다는 것이 불가능해진다. 또한 담당자에 의해 즉각적인 검수와 저장이 이루어지지 않게 되므로 장시간 방치된 식품이 손실되거나 안전상의 문제를 발생시킬 수 있다.

▣ 검수시 유의사항

식품을 검수할 때 유의사항과 구체적 업무는 다음과 같다.

- **검·교정**

  저울과 온도계는 검·교정된 상태로 제자리에 준비되어야 한다.

- **위생적인 카트**

  검수 장소에는 물건을 운송하기 위해 안전한 카트가 구비되어 있어야 한다.

- **사전 계획**

  충분한 냉장·냉동 공간을 확보하기 위해 배달 시점 이전에 계획이 수립되어야 한다.

- **저장 품목 표시**

  저장하는 품목에는 도착일자 또는 사용일을 표시한다.

- **조명**

  검수 장소는 밝아야 하고 해충이 접근하지 않도록 청결해야 한다.

- **포장**

  빈 박스와 포장재는 즉시 쓰레기 처리 구역으로 치우도록 한다.

- **바닥**

  식품 찌꺼기와 오염물을 제거하여 바닥을 청결하게 유지한다.

- **배송 트럭**

  배송 트럭이 도착하면 외관과 냄새, 적절한 식품 저장 기기가 구비되어 있는가를 관찰하고 식품을 즉시 검사한다.

- **유통기한 확인**

  우유, 달걀, 상하기 쉬운 식품은 유통기한을 반드시 확인한다.

- **냉동식품**

  냉동식품의 진공포장 상태와 방수포장 상태를 확인한다.

- **녹았거나 재냉동된 식품의 반품**

  포장 내부에 큰 얼음 알갱이나 재냉동된 흔적이 있다면 반품한다.

- **통조림 제품의 반품**

  부풀었거나 봉합부위에 틈이 있는 것, 움푹 들어간 것, 녹이 슬은 제품은 반품한다. 거품이 있거나 이취가 나는 통조림도 반품해야 한다.

- **온도 확인**

  달걀, 유제품, 신선육어류, 가금류 등 냉장식품과 냉동식품의 온도를 체크한다.

- **내용물 손상 및 해충 확인**

- **유제품의 반품**

  비위생적인 상자에 운반된 유제품, 빵류, 기타 식품을 반품한다.

- **중량 확인이 필요한 품목**

  무게 단위로 주문한 육류, 어류 등은 중량을 확인하고 꼬리표를 붙인다. 개수로 구매하는 식품 품목은 수를 확인하여야 한다. 검수된 모든 품목은 수를 확인하고, 중량을 재고 날짜를 찍어둔다.

- **납품서의 정확성**

  구매 요구서에 비추어 납품서의 정확성을 검토한다. 특히 가격, 손상 여부, 품질, 수량, 제조브랜드, 등급, 세부사항을 검토한다.

- **물품 운반자의 저장창고 출입 관리**

- **얼음과 함께 포장된 품목**

  무게를 측정하기 전에 얼음을 제거해야 한다.

- **생선과 가금류의 움푹한 부위를 확인**

- **납품업자와 좋은 관계를 유지하지만 갑작스러운 방문은 피한다.**

  전문적인 태도로 대하도록 한다. 납품업자가 떠나기 전에 입고되는 모든 것을 검토하여 수량을 정확히 확인한다.

- **모든 식품은 날짜 기록 후 즉시 저장**

- **일정한 순서로 물품 배치**

  재고 조사지와 구매 요청서의 순서대로 선반에 놓여야 한다.

- **저장 창고의 출입 통제**

  창고는 도난의 표적이 된다. 종사원에 의한 도난뿐 아니라 잠금장치나 보안이 불철저한 경우 외부인들이 가져갈 수 있다.

- **쓰레기 봉투**

  주방에서 물품의 부정유출을 방지할 수 있도록 내부가 보이는 쓰레기 봉투를 사용한다.

- **뒷문이 잠겼는지 확인**

  뒷문이 잘 보이도록 하고 경보장치를 설치한다.

레스토랑
원가관리
노하우

6 저 장

    일반적으로 식품을 저장하는 네 가지 방법이 있다. 건조 저장은 비교적 잘 상하지 않는 품목을 장기간 저장하고, 냉장 저장은 잘 상하는 품목을 단기간 저장한다. 단기 저장을 목적으로 급속 냉각 장치를 이용하기도 하며, 잘 상하는 식품을 장기간 저장하기 위해 냉동 저장을 이용한다. 각 저장 유형은 위생과 안전을 위한 요구조건에 부합되어야 한다.

▣ 건조 저장

    위생적인 건조창고에서 보관이 가능한 품목은 통조림 식품, 베이커리의 재료(소금, 설탕), 곡류(쌀, 밀가루)와 다른 건조 식품들이다. 바나나, 아보카도, 배와 같은 과일류는 상온에서 후숙이 잘 된다. 양파, 감자, 토마토와 같은 채소도 건조 창고에서 저장성이 좋다. 건조 창고는 청결하며 온도와 습도 조절이 용이하도록 환기 시설을 잘 갖추어야 하고 세균과 곰팡이의 성장을 지연시킬 수 있어야 한다. 다음 사항을 주의한다.

● 온도

    건조식품은 10℃에서 최장 기간동안 저장이 가능하다. 대부분의 건조 식품은 15.5~21℃가 적당한 저장 온도이다.

- **온도계 비치**

  벽에 온도계를 비치하여 정기적으로 건조창고의 온도를 체크한다.

- **선입선출**

  신선도를 보증하기 위해 개봉한 품목은 밀봉이 잘되는 보관용기에 넣어 저장한다. 선입선출법을 사용하여 포장지에 날짜를 기재하고, 새로 유입된 물품은 오래된 물품 뒤에 놓아 오래된 물품이 먼저 사용되도록 한다.

- **해충**

  해충의 침입과 교차 오염을 피하기 위해 흘린 식품은 즉시 닦고, 쓰레기통이나 빈통을 저장고에 두지 않는다.

- **물품의 보관**

  종이류나 어떤 품목도 바닥에 놓지 않는다. 선반 높이는 바닥에서 최소 15센티미터 이상이어야 한다.

- **화학 물질로 인한 오염 방지**

  식품 오염이 가능한 곳에서 세제나 화학 물질을 사용하거나 저장하지 않도록 한다. 식품과 분리된 곳에 화학 물질의 이름을 붙여 따로 보관한다.

▨ 냉장 저장

많은 업소용 냉장고에는 온도계가 설치되어 있다. 이 온도계는 편리하지만 정기 점검이 필요하다. 냉장고 내부 여러 곳에 별도의 온도계를 두고 온도의 일관성과 냉장고 온도계의 정확성을 검증하여야 한다. 매일 냉장고의 온도를 기록한다. 냉장보관 식품에 대한 주의사항은 다음과 같다.

- **신선식품**

  신선육류, 가금류, 어패류, 유제품, 생과일과 채소류, 가열한 음식은 5℃의 냉장고에 보관한다.

- **저장 기한**

  냉장은 식품의 저장 기한을 대부분 연장시킨다.

- **선반**

  냉장 창고의 선반은 찬 공기가 순환할 수 있도록 홈이 파인 선반으로 장치한다. 알루미늄 포일이나 종이를 선반으로 사용하지 않도록 한다.

- **순환**

  지나치게 많은 물품을 넣지 않는다. 식품 사이에 공기 순환이 원활하도록 공간을 남겨두어야 한다.

- **날짜 기록**

  모든 냉장식품은 날짜를 기록하여 부착하고 밀봉한다.

- **유제품**

  유제품은 강한 냄새를 발산하는 양파, 양배추, 어패류와 분리 저장한다.

- **교차 오염**

  교차 오염을 피하기 위해, 생식품은 조리된 음식의 아래쪽에 보관한다.

- **보관용기**

  깨끗하고 방수가 되는 뚜껑 있는 보관용기를 사용한다.

- **익히지 않은 고기류**

    가금류, 생선, 육류에서 흐르는 액체가 다른 식품을 오염시키지 않도록
한다.

- **상하기 쉬운 식품류**

    식중독을 예방하기 위해 이들 식품은 적절한 온도관리가 필수적이다.
냉장고 온도가 5℃ 이하로 유지되는가를 정기적으로 점검하고, 냉장고 문
을 장시간 열어놓거나 자주 열면 온도가 올라간다는 점도 주의하여야 한다.

- **조리 완제품 또는 즉석섭취 식품**

    가열 조리 없이 직접 섭취하는 식품은 식재료보다 위쪽 선반에 저장해
야 한다.

- **꼬리표(원산지, 생산자 표시)**

    신선 패류는 생산 꼬리표가 부착된 상태로 입고된다. 정보를 기록하고
90일 이상 기록을 유지한다.

- **정기적인 온도 점검**

    온도계를 냉장고에 두고 온도가 가장 높은 곳과 낮은 곳을 정기적으로
측정하여 기록한다.

▣ 급속 냉각

    급속 냉각은 -3.5℃와 0℃ 사이 온도에 식품을 저장하여 미생물의 성장을 감
소시키는 방법이다. 이 방법은 가금류, 육류, 어패류 및 단백질 식품에 이용되
며, 냉동 방법에 비해 품질의 손상없이 저장기간을 증가시키기 위해 사용된다.
전용장치를 이용하거나 냉장고의 온도를 낮추어 이용할 수 있다.

▨ 냉동 저장

냉동 육류, 가금류, 어패류, 과일과 채소류, 유제품은 냉동고에서 -18℃로 저장함으로써 신선도와 안전성을 장기간 유지하게 된다. 일반적으로 냉동 상태로 구매한 식품은 냉동고에 보관한다. 냉장 식품을 냉동하는 것은 품질에 손상을 준다. 냉동 식품은 즉시 저장하는 것이 중요하며, 냉동고에 지나치게 장기간 저장하면 오염과 부패 가능성을 높일 수 있다. 냉장고와 마찬가지로 찬 공기가 순환할 수 있는 공간이 필요하다. 다음 사항에 주의한다.

- **밀폐 용기 사용**

  냉동식품을 밀폐 용기에 보관하여 향미와 변색, 탈수, 이취 흡수를 최소화한다.

- **정기적 온도 확인**

  여러 개의 별도 온도계를 이용하여 냉동실 온도를 정기 점검함으로써 온도의 정확성과 일관성을 보증한다.

- **냉동고 온도 기록**

  냉동고의 문을 자주 여닫으면 뜨거운 음식을 넣었을 때처럼 내부 온도가 높아진다.

▨ 저장공간 정리

건조 창고, 냉장 창고, 냉동 창고에 물품을 배치할 때 바로 사용할 품목은 가급적 문에 가까운 쪽으로 놓도록 한다. 창고 문은 항상 잠가 놓는다. 고가의 품목(사프란, 와인, 주류 등)은 저장 창고 내부에 분리된 캐비닛에 잠금장치를 하여 보관한다.

- **선반에 품목명 기재**

  주문이나 재고조사를 용이하게 할 수 있다.

- **적당량씩 운반**

  운반용구에 부적절하게 물품을 적재하면 엎거나 깨뜨리는 사고의 원인이 된다. 운반용구 사용시 물품 정리를 잘하여 쉽게 이용할 수 있도록 한다.

- **선반 사용**

  냉장실에서 식품 위에 다른 물품을 쌓는 것은 공간활용을 잘하는 것처럼 보이지만 청소와 출고가 어렵다. 좋은 적재시스템은 선반의 높이를 쉽게 바꿀 수 있도록 하여 공간 활용성을 높이는 것이다. 냉장고 내의 모든 품목은 꺼내고 넣기 쉬워야 청소가 용이하다.

- **중간 크기의 양동이**

  5갤론(약 19리터) 크기의 양동이를 버리지 말고 설탕이나 소금 같은 가루제품을 담아 사용할 수 있다. 반드시 세척과 재라벨을 하여 이용한다. 단, 얼음저장통으로 사용하면 안 된다.

- **얼음관리**

  새프 티 아이스 토트(Saf-T-Ice Tote)와 같은 별도의 얼음 운반 용기를 이용한다. 얼음을 잘못 운반할 경우 교차오염을 유발할 수 있다. 두껍고 투명하며 내구성있는 재질로 얼음을 운반한다.

■ 부패방지

부패된 모든 식품을 서식에 따라 날짜, 모양, 이유 등을 기재토록 한다. 이 자료는 부패의 이유가 품목을 지나치게 많이 주문해서인지, 기기의 문제인지 (불충분한 냉각기 등)에 대한 정보를 주게 되므로 재고관리에 도움이 된다.

● **모든 식품에 색코드, 라벨, 날짜 기재**

새로 들어온 물품보다 재고로 있는 식품을 먼저 사용함으로써 부패로 인한 손실을 최소화할 수 있다. 날짜 스티커를 붙임으로써 종사원들은 그 품목이 저장된 기간을 알 수 있다. 뗄 수 있는 라벨을 사용한다.

● **냉각기 온도**

냉동, 서리, 냉동화상은 주방 변패의 주요 원인이므로 냉장 온도를 정기적으로 점검하고 서면으로 기록한다.

● **부패율**

식품의 품질과 브랜드마다 부패율은 차이가 있다. 브랜드나 납품업자를 교체할 때에 물품의 상태를 집중 관찰하여 신선도의 변화를 기록함으로써 구매를 적합하게 조정할 수 있다.

● **난류**

난황의 터짐을 최소화하기 위해 사용하기 전에 상온에 두도록 한다. 달 갈이 매우 상하기 쉬운 품목임을 잊지 않도록 해야 한다.

● **재냉동**

해동한 식품은 바로 사용하고 재냉동하지 않도록 한다. 때로는 어쩔 수 없는 경우라 하더라도 냉장고에 잠시 보존하였다가 빨리 사용한다.

- **향신료, 소스, 고기 양념의 적정 온도 유지**

  이러한 품목은 적정 온도 관리가 잘된다면 조리 후 변패없이 오래 저장할 수 있다. 만약 소스나 마리네이드가 부패율 높은 식품에 사용된다면 작은 보관용기에 나누어 넣어 냉동시킨다. 필요할 때마다 꺼내 사용하면 시간과 비용이 절약되고 모든 음식이 일정한 맛을 낼 수 있다.

- **자가발전기 구입**

  전기 공급이 반나절 동안 끊긴다면 재고식품은 어떻게 될 것인가? 유사시 전기를 공급할 수 있는 비상용 자가발전기를 구입하여 식품의 손상을 막도록 한다. 냉장 창고를 유지할 수 있는 작은 전기 발전기는 수백만 원의 자산을 보존해 줄 수 있다.

- **대형 냉장·냉동창고 모니터**

  경보 모니터링 업체는 냉동 및 냉장 창고의 온도를 원거리에서 모니터링할 프로그램을 갖고 있다.

- **정전 및 기기 고장**

  전원이 1~2일 동안 들어오지 않거나 문제가 해결되지 않으면 냉동고를 닫아두고 드라이 아이스를 넣어 부패를 막도록 한다. 드라이 아이스 구입처를 미리 알아두고 필요량을 결정하면 시간을 절약할 수 있다. 다른 레스토랑, 납품업자, 냉장보관 회사에도 연락하여 빨리 대처한다. 지금 당장 계획을 세우도록 한다.

▥ 출 고

저장창고에서 물품을 꺼내는 절차는 원가관리 절차에서 매우 중요한 부분이다. 출고서 양식 및 주의사항은 다음과 같다.

- **식재료**

  육류, 해산물, 가금류 등 주요리의 식재료는 매일 출고한다.

- **담당자 서명**

  물품이 냉장, 냉동 창고에서 출고될 때마다 반드시 서명이 있어야 한다.

- **저장품 출고 담당자**

  매니저나 주방 관리자만이 창고로부터 저장품 출고를 할 수 있다. 출고될 때에는 출고분의 무게가 기록되어야 한다. 출고서는 냉장창고나 냉동 창고에 부착된 일정한 장소에 두어야 한다. 일단 출고서에 담당자 서명이 되면, 그 분량은 조리 작업서에 '사용량 또는 해동량'에 기재된다.

품목	날짜	수량/무게	담당종사원
새우-상자	12-1	1상자(3kg)	김○○

이것은 매니저가 서명한 품목이 실제 레스토랑에서 사용되었다는 것을 보여준다. 이 정보로부터 주방 관리자는 메뉴별 1일 산출량을 계산할 수 있다. 매니저의 서명 절차는 도난을 방지할 수 있다.

레스토랑
원가관리
노하우

생산 및 서비스

정확한 1인 분량 관리와 메뉴 관리는 식재료비에 직접 영향을 준다. 원가관리 및 메뉴 변경시 실제적인 생산 여건을 고려하여야 한다. 주방에서 어떤 일이 발생되고 있는가를 관찰해본다. 새로운 조리 기기를 구입하거나 인력을 재정비할 필요가 있을 수 있다. 다음 사항에 주목한다.

- **인력(노동력)**

  교대 및 전처리를 고려하여 인력을 적절히 계획하였는가?

- **조리법(래시피)**

  표준화된 조리법과 생산 계획표를 이용하고 있는가?

- **재고관리**

  현장에서 엄격하게 재고관리를 시행하는가? 종사원은 재고관리 절차를 잘 알고 있는가?

- **인력 절감 기기에 투자**

  시간이 부족한 경우 노동력 절감 기기에 투자하여야 한다.

▣ 종사원 참여

식재료비 절감을 위한 좋은 전략 중 하나는 종사원들을 참여시키는 것이다.

• 시청각 자료 활용

식품이 쓰레기로 버려지기 때문에 식재료비가 과다해질 수 있다. 새로운 쓰레기통을 주방에 두어 잘못된 주문, 흘린 음식 등 낭비되는 음식만을 담도록 한다. 주방 종사원들에게 이것을 보여줌으로써 낭비되는 비용을 강조할 수 있다. 이를 통해 종사원들은 버려지는 음식에 집중할 수 있다.

• 한 달 간 전 종사원의 식재료비 절감 캠페인 실시

만약 38%가 식재료비인 경우 이달에 36%로 낮추어보자고 제안한다. 인센티브를 준다면 목표 달성은 무난할 것이다. 예를 들어, 그 달 디저트를 가장 많이 판매한 서비스 요원이나 가장 좋은 방안을 실천한 조리사에게 포상을 하게 되면, 비용 절감뿐 아니라 종사원의 사기와 충성도를 진작시킬 수 있다.

• 조리사들이 저울을 사용하여 재료 무게를 측정하도록 함

일반적인 방식으로 생산한 것과 저울이나 도구를 이용하여 생산한 음식의 차이를 종사원에게 직접 보여준다.

▣ 주방 공간

관리 공정은 매니저가 표준과 절차를 수립하도록 도와준다. 모든 종사원이 표준과 절차를 따르도록 훈련해야 하며, 수행도를 평가하고 수립된 절차와 오차가 발생할 경우 수정해야 한다. 주방을 조직화하는 것은 운영 관리와 표준 수립에 중요한 사항이다.

● 이용 가능한 설비 검토

메뉴를 개발하거나 교체하기 전에 주방 여건을 파악하고, 생산 가능한 음식을 정확히 분석한다. 다음 측면을 살펴본다.

> ■ 조리 공간의 면적은?
> ■ 몇 군데의 작업 장소가 있는가?
> ■ 저녁 및 점심시간에 이용 가능한 종사원수는?
> ■ 보유하고 있는 기기의 용량과 종류는 어떠한가?
> ■ 저장창고는 얼마나 되는가?
> ■ 주방에서 주문량을 적시에 공급하고 있는가?

● 현재 메뉴가 설비를 최대한 이용하고 있는가 검토

혼잡한 시간에 종사원이 각기 다른 일을 하고 있다면 메뉴에 대한 세부적인 검토가 필요하다. 애피타이저를 만드는 종사원이 그릴 요리를 돕고 있다면, 애피타이저를 공급하기 위하여 추가 인력 투입이 필요하다.

● 바쁜 시간에 인력 추가 투입

인력을 추가 투입하게 되면 인건비를 상쇄하기 위해 애피타이저 가격을 올리고자 할 것이다. 가격이 오르면 매출액이 감소할 수 있으므로 선택 메뉴 중 일부를 없앨 수 있다. 이런 방식으로 애피타이저 조리사는 시간 내에 정확한 양을 생산할 수 있다. 그 결과 비록 고객이 선택할 수 있는 메뉴 종류가 적어진다 할지라도 애피타이저 판매량은 증가될 수도 있는 것이다.

● 현재 절차를 모니터링

메뉴 변경을 생각할 때, 현재 메뉴를 생산하고 있는 주방을 관찰한다. 조리 방법이나 메뉴를 강화시킬 재료 변경 등의 방법이 있는가? 원가 절감을 위해 조리 절차를 단순화시킬 방법이 있는가? 메뉴 디자인할 때 이런 모든 질문을 고려하여야 한다.

■ 주방 디자인

부실하게 계획된 주방과 기기는 바쁜 조리원들의 주요 불만 요소이다. 비효율은 낭비를 낳고, 잘못된 계획은 생산성을 낮추며 시간 소모를 늘려 종사원의 이직과 혼선을 초래한다. 훌륭한 주방 디자인은 예술이며 과학이다. 경험이 많은 컨설턴트는 공간의 제한, 위생 문제, 조리 필요량, 예산의 한계를 극복하도록 도와줄 수 있다.

● 작업 흐름

저장 공간과 작업 공간 간의 균형을 맞출 수 있는 작업 흐름의 패턴이 있다. 다음 작업에 필요한 공간을 배치하도록 한다.

- 뜨겁고 찬 음식 : 조리작업, 배선작업
- 음료 : 담기, 저장작업
- 저장 : 식품, 비식품류
- 위생 : 식기세척, 식당 청소용구와 설비세척
- 검수 : 하차공간과 재고관리 작업

● 주방의 작업을 몇 개의 소규모 작업대로 분할

재료, 도구, 기기, 설비 이용과 저장이 쉬워야 한다.

● 작업장 구조

삼각형 또는 다이아몬드 레이아웃은 전처리, 싱크, 가열조리 기기에 쉽게 접근하도록 해준다. 일직선 배치는 여러 사람이 참여하는 조합형 스타일의 전처리와 조리에 유용하다.

- **이동 경로를 작성**

  불필요한 이동을 줄이기 위해 공간 배치를 나타낸 평면도를 작성한다.

- **전략적 위치**

  최종 조리 구역은 식당과 가까운 위치에 배치한다.

- **대량 조리나 분산 조리 구역을 주방 뒤쪽에 배치**

  주문 음식은 홀과 가까운 위치에 두도록 한다. 빨리 만들어야 하는 것은 활동이 많은 공간에서 하지 않도록 한다.

- **식기세척 업무 분리**

  소음과 냄새가 식당 환경에 영향을 주지 않도록 한다.

- **충분한 공간 제공**

  사람이 지나갈 공간, 카트, 선반 이동, 큰 용기나 트레이의 이동 공간이 필요하다.

- **환기시설**

  환기시설이 필요한 기기의 위치를 조정하여 단일 환기시스템을 함께 공유하면 원가가 감소된다.

- **쓰레기 저장공간 확보**

  재활용 프로그램을 실시한다면 종류별로 저장공간을 분리한다. 유리, 금속, 종이별로 나누어 관리한다.

- **출구와 입구를 여러 곳에 설치**

  식당에서 식기 보관고로 직접 통하는 문을 설치한다든가, 바에서 보관고 제빙기, 식기와 주류보관고로 직접 통하는 문을 설치한다.

- **종사원의 의견 반영**

  종사원에게 질문하여 경험에서 나오는 개선안을 참조한다.

▣ 가열 조리 요령

식품이 가열 조리되는 방법은 산출량에 큰 차이를 줄 수 있다.

- **적절한 온도 유지**

  고온 조리는 수축을 증가시켜 산출량을 감소시킨다.

- **정확한 온도계 사용**

  매주 보정한다.

- **육류의 등급에 따라 지방 함유율이 다르므로 수축 정도 차이**

- **가능하면 컨벡션 오븐을 사용**

  조리시간 단축, 수축 감소 효과가 있다.

- **소량씩 조리**

  최상의 품질이 유지된다.

- **큰 도구를 세척하는 기기**

  연속 도구세척기는 세척에 소요되는 시간을 줄여주며, 타거나 볶은 것을 세척하는 파워소킹(power soaking) 기기는 번거로움과 시간을 줄여줄 수 있다.

- **보관 박스**

  어떤 보관용 박스는 슬라이딩 덮개가 있어서 박스를 이동할 필요없이 단지 밀기만 하면 되고, 필요시 뚜껑을 뗄 수도 있다. 시간을 절약해주고 종사원의 요통을 방지할 수 있으며 뚜껑을 찾을 필요도 없다.

● **투명 덮개**

스팀테이블용 투명 덮개는 딱 소리가 나며 맞으므로 뚜껑 닫을 필요가 없어 노동력이 절감되고, 내부가 보이므로 뚜껑을 열 필요가 없다. 또한 꽉 닫히므로 엎지르거나 다른 팬에 묻지 않고 세척도 용이하다.

● **팬세이버®**

팬세이버(PanSaver®)는 내열성(400°F/204℃) 있는 재질로 업소용 냄비와 팬의 표준 사이즈에 맞게 개발되었다. 팬 위에 깔고 일반적인 방법으로 조리하기만 하면 된다. 일이 끝나면 버리거나 남은 음식을 싸둔다. 팬을 닦거나 물에 불리거나 찌꺼기를 처리할 필요가 없다. 간접적으로 가열되므로 식품이 마르거나 쉽게 타지 않아 쓰레기 발생을 줄일 수 있다. 제빵, 끓이기, 스팀가열, 냉동용 제품이 있다. 안전한 가열 조리를 위한 요령은 다음과 같다.

● 저어주기
깊은 냄비에서 조리시 가끔 저어주면 완전히 익힐 수 있다.
● 튀기기
음식을 튀길 때, 한 번에 지나치게 많은 양을 넣지 않도록 하고, 다음 번 재료를 넣기 전에 기름 온도가 필요 온도에 도달했는지 확인한다. 고온 기름용 온도계를 사용한다.
● 주의사항
조리 과정 중 세균은 없앨 수 있으나 세균의 포자나 독소 제거는 불가능하다.

- **쿡칠(Cook/chill)시스템**

  쿡칠시스템의 제조공정에서 식품은 조리가 끝난 즉시 저장과 재가열을 위해 냉각된다. 이 시스템은 중앙집중식 커미서리를 가능케 한다. 학교, 교도소, 카페테리아 등에서 많이 사용되지만 전통적인 레스토랑 환경에 많이 도입되지는 않는다.

- **쿡프리즈(cook/freeze)시스템**

  이 시스템은 쿡칠과 원리는 같고, 급속 냉각 대신 -20℃로 냉동하는 것만 다르다. 이 방식은 식품의 저장기간이 수개월 정도이다.

▥ 온도계와 조리 온도

다음은 다양한 식품의 최저 조리 온도이다.

최소 조리 온도

- 가금류(닭고기, 칠면조 등) 속에 넣거나 속을 채워넣은 고기류 ·············· 74℃
- 갈은 쇠고기(햄버거), 갈은 생선류(생선 조각) ································· 68.5℃
- 돼지고기 및 가공품 ·· 63℃
- 달걀, 생선 및 기타 ·· 63℃
- 남은 음식 : 74℃ 이상으로 철저히 재가열
- 전자레인지 가열조리 : 가열하는 동안 회전시키거나 저어줄 것
  뚜껑을 덮는 경우 2분 추가. 모든 부분은 최소 74℃ 이상일 것

▥ 온도계 검교정

식품용 온도계를 사용하는 것은 안전을 보증하고, 육류, 가금류, 난류의 '익은 상태'를 판단할 수 있는 유일한 방법이다. 안전을 위해 식품의 내부 온도가 병원성 미생물을 사멸시킬 만큼 충분히 올라가게 가열한다. '익은 상태'란 음식이 조직감, 외관, 수분량 등의 측면에서 바람직한 상태로 가열된 상태를 말한다.

안전에 필요한 온도와 달리 관능적 측면은 주관적이다. 식품용 온도계의 정확성을 확인하는 방법으로 얼음 물과 끓는 물을 이용한다. 대부분의 식품용 온도계는 다이얼 밑에 조절나사가 있어 보정이 가능하다.

- **얼음 물 이용법**

   큰 컵에 잘게 부순 얼음을 넣고 수돗물을 부은 후 잘 젓는다. 온도계를 최소 5센티미터 담그고 바닥이나 벽에 닿지 않도록 한다. 30초 이상 기다린다. 얼음에 계속 둔 채 조절나사를 돌려 0℃(32℉)를 맞춘다.

- **끓는 물 이용법**

   깨끗한 수돗물을 끓는 점까지 충분히 가열한다. 온도계를 최소 5센티미터 이상 담그고 30초 이상 기다린다. 온도계를 그대로 유지한 채로 온도계의 조절나사를 돌려 100℃(212℉)로 맞춘다.

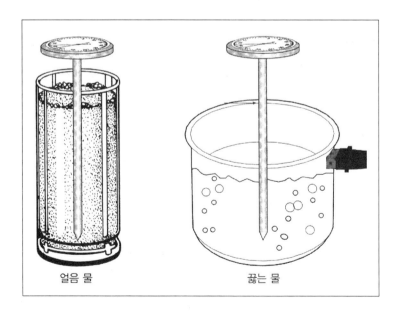

얼음 물   끓는 물

- **정확성**

  정확성을 보증하기 위해서 증류수가 사용되어야 하고 대기압은 1이어야 한다. 대기압을 모르거나 수돗물을 사용하는 경우 끓는 온도는 약 1.1~2.8℃까지 낮을 수 있다.

- **부정확성**

  온도계 검정 이외에 정밀도를 검토할 수 있는 다른 방법은 온도계를 사용하거나 교체될 때 부정확성을 확인하는 것이다. 일례로 물은 100℃ (212°F)에서 끓으므로, 온도계가 끓는 물에서 101.2℃라면 다른 식품조리 시 온도계가 나타내는 온도에서 1.2℃를 빼면 실제 온도가 된다.

■ 서빙 준비

서빙 단계에서 원가관리를 하기 위해 유의할 사항은 다음과 같다.

- **균일한 분량 조절**

  1인 분량과 두께를 조절하면 조리시간 예측이 가능하고 균일한 조리가 된다.

- **예열**

  가열 조리 기기를 분산조리 시간 사이에 예열한다.

- **가열 조리 기기의 정확성 모니터링**

  온도계를 항상 사용하여 식품이 가열조리 동안 적정 온도에 도달하는지 확인한다. 소독 처리된 금속 재질의, 숫자가 표시된 온도계(정확도 ±1.1℃)나 디지털 온도계를 사용한다. 여러 부위(가장 두꺼운 부위)를 측정하여 완전히 익었는가를 확인한다. 팬이나 뼈 위치에 온도계를 대고 읽지 않도록 주의한다.

• 음식을 다듬어 접시에 담기

최종 서빙되는 음식의 상태에 따라 쓰레기량이 달라지게 된다.

▣ 1인 분량 조절

분배 준비는 전체 분량을 1인 기준에 맞추기만 하면 된다. 분배 준비는 한가로운 시간에 하도록 한다.

• 모든 것을 측정

주요리뿐 아니라 사이드디시, 소스, 장식물, 샐러드, 드레싱 등 모든 것은 무게를 측정한 후 분량을 나누도록 한다. 대부분의 품목은 조리 과정에서 분량을 나눌 수 있다. 액체의 경우에는 국자, 스푼, 컵 등을 이용하고, 달걀이나 구운 감자 등은 개수대로 분배한다.

• 일관성

정확한 분량 분배로 일관성을 유지한다. 레스토랑에서 내가 받은 양은 보통인데 옆좌석 사람의 갈비는 접시에 넘치도록 담긴 것을 본 적이 있는가?

• 품질

조리 절차는 품질과 수량 표준을 달성할 수 있도록 수립되어야 한다. 1인 분량 통제는 식재료비를 조정하는 효과적인 방법이기도 하지만 최종 제품에 일관성을 유지할 수 있다.

• 표준 조리법 준수

정밀한 래시피가 개발되면 조리 담당자가 누구더라도 같은 외관과 맛을 낼 수 있어야 한다. 화요일에 고객에게 제공된 정찬은 토요일 것과 같아야 한다.

- **1인 분량 오차**

  오차가 15g 이상을 넘어서는 안 된다. 스테이크의 표준 사이즈가 355g이라면 340~370g 범위 내에 있어야 한다. 370g이 넘는 것은 자르도록 한다.

- **저울**

  분량 통제는 필수적인 주방의 기능이므로 좋은 저울을 구입하도록 한다.

- **분배량 조절 백**

  이 백은 모든 식품에 적용하면 좋으며 특히 대량으로 저장하기 어려운 품목에 유용하다. 예를 들어, 버섯볶음 요리는 170g용 백에, 가리비 요리는 255g용 백에 저장한다.

- **매주 저울 점검**

  저울 판매업자의 가이드북을 참조하면 저울의 보정법을 알 수 있다.

- **종사원 참여**

  종사원에게 손실되는 원가에 대해 설명해야 한다. 예를 들어, 종사원에게 접시당 새우요리 30g의 차이가 전체적으로 막대한 비용 손실을 유발함을 알려주도록 한다. 30g의 원가가 600원이라면 1일에 50명분을 제공할 때 3만 원이 낭비되고 이를 365일로 계산하면 1년에 1,095만 원이나 된다.

- **미리 분배해 놓은 품목**

  1인분 크기로 판매되는 식품을 구입한다. 대부분의 육류, 가금류, 돼지고기, 생선, 양념류 등은 직접 1인분 크기로 구입이 가능하다. 원가가 조금 높아지더라도 인건비가 낮아지므로 원가는 일정한 수준으로 유지될 것이다.

- **스파튤라**

  종사원에게 팬이나 백에서 음식을 꺼낼 때 스파튤라와 스푼을 사용하도록 한다. 최근에 나온 스파튤라는 뜨거운 팬이나 냄비에서 효과적으로 사용할 수 있다.

- **식기 사이즈**

  각 메뉴에 적당한 크기의 식기를 사용하도록 한다. 너무 큰 접시에 담게 되면 양이 적어 보여 음식을 많이 담을 우려가 있다.

- **종사원 훈련**

  종사원에게 표준 조리법 차트와 1인 분량 조절 도구를 제공한다. 차트는 코팅하여 주방에 비치한다.

▣ 산출량 비율 계산

메뉴 품목을 적당량 분배하기 위해 산출량 비율과 산출량 평가에 대해 알아야 한다.

품목	초기 무게 (g)	수량 (인분)	총 생산량 (g)	산출량 %	조리 담당자
새우요리	3,000	9	9 × 300 = 2,700	90%	박○○

1. 사용할 총량의 무게를 계산한다. 출고서에 기재된 양과 동일해야 한다. 초기 무게란에 적는다.
2. 조리되어야 할 수량란에 산출할 분량수를 적는다.
3. 산출량 비율 계산은 총 생산량을 초기 무게로 나누면 된다.

산출량은 누가 조리하든 간에 같은 양이어야 한다. 만일 산출량 비율이 4~10% 정도 차이가 나게 되면 다음 항목을 고려해보도록 한다.

- **조리사가 분량을 나눌 때 주의를 기울이는가?**

- **같은 브랜드 재료를 구매하고 있는가?**

  브랜드에 따라 산출량은 달라진다.

- **출고서에 기재된 식품이 조리시 모두 사용되는가?**

  식품의 출고와 조리 사이에 도난될 가능성은 없는가? 특정 조리원이 다른 조리원에 비해 항상 산출량이 낮지는 않은가?

- **담당 종사원은 식재료를 자르고, 다듬고, 처리하는 것에 대하여 충분히 훈련되어 있는가?**

  폐기할 부분에 대한 사항을 정확히 알고 있는가?

- **메뉴의 원가 산정시 사용된 산출량 비율과 실제 산출량 비율을 정기적으로 비교한다.**

  평균 산출량이 낮다면 메뉴가격에 대한 검토가 필요하다.

▣ 산출량 테스트

산출량 테스트는 섭취 가능한 음식의 양과 버려지는 양을 결정하기 위해 수행한다. 재고 산출량 테스트는 부패율이 높은 식품을 중심으로 정기적으로 수행되어야 한다. 산출량이 낮은 품목에 비용을 낭비해서는 안 된다. 다음 사항을 고려한다.

- **품질**

  품질이 좋은 식품은 가식부를 많이 제공한다. 그러므로 품질이 좋은 식품을 감별하는 능력이 중요하다. 식품의 품질을 결정할 때 파악해야 하는 요소는 무게, 등급, 포장상태, 색, 조직감, 향미, 온도, 크기이다.

● **산출량 테스트의 2가지 유형**

> ■ 편이식품의 산출량 테스트 : 포장식품의 포장을 제거하고 중량을 측정한다.
>
> ■ 신선식품의 산출량 테스트 : 비교적 복잡하여 다음 절차에 따라 수행한다.
>
> 1. 무게 측정은 검수시 1회, 저장창고에서 꺼낼 때 다시 측정한다.
> 2. 지방, 뼈 등을 제거한 후 무게를 측정한다.
> 3. 세척 후 무게를 측정한다.
> 4. 가열 조리 중 손실된 무게를 파악하기 위해 조리 후 측정한다.
> 5. 1인 분량 크기로 절단한다.
> 6. 1인 분량의 무게를 측정한다.

● **산출량 평가 단계를 모두 기록**

이 정보는 폐기량이 많은 식품의 원가관리에 도움을 준다

▒ 음식담기

조리가 끝난 음식을 식기에 잘 담아 제시하는 것은 메뉴관리에 있어 매우 중요하다. 잘 담겨진 음식은 고객에게 더 많은 가치를 제공하는 것으로 인식되며, 높은 가격대로 판매될 수 있다. 음식을 제시할 때 중요한 3가지 요소는 식기, 분배량, 장식이다.

● **메뉴에 적당한 크기의 식기 사용**

만일 샐러드가 디너접시에 담겨진다면 배식담당자는 더 많은 양을 담게 될 것이다. 표준 조리법에 식기 사이즈의 정보를 포함하도록 한다.

● **표준 조리법에 1인 분량 명시**

1인량 분배는 고객 만족의 주요 요소이다. 단골고객의 경우 같은 음식을 여러 번 주문하게 되는데, 이때 제공되는 음식은 외관과 맛이 동일해

야 한다. 조리사가 여러 명일 경우 같은 요리에 대해 여러 사람이 같은
방식으로 제공하도록 통제되어야 한다.

● **장식**

래시피를 작성하거나 음식을 제공할 때 장식의 요소가 종종 간과될 수
있다. 장식은 최소의 비용으로 음식의 외관을 향상시켜 줄 수 있다. 다진
파슬리를 뿌리는 것부터 소스를 멋진 방법으로 방울방울 떨어뜨리는 것,
연어에 레몬을 얹는 것, 수프에 치즈 빵조각을 뿌리는 등 어떤 것이든 사
용할 수 있다.

■ 음식 장식

장식 재료를 준비하고 접시에 음식을 어떻게 배치할 것인가 생각해야 한다.
이때 고려할 사항은 다음과 같다.

● **레이아웃**

고객의 초점을 맞추게 하고 싶은 곳이 어디인가를 생각한다. 육류 요리
와 전분 식품, 채소로 구성될 경우, 대부분 가장 비싼 품목인 육류 요리에
강조를 두는 경우가 많다.

● **균형**

균형이란 접시에 있는 음식의 무게를 의미한다.

● **선**

강한 선은 눈길을 끈다. 강한 선은 고객의 눈을 접시로 끌어 당긴다.

● **입체 구조/높이**

입체 구조나 높이는 음식을 돋보이도록 한다. 틀을 이용하여 감자나 밥

을 높게 만들고 여기에 육류를 기대놓으면 3차원적인 요리가 된다. 그러나 지나치게 높이에 치중하는 것은 주의해야 한다. 음식 자체의 맛에 손상이 있어서는 안 되며, 지나치게 쌓다가 과량을 담아서도 안 된다.

● **색**

매우 중요한 요소이다. 최대한 시선을 끌도록 노력한다. 연어에 붉은 고추나 다진 파를 얹을 수 있다.

● **음식**

고객은 당신이 창작한 작품을 결국 먹게 된다는 것을 기억해야 한다. 장식 재료로 인해 먹기 불편해서는 안 된다.

● **전반적 외관**

구운 돼지고기 옆에 감자와 껍질 콩을 놓지 말고, 서로 연결시켜서 배치해보라. 으깬 감자를 틀에 찍어 접시의 중심에 놓고 얇게 자른 돼지고기를 그 위에 얹어 부채꼴 모양으로 펼쳐놓는다. 껍질 콩은 익힌 골파로 묶어 감자의 반대쪽에 배치해 본다. 접시를 캔버스라고 생각하고 창조하도록 한다.

▓ 계산서 및 계산원

계산서와 현금관리는 여러 방법을 이용할 수 있다. 다음에 묘사한 방법은 매출액 관리, 계산서, 조리를 완벽하게 관리하는 방법이므로 여건에 따라 적절히 변형하도록 한다. 금전등록기와 포스(point-of-sale : POS) 시스템을 이용하면 수작업과 계산 착오를 방지할 수 있다. 포스 시스템은 웨이터가 주문을 받을 때 시스템으로 주문사항이 입력된다. 본문에서 묘사한 시스템은 간단하고 저렴한 금전등록기를 이용한 예이다.

- **주문사항 기재**

  조리사나 바텐더가 조리하기 전에 주문한 품목의 이름을 적는다.

- **고객 체크**

  고객 체크는 음식과 판매를 추적할 수 있는 정보를 제공한다.

- **금전 등록기 키**

  금전 등록기는 식품, 주류, 와인의 3영역에 대한 소계 키와 총계 키를 갖고 있어야 하고, 총계에 대한 세금도 계산되어야 한다. 또한 판매 시간 동안의 총계가 계산되어야 한다.

- **고객 티켓은 반드시 2부분으로 분리할 것**

  첫 번째 부분은 메뉴 품목이 적혀있는 종이로 끝에 소계, 총계, 세금과 고객 영수증이 있다. 두 번째 부분은 앞장의 복사지로 조리실로 전해져 음식 생산이 시작된다. 일부 레스토랑은 주문용 소형 컴퓨터나 포스 시스템에 전달되는 정보를 출력하여 이용하기도 한다.

- **고객 체크 번호**

  이 티켓은 일련의 순서로 찍힌 개별 고유 번호를 부여받아야 한다. 서비스 종사원의 이름, 날짜, 테이블 번호, 고객수를 기록할 공간을 주도록 한다. 이것은 공급자와 장부 기재 담당자에 의해 분실된 티켓과 음식 품목을 찾기 위해 쓰인다.

- **출고 체크**

  서비스 종사원은 각 교대시마다 일련번호로 배열되어 있는 일정수의 티켓을 발급받는다. 이 종사원은 교대가 끝나는 시점에 계산원에게 같은 숫자의 티켓을 주어야 한다. 티켓을 분실해서는 안 되며, 이는 웨이터 종사원의 임무이다.

• 오류

티켓에 오류가 있다면, 계산원은 모든 부분을 무효처리해야 한다. 이 티켓은 매니저의 승인을 거친 후에만 다른 사람에게 사용될 수 있다.

• 서비스 음식

매니저는 어떤 경우 무료 메뉴 품목을 제공하는 경우도 있으며, 서비스 되지 않은 음식의 폐기를 승인할 경우도 있다. 티켓에 모든 교환 사항이 기록되어야 한다. 특정 상황의 예는 다음과 같다.

> ■ 매니저 음식 : 회사의 매니저, 운영자, 사무직원에게 무상으로 제공되는 모든 식품을 의미한다.
> ■ 무료 음식 : 고객에게 무료로 제공되는 모든 음식, 판촉 활동으로 제공하는 모든 음식을 포함한다.
> ■ 주방 오류 음식 : 엎지르거나 태우거나 잘못된 주문 등 고객에게 제공되지 않은 모든 음식을 의미한다.

• 계산원 보고 양식

모든 티켓에는 품목과 가격이 기록되어야 한다. 계산원은 이 티켓을 금 전등록기에 기록할 필요는 없지만 계산 보고서에 기록을 남겨야 한다. '매니저', '무료', '주방용' 등을 상단에 기입한다.

• 현금 보관기

매니저는 현금 보관기를 계산원에게 준다. 부기원이 현금 보관기를 취 급한다. 계산 보고서에 보관기 내부에 있던 돈을 내역별로 기록한다.

- **계산 보고서의 정확성**

    정확성은 계산원과 매니저의 공동 책임이다. 현금 보관기를 받은 후 계
산원은 매니저와 함께 돈을 계산하고, 검증해야 한다. 검증 이후 계산원
은 현금 등록기에 대한 책임을 진다. 계산원은 등록기를 운영하도록 승인
된 유일한 사람이어야 한다.

- **서비스 종사원은 집계를 위해 계산원에게 고객 티켓을 전달**

    계산원은 티켓을 검사하여 다음 사항을 보증할 수 있도록 한다.

    - 모든 품목이 청구되었는가.
    - 모든 품목의 값이 정확한가.
    - 바와 와인 계산서가 포함되었는가.
    - 소계와 총계가 정확한가.
    - 세금이 정확히 기재되었는가.

- **계산서 양식**

    계산원은 계산서 양식을 쓰고 정확성을 검토해야 한다. 계산원은 고객
의 계산서와 영수증을 서비스 종사원에게 돌려준다.

- **현금 확인**

    교대가 끝날 때, 계산원은 매니저와 현금 확인을 하고, '현금지불(Cash
out)'란에 기입한다. 매출을 세부 항목별로 나눈다. 무료, 주방 오류, 매니
저용을 기입한다.

- **검토 확인 후 계산원과 매니저가 필히 사인**

    매니저는 모든 티켓, 등록기 테이프, 현금, 서류 등을 다음날 장부 담당자
에게 건네지도록 안전하게 두어야 한다. 현금은 금전 등록기 영수증과 일
치해야 한다. 장부 담당자는 감사를 수행하고, 보관원은 은행에 예금한다.

● **포스 시스템 교육**

　모든 종사원이 컴퓨터 포스 시스템 교육을 완벽하게 받아, 주문에 오류가 발생되지 않도록 하여야 한다.

레스토랑
원가관리
노하우

안전 및 위생

▣ 레스토랑의 안전

레스토랑의 안전과 위생을 유지하는 것은 식재료비 절감에 도움을 줄 수 있다.

● 후문 관리

후문은 잠그어 두고 열리는 경우 경보가 울리도록 하여 주방과 사무실에서 알 수 있도록 한다. 이를 통해 고객, 감시관, 경쟁업자가 주방을 몰래 엿보는 행위를 방지할 수 있다. 주방 문을 열어놓으면 해충, 설치류, 외부 소음이 안으로 들어오므로, 보안뿐 아니라 주방 환경을 위생적으로 유지하는 의미도 갖고 있다.

● 가능하다면 포스 시스템에 종사원 로그인

종사원에게 로그인 숫자가 본인을 위한 것이며, 이 숫자를 공유하는 것은 안전상 위험하다는 것을 알도록 한다. 이 시스템은 누가 금전 등록기를 열었는지 추적할 수 있고, 어떤 종사원이 가장 바쁘고 빠른가에 대한 정보를 주어 실수를 최소화시킬 수 있다.

● 경보장치 설치

비상구에 "비상시 누르시오"라고 적힌 경보장치를 설치하고, 고객과 종사원이 잘못 나가지 않도록 하며 외부인이 잘못 들어오지 않도록 한다.

• 보안 카메라

보안 카메라 설치를 고려하고, 최소한으로 '가짜' 카메라라도 출입구와 계산대 근처에 설치한다. 종사원에게 조심시킬 뿐 아니라 고객의 좀도둑질도 줄일 수 있다.

• 오류

종사원에게 오류에 관해 왜, 어떻게 발생하였는가를 쓴 서류를 매니저의 선반에 놓도록 한다. 이렇게 하면 종사원과 관리자는 음식의 부패나 낭비에 주의를 기울이게 된다. 또한 도난을 방지할 수도 있다.

▣ 금전 등록기 보안

소액의 현금에 대한 근접을 제한시키도록 한다.

• 2차 검토

전표를 작성하고 현금을 세며, 장부에 총액을 기입하는 사람은 다른 사람에 의한 2차 검토를 받아야 한다. 레스토랑과 은행 사이에서 분실이 잃어나지 않도록 해야 한다.

• 수표

수표를 받는 경우 뒷면 이서를 요구하고 신분증을 확인한다.

• 신용카드

신용카드를 받을 때 항상 종사원에게 카드의 사인과 영수증 사인을 비교하도록 한다. 이렇게 한 후 영수증에 '확인'이라고 쓰도록 한다.

- **고객 거스름돈**

  때로 고객이 덜 받았다고 문제를 제기할 수 있다. 이런 경우 'Z' 등록기로 금전 등록기 기록을 검토하여 처리한다. 너무 바빠 등록기를 폐쇄할 수 없다면 고객이름, 전화번호를 알아놓고 정산이 되는 대로 연락을 취한다. 미리 과액을 주는 것은 비용 증가를 가져오는 것이다. 고객을 잃지 않도록 최대한 도와야 하지만, 사기꾼에게 쉬운 대상이 되는 것은 운영을 위협할 수도 있는 일이다.

- **금전 등록기에서 현금을 꺼내는 것은 영업이 완전히 끝난 후 실시**

  계산원이 지켜보는 가운데, 매니저는 12묶음 또는 10묶음 이상이라고 기록하고, 사인된 청구서를 갖고 등록기에서 안전하게 옮기게 된다. 늦은 밤에 집계하는 것이 작고 취약한 곳에서 대량의 현금을 지키기에 유리하다.

- **계산서를 즉시 전달**

  고객이 몰래 나가는 것을 막기 위해, 계산서 발행 후 서비스 종사원은 지불을 위해 곧장 테이블로 돌아가야 한다. 아니면 최소한 고객에게 눈길을 두어야 한다.

- **계산원의 위치**

  계산원이 경보장치 없는 비상구 쪽에 있다면 지불하지 않고 나가는 고객을 막을 수 없다. 종사원이 민첩하고 주의를 기울인다면 고객이 몰래 나가는 것은 최소화될 수 있다.

▣ 주방 안전 절차

고객과 종사원의 상해는 영업 자체를 위협하는 법정 문제가 될 수도 있는 매우 중대한 사항이다. 직장에 안전 관리 절차를 수립하고 이를 준수함으로써 인건비와 식재료비를 낮출 수 있으며, 보험료 절감, 종사원에 대한 보상 및 의료비 감소를 가져올 수 있다.

- **기기**

  안전한 작업 환경에 기기, 도구, 기계장치 등이 포함된다.

- **종사원**

  작업장 안전에 관해 종사원과 대화하고 열린 토론을 고무시킨다.

- **설비**

  안전하고 위생적인 설비(특히 화장실과 식당)를 갖춘다.

- **정보**

  모든 종사원에게 정보를 제공하고 적절한 훈련, 감독을 실시한다.

- **절차**

  종사원의 안전을 위한 절차를 수립하고, 작업시 건강과 안전에 영향을 줄 수 있는 의사결정시 참여시키도록 한다. 위험요소 규명, 위험도 측정, 관리에 대한 절차를 수립한다.

- **사고**

  안전한 작업이 되도록 주의한다. 이를 통해 경쟁력을 보유할 수 있고, 작업장 사고와 고통을 없애는 데 일익을 담당할 수 있다.

- **안전 경고 자료 이용**

  보건당국이나 노동부, 기기 제조업체로부터 안전 경고 자료를 받아 주방 주변에 게시한다. 경고문은 구체적인 사항, 즉 무거운 물건을 드는 방법, 미끄러운 바닥 처리, 위험한 기기에 대한 지시사항 등을 포함하도록 한다.

▣ 칼 안전 관리

다음은 칼을 안전하게 관리하기 위한 몇 가지 방법으로 사고 방지에 기여할 수 있을 것이다.

- **날카롭게 유지한다.**

- **손이나 작업자 방향으로 향하도록 자르지 않는다.**

- **헐거운 서랍에 칼을 보관하지 않는다.**

- **칼을 떨어뜨렸을 때 잡으려 하지 않는다.**

- **칼을 식기세척 싱크에 함께 넣지 않는다.**

- **날카로운 부분을 위쪽으로 두지 않는다.**

▣ 기타 안전관리 요령

- **칼날 방지 금속장갑 착용**

  종사원 중 신청자를 받아 손가락부터 팔, 어깨까지 보호장갑을 착용한 상태에서 신발끈을 묶고, 문을 열고, 음료를 마시고, 토마토를 썰고, 차를 운전하게 해본다. 다른 종사원들도 보호 장구가 매우 중요하다는 사실을 깨닫게 될 것이다. 미국 안전협회의 연구에 의하면 종사원의 손 절단사고는 평균 333만 원 정도의 경비가 들며 생산성 저하를 가져온다고 한다. 보호장갑은 한 짝당 15,000원 정도이다.

- **화상**

  증기, 기름, 끓는 수프, 뜨거운 그릴과 오븐이 화상 사고의 원인이 된다.

화상 재단에 의하면 화상 사고는 매니저가 안전 규칙을 실천하지 않거나 작업자 스스로 안전에 대해 부주의하기 때문에 발생한다고 한다. 화상 사고는 종사원이 해이한 작업태도를 가졌거나 약물이나 알코올에 중독되었을 때, 불필요한 위험 행위를 할 때 발생 가능성이 높다. 레스토랑은 혼잡한 구역에서 많이 움직이게 되므로 위험 요인이 많다.

● **보호 장구**

뜨거운 냄비나 조리용구 사용시 보호용 장갑을 착용토록 한다.

● **신발**

미끄러지지 않는 신발을 착용하여 젖었거나 기름기 있는 바닥에서 미끄러지는 것을 방지한다.

● **기름으로 인한 화재**

용기의 상단에 있는 뚜껑을 밀어 닫아 불을 끈다.

● **뜨거운 기름**

뜨거운 상태는 화재 우려가 있으므로 이동하지 않는다.

● **팔을 뻗침**

뜨거운 표면이나 버너 위로 뻗지 않도록 한다. 칸막이나 안전막, 덮개 등으로 뜨거운 표면에 닿지 않도록 한다.

● **주의사항**

전기장치를 올바로 사용할 수 있도록 주의사항을 부착한다.

- **구급상자**

  항상 사용 가능하여야 하며, 각 교대 근무시 최소 1인 이상 응급처치 훈련을 받아야 한다.

- **소화기를 근처에 비치하고 정기적으로 점검한다.**

- **물걸레질**

  물걸레질 할 경우 안전표지를 세우고 바닥이 젖어 있고 미끄러질 수 있다는 것을 알려야 한다.

- **냉장설비와 저장실**

  무거운 냉장설비나 저장고는 가급적 허리선 위쪽에 두도록 한다.

- **HACCP(Hazard Analysis Critical Control Point, 식품위해요소중점관리기준)**

  해썹 시스템을 실시한다. HACCP를 실시함으로써 비용을 절감할 수 있다. HACCP의 7원칙에 의하면, 가열조리, 저장, 생산 등 위생관리가 필요한 공정을 결정하여 최소 가열 시간 설정, 상온 방치 시간 등 안전한 음식을 보증할 수 있는 수단을 설정하고, 이에 대한 모니터링 방법을 수립하고 위반시 개선 조치를 취하게 된다.

■ 식중독 비용

식중독은 생명과 비용을 손실케 한다. 미국식품의약품안전청(FDA)에 의하면, 수백만 명이 매년 식중독으로 고생하고 있으며, 수천 명이 사망한다고 한다. 어린이, 노인과 면역이 약한 사람들이 식중독에 걸리기 쉽다.

- **비용**

  미국음식업협회에 따르면, 평균 식중독 사건당 7,500만 원 이상의 비용이 손실된다고 추정한다.

- **위생적인 음식을 공급하는 것은 많은 이익을 부여**

  식중독 발생을 예방함으로써 규정 위반에 따른 벌금, 의료 분쟁, 음식 낭비, 나쁜 이미지, 업소 폐쇄 등을 피할 수 있다.

▨ 식중독 유발 요소

위해 요소는 종사원, 식품, 기기, 세척 도구, 고객 등에 의해 유입될 수 있다. 위해 요소의 종류는 세균과 기타 미생물을 포함한 생물학적, 세척제 등의 화학적, 유리조각이나 금속과 같은 물리적 위해 요소가 있다.

- **미생물적 위해 요소**

  세균을 포함하는 미생물적 위해 요소는 식품업계에 큰 위험을 가져오는 요소이다. 세균은 증식을 위해 식품, 산도, 온도, 시간, 산소, 수분을 필요로 한다. 이들 요소를 통제함으로써 세균 증식을 방지할 수 있다.

- **온도와 시간**

  온도와 시간은 식중독 예방을 위한 가장 중요한 통제 요소이다. 5~57℃의 온도 범위는 '위험 온도 범위'라 하며, 세균이 쉽게 증식하는 온도 범위이다. 특히 15~49℃는 급속히 미생물이 증식하므로 최적 조건인 경우 매 10~30분마다 2배로 증가하게 된다. 안전한 온도로 가열 조리하고, 빠르게 냉각시키는 단계는 식중독을 예방하는 중요 단계이다.

▥ 위험 가중 요소

육류나 유제품과 같이 단백질 함량이 높은 식품은 조리과정 중 특별한 취급이 필요하다. 로스트 비프, 칠면조, 햄, 중국 요리는 피자, 바비큐, 달걀 샐러드보다 식중독과 연관성이 크다. 그러나 모든 식품이 식중독 우려가 있다는 것은 잊지 말아야 한다.

미국질병관리센터(Centers for Disease Control : CDC)에 의하면, 다음 요소가 식중독의 원인이라고 한다.

- **부적절한 식품의 냉각**

- **음식을 미리 조리**
  음식 제공 12시간 이전에 조리해 놓음

- **조리원에 의한 오염**

- **부적절한 재가열**

- **온장 저장 온도 부적절**

- **익히지 않은 재료, 오염된 재료를 첨가하고 가열하지 않음**

- **위생적이지 못한 식재료**

- **가열한 음식이 교차 오염됨**
  식재료, 청결치 못한 기기나 도구, 종사원으로부터 오염됨

- **부적절한 잔식 처리**

- **철저히 가열 조리하지 않음**

▣ 식품 취급상의 문제

다음 사항은 레스토랑에서 일반적으로 발생할 수 있는 식품 취급 문제이다.

- 손세척 싱크에 세척솔이 없거나 사용되지 않는다.

- 작업 중 보호장갑을 교체하지 않는다.

- 작업대와 도마가 사용하는 도중 적절히 소독되지 않는다.

- 음식이 장시간 실온에 방치된다.

- 밀가루나 설탕 같은 식품이 덮개 없는 용기에 담겨 있다.

- 저장할 물품이 운반되지 않고 오래 방치된다.

- 바닥에 있던 식품 운반 박스를 포장을 제거하지 않은 상태로 직접 작업대에 놓는다.

- 기기가 청결하지 않다.

- 화장실 손세척제가 비어 있다.

▣ 식중독 방지대책

종사원이 식품을 위생적으로 관리할 수 있는, 즉각 실천이 가능한 몇 가지 방법을 제안하고자 한다.

- 교차 오염을 방지하기 위해 색깔별로 구분된 용도별 도마를 구입한다.

- 소독제를 사용하여 식품과 접촉하는 표면을 소독한다.

- 익히지 않은 식품을 조리된 식품과 별도로 저장한다.

- 잠재적으로 위험한 식품을 취급할 때마다 도마, 칼, 식품 접촉 표면을 세척·소독한다.

- 잠재적으로 위험한 식품에 사용 후 남은 반죽이나 양념은 버린다.

- 가열 조리 공정을 중지하지 않도록 한다. 부분적으로 가열된 가금류나 육류는 미생물 성장을 유도할 수 있다.

▨ 손세척

종사원이 손세척하는 것을 확인한다. 손세척은 개인 위생에서 가장 중요한 측면이다. 종사원은 비누를 이용하여 온수에서 20초간 세척하여야 한다. 종사원에게 손세척의 중요성을 보여주고자 한다면 형광물질을 이용하여 손의 오염상태를 보여주면 된다.

▨ 해동 및 전처리

냉동은 대부분의 세균 증식을 억제하지만, 살균은 하지 못한다.

- '위험 온도 범위'에서 해동하는 것은 위험한다.

- 냉동 채소, 햄버거 패티, 치킨 너겟 등의 식품은 냉동상태로 조리가 가능하다. 그러나 칠면조처럼 크기가 큰 품목은 부적절하다.

- 식품을 해동시키기 좋은 2가지 방법은 5℃ 이하의 냉장고를 이용하는 방법과 21℃ 이하의 깨끗한 흐르는 물에 2시간 이내로 해동시키는 방법이다.

- 적절한 방법으로 해동한 경우에도 잠재적으로 위험한 식품이라면 세균 및 다른 오염 물질이 존재할 가능성이 있다.

- 육류, 어류, 가금류는 항상 냉장고에서 양념에 재워야 한다.

▦ 차갑게 제공하는 식품의 관리

차갑게 제공하는 식품을 만들 때 위생적으로 위험할 수 있다. 그 첫 번째 이유는 식품을 조리하는 온도가 일반적으로 상온이기 때문이며, 둘째 이유로 냉장식품은 교차 오염이 빈번히 일어날 수 있기 때문이다.

- 단백질이 풍부한 닭고기 샐러드, 참치 샐러드, 달걀을 곁들인 감자 샐러드는 식중독의 주원인이다.

  샌드위치를 미리 만들어 놓거나 냉장 저장하지 않는 경우 위험할 수 있다.

- 조리방법이 열쇠이다.

  냉장식품은 더 이상의 조리가 없기 때문에 모든 재료의 세척, 준비를 철저히 하여야 한다. 고기를 냉각시킨 다음 다른 재료와 냉장 온도에서 혼합하는 것이 좋다.

▦ 주의사항

- 꼭 필요한 경우가 아니라면 미리 식품을 조리하지 않는다.

- 소량씩 준비하며, 즉시 냉장 보관한다. '위험 온도 범위'에 식품을 방치하지 않는다.

- 항상 냉장식품은 5℃ 이하에서 조리한다.

- 생과일과 채소는 표면에 있는 잔류 농약 및 흙 등의 불순물을 제거하기 위해 깨끗한 물에서 세척한다.

- 두꺼운 표면은 솔로 문질러 씻는 것이 바람직하다.

▣ 방사선 조사식품

식품의 방사선 조사의 안정성에 대해서는 현재까지도 논쟁이 계속되고 있다. 미국 식품의약품안전청은 육류와 가금류 및 과일, 채소, 향신료 등 다양한 식품에 대한 방사선 조사를 허용하고 있으며, 방사선 조사의 과정이 안전하며 효과적으로 유해한 세균을 없애는 것으로 평가하였다. 조사 처리로 부패 방지와 세균, 해충, 기생충을 감소시킬 수 있다. 과일과 채소에서는 싹이 나는 것을 방지하고 숙성을 지연시키는 효과도 있어 딸기가 일반적으로 3~5일 만에 상하는 것에 비해 조사 처리한 후에는 3주까지 부패를 연장시킬 수 있다.

- **비용**

방사선 조사 처리된 식품은 비용이 증가하게 된다. 그러나 이러한 비용은 제품의 신선도와 위생 증진 효과와 상쇄될 수 있다. 조사 처리는 소비자에게 이용의 용이성, 충분한 수량, 저장기간, 편리함, 식품위생 향상 등의 이익을 부여한다. 방사선 조사 식품은 다른 식품과 구별이 가능하도록 반드시 조사여부를 표시하여야 한다.

레스토랑
원가관리
노하우

9 신기술

레스토랑 부문의 수익률은 3~5% 범위인 것으로 알려져 있다. 신기술의 유입은 원가를 낮추고 효율성을 증진시키며, 운영에 영향을 주는 기회 요인 중 하나이다. 컴퓨터와 포스 시스템 등의 신기술은 외식업계를 다양한 방식으로 변화시켜 인간에 대한 의존도를 감소시키게 되었다. 첨단기기의 사용으로 숙련도가 낮은(인건비가 낮은) 종사원의 활용도 확대되었다.

▨ 전자 주문 시스템

최근 많은 레스토랑에서 '전자 고객 체크 시스템' 또는 '무선 웨이터'를 사용하고 있다. 서비스 종사원은 이동식 컴퓨터와 터치 스크린을 이용하여 주문을 받고, 입력된 음식 정보는 실시간으로 주방으로 전달되어 출력된다. 음료는 바로 보내지고, 음식이 준비되면 벨이 울리거나 진동으로 이를 알려주어 음식을 고객에게 제공하게 된다.

● 많고 복잡한 주문 처리

'무선 웨이터'를 이용하면 주문사항 점검이나 음식을 가져오기 위해 주방으로 매번 갈 필요없이, 많은 주문을 처리할 수 있다. 레스토랑에 있는 서비스 종사원은 고객의 시야에서 떠나지 않고서도 계산서 자동 계산이 가능하다. 대부분의 시스템은 신용카드 리더기를 부착하고 있다. 고객의 신용카드는 여기에서 처리되며, 이를 통해 고객의 시야 내에서 신용카드 처리로 인한 고객의 신뢰를 받게 된다.

• 인력 절감

서비스 종사원이 항상 식당에 있으므로 고객은 요구사항을 쉽게 전달할 수 있다. 게다가 서비스 종사원은 이전보다 2배 많은 6~7 테이블에 대기할 수 있다. 서비스 요원이 더 많은 고객을 담당할 수 있으므로, 고용인력을 조절하여 인건비 절감이 가능해진다.

▓ 포스 시스템

미국음식업협회에 따르면 평균 매출액 100만 달러 규모의 레스토랑에서 포스 시스템을 사용함으로써 매년 3만 달러의 비용 절감이 가능하다고 한다. 포스 시스템에 집계되는 수치를 이해함으로써 운영자는 재고, 바 매출, 인력 스케줄, 시간 외 근무, 고객수, 서비스에 대한 관리를 용이하게 할 수 있다.

• 종사원에 의한 물품 도난 기회 감소

포스 시스템을 도입하면 서비스 종사원에 의한 도난 기회를 거의 없앨 수 있다.

• 포스 시스템의 두 영역

포스 시스템은 하드웨어(기기)와 운영에 필요한 소프트웨어로 구성되어 있다. 시스템은 서비스 종사원이 주문을 입력할 키와 '덜익힌(rare)', '중간으로 익힌(medium)', '완전히 익힌(well-done)'과 같은 옵션을 선택할 수 있는 추가 키를 갖는다. 서비스 종사원이 추가 코멘트를 입력하도록 구성된 시스템도 있다.

- **주문 처리**

  주문은 바, 주방, 사무실 프린터로 전송된다. 모든 주문사항은 조리 이전에 출력되어야 하고, 이를 통해 관리가 용이해진다.

- **지불**

  서비스 종사원이 주문을 완료하자마자 고객 주문사항이 출력되어 고객에게 제공된다. 대부분의 포스 시스템은 할인처리가 가능하며, 이때 관리자의 조정을 필요로 한다. 신용 카드와 현금은 분리되어 처리가 가능하며, 지불 타입에 따른 집계가 가능하다.

- **포스 기능 확대**

  많은 포스 시스템에서 가정 배달, 고객 자료, 온라인 예약, 단골고객, 실시간 재고, 통합 방문객 ID, 회계, 스케줄 작성, 급료, 메뉴 분석, 구매와 검수, 현금관리와 보고 등의 기능이 추가되고 있다. 도입될 것으로 예측되는 기능은 인터넷을 이용한 기능의 향상과 경고 기능, 음성 인식 기능 등이 있다.

- **미래의 포스 시스템**

  노동시장이 감소됨에 따라, 터치스크린을 가진 포스 시스템이 필수적이다. 향후 몇 년 이내에 고객은 테이블에 설치되어 있는 단말기를 이용하여 스스로 주문을 하고, 지불하기 위해 신용카드를 긋게 될 것이다.

GUIDE TO

3

레스토랑
원가관리 노하우

레스토랑의
인건비 관리

주차요원에서 조리사에 이르기까지 고객에게 봉사하는 모든 종사원은 레스토랑을 대표한다. 레스토랑이 최고의 장소에서 최상의 음식을 제공한다고 하더라도 한 명의 무례한 종사원에 의해 모든 것이 무너질 수 있다. 레스토랑의 성공은 일련의 인적자원을 고용, 배치하여 고객 서비스 팀으로 단결시키는 능력에 달려 있다.

외식산업은 인력 부족과 높은 이직률로 어려움을 겪어 왔다. 미국의 경우 서비스 종사원에 대한 수요 증대와 문화적 환경 변화로 인하여 레스토랑 종사원은 예전에 비해 학력이 낮고 영어를 사용치 못하는 젊은 사람들이 많아지게 되었다.

유명한 레스토랑이거나 기사 식당이든 간에 상황은 마찬가지이다. 어디에서 훌륭한 종사원을 찾을 것인가? 어떻게 인건비만큼의 가치를 찾을 수 있는가?

일반적으로 인건비는 예산의 25~35%에 해당하며 식품비와 비슷하거나 초과하기도 한다. 이익을 창출하기 위해서는 주요 원가(식품비와 인건비)가 60~69% 정도여야 한다. 단순히 인원을 줄이는 것만으로는 이 수준에 도달할 수 없다. 그러므로 최고의 생산성 달성을 목표로 잡아야 한다.

이 가이드는 인건비를 줄이기 위한 과정을 돕고자 쓰여졌다. 즉각적이고 장기적인 결과를 가져올 만한 실질적인 아이디어와 제안점을 찾을 수 있을 것이다. 또한 본서는 사람들에 대한 태도와 상호 관계를 관찰하는 데 도움을 줄 수 있다. 즉 훌륭한 종사원을 만들고 이직을 최소화 할 수 있는 고용 프로그램과 훈련 프로그램을 개발하고, 수행력을 고무시켜 행복한 종사원과 고객을 창출할 수 있는 물리적·정서적 환경을 만들어가는 것, 자원을 최대화하여 이윤을 증진시키는 측면에 도움을 줄 것이다.

레스토랑
원가관리
노하우

성공의 기본 조건

훌륭한 음식과 서비스는 성공적인 레스토랑의 기본 요건이다. 서비스 산업
중에서 레스토랑의 이익 마진은 매우 적다. 레스토랑에서 이익 창출은 고객의
요구와 기대를 희생시키지 않으면서 서비스 비용을 통제할 수 있을 때 가능하다.

■ 최상의 서비스

서비스는 최상이어야 한다는 것을 명심해야 한다. 서비스가 좋지 않다고 느
낀 고객의 83%는 그 레스토랑을 다시 방문하지 않았고, 61%의 고객은 서비스
지연을 그 이유로 지적하였다고 한다. 서비스 종사원만이 아닌 전체 종사원이
훌륭한 고객 서비스에 필수적인 역할을 한다. 만일 고객이 더 나은 서비스를
다른 곳에서 찾는다면 무엇을 잃게 될 것인가? 1주에 2회 식당을 이용하는 고객
의 경우 평균 객단가가 10,000원이라면 1주일에 20,000원, 1년에 104만 원(20,000
× 52주)의 매출이 된다. 고객을 5명 또는 10명까지 잃는다면 어떻게 될 것인가?
불량한 태도의 종사원은 당신에게 월급을 낭비시킬 뿐 아니라 레스토랑의 수입
을 감소시키며 레스토랑의 명성을 손상시키게 될 것이다. 훌륭한 서비스는 다음
과 같은 요소가 결합될 때 이루어진다.

- **관리자의 강한 헌신**

  표준과 기대는 존경과 동반자적 태도에 의해 창출됨

- **종사원의 긍정적인 태도와 동기부여**

  타인에게 기꺼이 봉사하고자 하는 의지와 원활한 의사소통

- **좋은 훈련 방법**

  종사원 숙련도와 능력의 우수성

- **실제적 접근방법과 절차**

  공동의 효율적 업무달성

- **노동력 절감 기기**

  생산성을 최대화할 수 있는 인체공학을 적용한 도구와 기기를 배치

▣ 인적자원

멋진 자동차를 구입할 경우 세차와 오일 교환, 튜닝을 귀찮다고 생각하지 않을 것이다. 누구나 비싸게 구입한 자산을 지키기 위해 많은 애를 쓴다. 사람을 고용하는 것은 자동차만큼 막대한 비용이 지출되는 일이고, 열심히 관리하지 않는다면 그만큼의 자산이 낭비되는 것이다.

- **현명한 투자**

  인적자원의 확보와 유지에 직·간접으로 소비하는 모든 비용은 사업에 있어 투자이다. 현명하게 투자하고 있는가?

- **높은 이직률**

  종사원이 고용된 지 3개월 후 그만둔다면 경쟁업자에게 떠날 돈을 지불

한 셈이 된다. 레스토랑은 이직률이 매우 높기 때문에 이에 대한 해결책을 찾아야 한다. 레스토랑의 높은 이직률은 종사원과 시설·설비에 거의 투자를 하지 않는 오랜 관행과 비즈니스 모델에서 기인한다. 종사원의 신체적·감정적 요구를 무시함으로써 레스토랑의 운영자는 외식업계를 '나쁜 직장'으로 만들고 있는 것이다.

● 문제점 제기

외식업계의 문제는 혼자의 힘만으로는 해결할 수 없다. 그러나 여러 가지 문제점—낮은 월급, 과도한 스트레스, 열악한 작업 조건, 제한된 진급 체계, 경제적 안정성 부족, 과도한 물리적 요구—을 인식하고 보상과 연결시키는 역할은 할 수 있다.

● 비용

비용을 지불하지 않는다고 생각하지만 사실 종사원의 모집과 훈련, 생산성의 저하, 식품비 증가, 일관성 없는 고객서비스, 과다한 관리비에 비용을 지불하고 있다. 그 대신 이 비용을 인적자산을 유지하고 능력을 증진시키는 쪽으로 투입하면, 비용의 지출이 아니라 사업에 대한 투자가 될 수 있다.

● 종사원 만족

쉽게 도달하기는 어렵지만 성공을 위해 필수적이다. 즐겁고 생산성이 높은 종사원 육성에 대한 저서는 다음과 같다.

- First, Break All the Rules(마커스 버킹엄, 커트 코프만 지음, 한근태 옮김, 시대의 창, 2002)
- 최강 조직을 만드는 강점 혁명(커트 코프만, 가브리엘 곤잘레즈-몰리나 지음, 이정화 옮김, 청림출판, 2004)

■ 인건비 절감

인력에 소요되는 비용을 낮추라는 말에 주의한다. 필요 인력의 시간만 줄인다고 한다면 고객을 만족시키고 이익을 창출한다는 목표점을 잃을 수 있다. 레스토랑 사업의 성공은 고품질의 음식을 생산할 수 있는 다양한 기술과 경험을 가진 종사원을 모집할 수 있는가에 달려 있다. 가장 가치있는 자산인 종사원들은 개인적 요구와 기대를 갖고 있으며, 운영자는 이들의 요구를 채워주고 존중해야 한다. 인적자원의 관리, 멘토링, 파트너십 형성에 관한 저서를 참조해 본다.

■ 이윤 창출은 공동의 책임

레스토랑 경영자는 이윤에 대한 강한 동기를 갖고 있으며 종사원도 마찬가지이다. 인건비를 현명한 방법으로 줄이고, 조직과 팀원의 요구 사이에서 균형을 잡아야 한다. 인건비를 절감하려면 다음 사항이 필수적이다.

- **바람직한 고용방법**

  직무에 적합한 인재, 즉 레스토랑의 특성에 따라 기본적인 기술 이외에 추가적으로 필요한 기술을 가진 사람을 고용한다.

- **균형있는 직급별 계획**

  인적자원의 낭비없이 업무가 달성될 수 있도록 스케줄을 작성하여 고객을 만족시켜야 한다.

- **생산성 향상**

  일을 많이 하는 것이 아니라 현명하게 일하도록 훈련한다.

- **뛰어난 인간관계 기술**

  매니저와 현장관리자, 보조원, 고객 간에 의사소통이 원활해야 한다. 좋은 종사원이 좋은 고객을 창출한다.

- **바람직한 재무의사 결정**

  인력을 절감할 수 있는 방안을 분석하고 투자한다. 세제상 특전이나 경영 보조 프로그램을 찾아내어 활용한다.

▨ 경영진의 참가

레스토랑의 서비스 품질 수행 정도는 매니저와 경영 계층의 지휘행동을 반영하고 있다. 매니저의 행동을 살펴볼 때, 과연 종사원들이 실천했으면 하는 바를 수행하고 있는가? 다음에 리더십에 관한 질문이 있다. 만약 "예"라는 대답이 하나라도 나온다면 훌륭한 리더십을 위해 매니저가 모범이 되는 것을 최우선 과제로 삼아야 한다.

- **작업장에 화를 내며 오는가?**

  종사원은 매니저의 분위기를 따르게 된다. 종사원이 고객에게 했으면 하는 것처럼 즐겁고 친근한 태도로 종사원에게 인사를 한다.

- **일을 할 때 적당히, 부주의하게 일을 하는가?**

  회의에 늦거나 종사원의 요청사항을 잊은 일이 있는가?

- **용모가 전문가답지 못한가?**

  매니저의 의복이 지저분하다면 종사원들에게 청결한 기준을 요구하거나 의복을 점검할 때 반발하거나 무시할 것이다.

- **매니저가 회사의 기준에 복종하지 않는가?**

  매니저가 자신의 친구가 찾아왔을 때 무료 음료를 서빙한다면 바텐더도 자신의 친구들에게 똑같이 할 것이다. 1인 분량을 많이 제공한다면 주방 종사원도 1인 분량 조절을 하지 않을 것이며, 결국 식품비가 증가하게 될 것이다.

- **문제가 발생했을 때 언급하기를 꺼려하는가?**

  설정된 표준을 따르지 않는 종사원이 있다면 즉시 지적해야 한다. 단 고객 앞에서는 피한다. 오류를 방치하면 레스토랑의 표준은 사라질 것이다.

- **질문에 응답할 때 두서없이 말하거나 지시를 내릴 때 설교를 하는가?**

  짧고 간단하게 하지 않으면 종사원은 요점을 놓치게 된다. 항상 종사원이 이해했는지 확인한다.

- **상관이 요구한 사항에 대해 종사원은 무엇이든 해야 한다고 생각하는가?**

  상호 존중은 훌륭한 리더십에서 가장 중요하다.

- **업소의 목표를 종사원과 공유하는가?**

  업소의 단기적·장기적 목표를 공유함으로써 종사원의 불만을 줄일 수 있다. 목표를 공유하면 종사원은 자신의 직무가 더욱 가치있게 여기게 되며 통제도 원활해진다.

- **정책과 절차를 공식적으로 문서화하는 것이 기준 수립에 매우 중요하다.**

  그러나 기준을 설정할 때 상당 부분은 훌륭한 모범사례를 기초로 한 지휘 활동을 통해 이루어진다.

2 팀 구성

레스토랑
원가관리
노하우

▣ 팀의 구성원 고용

고용은 사용자와 종사원 간 장기적 관계의 시작점이다. 능력있는 종사원들을
고용하여 오랜 기간 함께 일하는 것은 레스토랑 업계에서 드물긴 하지만 달성
가능한 목표이다. 고용이란 직무에 사람을 채워 넣는 이상의 것이다. 레스토랑
의 특성에 부합하는 능력 있고 열심히 일하고자 하는 사람들을 찾아야 한다.
기준에 도달하지 못하는 '차선'의 지원자를 고용하는 것은 장기적으로 비용 낭
비이다.

▣ 경영자의 과제

레스토랑 경영자의 과제는 업소의 목표와 서비스 종사원의 요구 사이에서
균형을 유지하는 것이다. 서비스 산업의 종사자들의 사회적 위치와 임금은 낮은
수준이다. 예를 들어, 미국의 경우 조리원과 서비스 종사원의 임금은 시간당
7,720원으로 가장 낮은 직업군 8,500원보다 더 낮았다고 한다. 낮은 임금은 서비
스 종사원의 부족으로 이어져 종사원의 이직률이 250%에 이르며, 매니저의 이
직률도 100%에 달한다고 한다.

▣ 레스토랑 종사원 분류

레스토랑에는 임시직 종사원, 파트타임 종사원, 정규직 종사원, 인턴 종사원이 있다. 다음과 같은 직위 순으로 피라미드가 형성되며, 상위직은 인원이 적고 임금이 높은 반면 하위직은 인원이 많고 임금이 낮다.

- **최고 경영층**

   재무부문을 담당하며, 대학 졸업의 학력을 갖춤. 주로 소유주 또는 주주(회장)

- **중간 경영층(관리계층)**

   인적·물적 자원을 관리하며 대학 졸업의 학력. 주로 총지배인, 인사부장

- **조리 전문가**

   천성적으로 또는 직무 중 훈련(OJT)이나 직업훈련 등을 통해 창조적 재능을 소유(조리장, 패스트리 쉐프)

- **숙련 종사원**

   직무 경험이나 교육을 통해 필요한 기술 습득(회계장부 담당자, 와인 담당자)

- **반숙련 종사원**

   간접 감독 하에 복잡한 업무 수행. 경험이 있거나 훈련을 받음(서비스 종사원, 제빵 보조)

- **비숙련 종사원**

   직접 감독 하에 신체사용 업무를 수행. 훈련 받지 않음(수위, 버스기사)

▨ 직무 적임자

직무 적임자를 찾는 것은 팀의 요구를 명확히 이해하는 것으로부터 출발한다. 원하는 것이 무엇인지를 모른다면 원하는 것을 얻을 수 없다. 고용 과정에 들어가기 전에 직무 기술서 작성에 필요한 사항을 결정해야 한다. 다음 내용은 이 과정을 준비하는 데 도움을 줄 것이다.

▨ 요구사항 결정

고용 광고 이전에 고려해야 할 5가지 주요 사항이 있다.

1. 종사원이 달성해야 할 직무
2. 종사원이 가져야 할 기술과 경력
3. 훈련 제공 범위
4. 고객이 기대하는 성격과 태도
5. 월급, 세금, 상여금 항목에 배정된 예산

▨ 직무 규명

교대 근무조, 주간, 월간, 기타 기간 동안 달성해야 할 직무를 다음 기준에 따라 분류한다.

● 무엇을 해야 하는가?

구체적인 활동(샐러드 재료를 세척하고 자른 후 저장한다. 배달된 식품을 입고하고 리스트와 비교하고 분류하여 저장한다. 전화를 받고 예약을 받는다.)

● 어디에서 일할 것인가?

홀인가 주방인가.

- **언제 할 것인가?**

  서빙 이전, 서빙 도중, 아니면 서빙 이후인가.

- **얼마나 자주 해야 하는가?**

  매일, 매주, 매달, 기타

- **수행력 평가 기준은 무엇인가?**

  기대되는 수행 수준은 어떤 것인가? 포상을 실시해야 할 수행 수준은 어느 정도인가?

■ 기술과 책임 구분

직무를 수행하는 데 필요한 기술과 책임에 따라 구분한다. 일반적으로 기술과 책임이 높을수록 지불하는 임금은 많아진다. 낮은 임금의 노동력을 사용할 수 있는 부문을 찾아내고, 책임 범위가 넓은 종사원에게 적절한 보상을 해야 한다.

- **기술 수준**

  > ■ 관리 기술 : 서빙 공간 관리자, 음료 매니저
  >
  > ■ 조리 기술 : 패스트리 쉐프, 소스 조리사
  >
  > ■ 고객서비스 기술 : 서비스 종사원, 바텐더
  >
  > ■ 스태프 지원 기술 : 버스기사, 검수요원

- **책임 수준**

  > ■ 음식 생산에 대한 책임 : 관리직 쉐프, 연회 매니저
  >
  > ■ 필요한 경우 상급자에게 보고할 책임 : 수프 조리사, 제빵 담당자
  >
  > ■ 레스토랑의 운영 활동 : 리셉션 관리자, 홀 관리자

■ 일상 업무관리 : 서빙 담당자, 바텐더
■ 중요한 의사결정 거의 없음 : 세척 담당자, 경비 담당자

▦ 기술 및 경력 훈련 계획

좋은 조직은 항상 훈련을 실시한다. 교육은 종사원의 기술 수준과 서비스 품질을 증진시켜 주는 지속적인 과정이다.

• 훈련의 범위

심도 있는 직무 훈련부터 생활 관련 기술까지 교육이 필요한 경우가 있다. 신입직원이나 외식업 경험이 없는 종사원도 직장 내에서 모범적 지도와 훈련, 직무교육 프로그램을 통해 우수한 종사원으로 육성될 수 있다.

• 수습직원의 업무

레스토랑에서는 수습직원이 담당해야 할 업무가 존재할 때가 있다. 이런 경우 신입직원이 수습기간 동안 달성해야 할 내용을 직무 기술서에 포함시키도록 한다.

• 숙련도 높은 종사원 육성

레스토랑은 숙련된 종사원이 부족한 실정이다. 그러므로 자체적으로 숙련도 높은 종사원을 육성할 필요가 있다. 다양한 업무에 훈련을 받은 종사원이 필요하다.

▦ 예 산

종사원의 임금은 지역의 생활비 수준, 인력 시장의 경쟁상태, 해당 직업에 대한 사회적 평가에 영향을 받는다. 우수한 종사원 확보와 훈련에 투입할 수

있는 예산에 따라 해당 직위의 종사원에 대한 기대치는 달라지게 된다. 종사원에 대한 보상 체계(임금과 상여금 등)는 직무 기술서에 명시된 의무와 책임에 적합해야 한다. 예산까지 확인했다면 팀에 필요한 직위별 직무 개요를 작성할 시점이 된 것이다.

▓ 직무 기술서 작성

직무 기술서란 직무에 대한 상세한 정의와 종사원이 매일, 매주, 매달 담당해야 할 활동 및 책임의 목록을 의미한다. 직무 기술서가 완성되면 훈련은 간소해진다. 직무 기술서는 다음과 같은 도움을 줄 수 있다.

- **직무의 적임자를 고용할 수 있다.**

- **필요한 작업 기술과 책임 수준을 이해할 수 있다.**

- **훈련 프로그램을 개발, 완성시킬 수 있다.**

- **종사원의 발전에 대한 목표를 수립하고, 잠재적으로 임금을 증가시킬 수 있다.**

▓ 직무 기술서 작성 요령 및 참고자료

다음은 직무 기술서 작성에 유용한 몇 가지 착안점과 자료들이다.

- **종사원의 의견**

  종사원의 의견은 매우 유용하다. 종사원의 의무와 우수한 종사원의 포상에 관한 사항을 검토할 기회를 발견할 수 있다.

- **근무 태도의 표준화**

  "벨이 5번 울리기 전에 밝은 목소리로 전화를 받는다"와 같이 근무 태도의 표준을 포함하도록 한다.

- **변호사나 인적자원 전문가에 의한 법적 요건 검토**

  잘 작성된 직무 기술서는 잘못된 결과나 종사원의 소송으로부터 업체를 보호할 수 있다. 하지만 불리하게 작용하는 경우도 있다.

- **인터넷에 게시된 타기관의 직무 기술서 검토**

  '레스토랑 직무 기술서' 또는 '[직위명] 직무 기술서'라는 단어 검색하여 다른 레스토랑 운영자가 해당 직위를 어떻게 설명하고 있는가를 알아본다.

▣ 종사원 보상체계

종사원은 급료, 팁, 식사, 이익 배당, 상여금, 수수료, 보험, 휴가, 교육비 환급, 탁아지원, 교통비 보조, 퇴직 연금, 가족 경조사 지원 등 다양한 방식으로 보상을 제공받는다. 최저임금을 제공하는 것은 인건비를 낮게 유지할 수 있는 방법이 될 수 있으나 이직률 상승과 종사원의 불만족을 초래할 수 있다. 인건비는 유일한 동기 부여 수단은 아니지만 훌륭한 종사원을 보유할 수 있는 주요한 요소이다. 창의력을 발휘하여 비용 효과적이면서 가치있는 종사원 보상체계를 적극적으로 개발해야 한다.

▣ 임 금

임금에 대한 자료는 노동부(www.molab.go.kr)를 참조하도록 한다.

- **임금의 의의**

  사용자가 근로의 대상으로 근로자에게 임금, 봉급 기타 어떠한 명칭으로든지 지급하는 일체의 금품을 말한다(근로기준법 제18조).

• 임금의 범위

임금은 그 명칭에 관계없이 근로의 대가로서 사용자가 지급의무에 근거하여 지급하는 것이면 임금이다. 식사의 제공과 같은 현물급여도 사용자가 일률적으로 제공하는 것으로 취업규칙 또는 단체협약에 규정된 경우에는 임금으로 간주되며, 레스토랑에서 임금을 지불하지 않고 손님으로부터 받는 봉사료만을 받는 경우에도 봉사료를 얻기 위하여 사용자의 영업설비를 이용하므로 임금으로 볼 수 있다.

임금은 근로에 대한 대가이므로 사용자의 지휘·감독 하에 제공하는 종속노동관계에서의 근로에 대한 대가라야 한다. 따라서 근로의 대가가 아닌 호의적, 실비변상적 급여는 임금이 아니다. 경조금이나 장려금과 같은 급여와 영업활동비나 출장비와 같은 실비변상적 급여는 임금이 아니다.

• 최저임금제도

최저임금제도란 국가가 근로자의 생활안정 등을 위하여 임금의 최저수준을 정하고, 사용자에게 그 수준 이상의 임금을 지급하도록 법으로 강제하는 제도로서, 1인 이상 근로자를 사용하는 모든 사업 또는 사업장으로 사업의 종류별 구분없이 동일하게 적용되고 있다.

■ 수당 및 보상

종사원에게 복리후생 등의 부가급부를 제공하는 것은 보상 체계에서 중요한 부분이다. 이는 법률에서 강제하고 있지 않은 자발적 보상이며 종사원 유인책이다. 종사원의 보상패키지 개발시 감정적 측면(자존심, 마음의 안정, 신뢰, 보안 및 안전)을 간과해서는 안 된다.

• 휴가

업소의 인사관리 매뉴얼에 휴가정책을 포함시켜야 한다. 휴가란 본래 근로의무가 있는 날이지만 근로자의 휴가청구에 의해 근로의무가 면제된 날이다. 휴가에는 근로기준법에서 정하고 있는 법정휴가와 단체협약, 취업규칙, 근로계약에서 약정한 약정휴가가 있다.

약정휴가는 노사 간에 단체협약, 취업규칙 등으로 약정한 휴가를 말한다. 통상적으로 경조사 휴가가 이에 해당한다. 약정휴가의 구성과 유급/무급 여부는 노사 간 약정결과에 따른다. 법정휴가는 근로기준법의 규정에 의한 휴가로서 월차휴가, 연차휴가, 생리휴가, 산전·후 휴가 등을 말한다. 개정법 이전에는 월차휴가와 생리휴가도 유급으로 인정되었으나 월차휴가는 폐지되었고, 생리휴가는 무급으로 규정하였다. 그러나 개정법의 적용이 유예되는 사업 또는 사업장은 기존의 법 규정이 적용된다. 개정법이 적용되는 사업 또는 사업장에서 무급 생리휴가를 노사 간에 약정하거나 폐지된 월차휴가를 약정한 경우에는 약정휴가가 된다.

• 휴일

휴일은 계속적인 근로관계에서 법이나 단체협약 또는 취업규칙이 정하는 바에 따라 근로제공 의무가 없는 날을 말한다. 휴일에는 노동법에서 정하고 있는 법정휴일과 단체협약이나 취업규칙, 근로계약에서 정하고 있는 약정휴일이 있다.

법정휴일에는 근로기준법상의 주휴일과 근로자의 날이 있다. 사용자는 근로자에 대하여 1주일에 평균 1회 이상의 유급휴일을 주어야 한다. 주 1회의 유급휴일을 가질 수 있는 자는 1주간의 소정의 근로일수에 개근한 자에 한한다. 주휴일은 반드시 일요일에 줄 필요는 없으며 매주 일정한 요일에만 주면 된다.

약정휴일은 사용자가 근로자에게 법정휴일 이외에 단체협약이나 취업
규칙 등에서 별도로 부여한 휴일이다. 유/무급 여부는 노사당사자의 약정
에 따른다. 휴일근로에 대하여는 100분의 50 이상의 가산임금을 지급하
도록 되어 있다.

▨ 종사원 공급처

레스토랑을 운영할 때 어려운 점 중 하나는 좋은 종사원을 찾기 힘들다는
것이다. 새로운 종사원을 찾는 일은 운영자의 주요 업무이다. 팀원 구성을 위해
지속적이고 적극적인 탐색이 필요하다. 가장 비용 효과적인 방법은 우수한 능력
과 경험을 보유한 종사원을 고용하는 것이다. 우수한 종사원을 찾을 수 있는
다양한 장소와 방법들은 다음과 같다.

• 종사원의 추천

믿을만한 종사원이 좋은 친구를 추천한다면, 강력한 후보자를 얻는 것
이다. 소개에 대한 보너스로 금전적 보상을 제공하도록 한다.

• 경쟁자나 동료 집단

다른 레스토랑에서 좋은 종사원을 만나는 경우, 신중히 명함을 주고 고
용의사가 있음을 알려주도록 한다.

• 고객

고객에게서도 믿음직한 직원의 추천을 받을 수 있다. 오랜 단골고객은
레스토랑에 호의적이며 '구전' 광고도 해준다.

• 헤드헌터

고위 관리자나 특정 재능이 필요한 직무 적임자가 요구될 때 헤드헌터

를 이용할 수 있다. 헤드헌터는 특정 업계에 대한 연고를 갖고 있다. 헤드헌터를 이용하는 경우 고용 계약자의 첫 연봉의 일정비율을 지급하게 된다.

- **인력 알선업체**

  기술이 보통 정도인 종사원은 인력 알선업체를 통해 찾을 수 있다.

- **관련 단체**

  전국적, 지역적 환대산업 및 레스토랑 관련 단체에서 인력 채용 서비스를 실시하고 있다.

- **채용을 위한 오픈 하우스**

  예비종사원을 친근하게 하는 분위기가 창출되어 구전 효과가 높아지고, 레스토랑을 바람직한 작업장으로 받아들이게 할 수 있다.

- **취업 박람회**

  지역의 취업 박람회에 참여하여 업체 소개 부스를 설치하고 좋은 사람들과 함께 일할 수 있는 최고의 장소로 홍보한다.

구인 광고

구인 광고를 내는 것은 비숙련 또는 반숙련 종사원을 구하는 일반적인 방법이다. 숙련도가 높거나 전문가 또는 관리직의 경우 이 방법으로는 지원자를 충분히 구할 수 없다. 광고에서 가장 중요한 사항은 미래의 종사원이 볼 수 있는 매체(신문 또는 인터넷)와 광고물을 선택하는 것이다.

- **신문의 구인란**

  신문이나 전자출판물에 광고를 낸다. 지역신문, 학교 발행물 등을 이용한다.

- **웹사이트**

  레스토랑 웹사이트에 구인란을 만들어 자세한 사항 및 지원 절차를 공지한다.

- **관련 단체**

  전국 또는 지역별 레스토랑 관련 단체의 구직란, 소식지, 출판물에 구인공고를 하고 이력서를 검토한다. 대부분의 단체에서 개인별 구직활동과 훈련에 대한 지원을 하고 있다.

- **업계 직업 사이트**

  '레스토랑 근무', '급식관련 직업 경력', '조리사' 등의 검색어를 이용하여 웹 디렉토리를 검색한다.

▨ 도움을 받을 수 있는 곳

- **Worknet**

  한국고용정보원과 노동부에서 운영하는 worknet(www.work.go.kr)에는 채용정보와 인재정보가 제공된다. 각 지역별로 구직자 뱅크가 있다. 무료로 운영되며, 그중에는 사설 구직기관처럼 구인-구직을 연결하기도 한다.

- **고용지원센터**

  고용지원센터는 44개 종합센터와 37개의 일반센터로 구성된 전국망 일자리 네트워크로 지역별 홈페이지도 갖고 있다(http://www.jobcenter.go.kr).

- **케이블 텔레비전**

  케이블 텔레비전 광고는 저렴한 편이다. 초기 광고 투자비는 몇 회의 광고 캠페인에 걸쳐 상환될 수 있다. 지역 케이블 업체에서 광고 제작을 지원하기도 한다.

- **영화 광고**

  해당 영화 관객이 고용하고자 하는 연령대일 경우, 영화 광고를 이용하면 미래의 종사원과 연결점을 만들 수 있다.

- **광고판**

  제작이 저렴하지는 않으나 매일 수천 명에게 '구인' 메시지를 전달할 수 있다.

- **기존 이력서 검토 후 재고용**

  이직률이 높다는 것은 종사원이 다른 직업으로 자주 이동한다는 의미이다. 이력서를 제출하고 선발되지 않았던 신청자가 현재는 적절할 수 있다. 예전에 근무했던 종사원도 다시 돌아올 수 있다.

- **고령자 고용**

  장년층 파트타임 인력을 필요로 하는가? 활동력 높은 장년층이 직장을 구하고 있는 추세이다. 노동부 고령자 사이트(http://www.molab.go.kr/oneclick/work23/main.jsp)를 참조한다.

- **외국인 고용**

  일부 서비스 산업에서는 숙련도 높은 외국인 노동자를 고용함으로써 많은 도움을 받고 있다. 자세한 사항은 노동부 외국인 노동자 자료(http://www.molab.go.kr/oneclick/work25/main.jsp)를 참조하면 된다.

▣ 훈련생

적임자를 찾지 못했다면 육성하면 된다. 발전성 있는 종사원을 찾아 개발하기 위한 몇 가지 방법을 소개하고자 한다.

- **고등학교와 대학 경력센터**

  파트타임이나 풀타임 종사원을 찾을 수 있도록 취업담당자와 관계를 형성해 둔다.

- **급식, 환대산업, 레스토랑 관련 단체의 교육기관**

  해당 기관의 관계자와 함께 경제적 지원이 필요한 학생을 알아본다. 산학협력 프로그램에 참여한다.

- **학생**

  학생들이 졸업하기 전에 구인 과정을 시작한다. 졸업하지 않은 학생들에게 수업료 지원이나 졸업 후 취업을 보장하는 조건으로 스폰서십을 제공한다.

- **정부의 고용 프로그램**

  정부, 비영리 단체, 종교 단체가 운영하는 기관을 통해 종사원을 구할 수 있다. 고용주들은 재정적 지원(환급, 세금공제), 상담, 교육훈련 등의 혜택을 받을 수 있다.

- **해고, 재배치, 인턴십 및 산학 프로그램**

  일시 해고 상태의 구직자, 변두리 지역, 취업을 원하는 고등학생 및 대학생을 직접 찾아본다.

- **소외 계층 노동력**

  장애인, 모자 가정, 생활보호 대상자, 은퇴자 등을 포함시킨다.

- **외국인 직업 소개소**

  종사원의 언어 훈련을 도와주고, 고용주에게 문화적 조언을 제공할 수 있다.

- **장애인 고용**

  노동부(http://www.molab.go.kr/oneclick/work22/main.jsp) 사이트를 참고한다.

▒ 아웃소싱, 임시직, 계약직

전문가가 필요하거나 연회나 대규모 이벤트에 추가적인 인력이 필요하나, 인사관리에 시간을 소모하길 원치 않는 경우 다음 사항이 도움이 될 것이다.

- **컨설턴트 활용**

  꽃장식, 회계, 마케팅 또는 기타 활동에 필요한 컨설턴트를 찾아본다. 지역 전화번호부, 상공인 성명록, 업체의 상급 임원이나 식당업협회 자료를 이용할 수 있다.

- **인력 위탁업체**

  식당업 인력을 전문적으로 담당하는 인력 위탁기관을 이용해 본다. 레스토랑은 고정 비용만 지불하고, 종사원 선발부터 지불 임금에 대한 세금 관리까지 위탁업체에서 처리한다.

• 다른 업소의 종사원 활용

다른 레스토랑 운영자와 좋은 관계를 형성하면 야간이나 단시간 근무자가 필요할 때 종사원을 임시로 구할 수 있다.

■ 다문화 작업장

다양한 배경을 가진 종사원을 고용·유지한 후 정규직으로 전환하기 위해서는 적절한 교육과 육성이 필요하다. 이러한 종사원을 고용하면 사회에 기여할 수 있으며 회사에도 도움이 된다. 장애인, 노년층, 외국인, 여성 등 다양한 배경을 가진 종사원들로 구성된 강력하고 다양한 팀을 구성할 때 다음의 아이디어가 유용하다.

■ 적임자 선발

능력있는 지원자 모집에 성공했다면 이력서와 지원 신청서를 받았을 것이다. 다른 부문과 달리, 조리와 서비스 능력이 우수한 종사원인 경우라도 서류 작성이나 다른 직무를 어려워할 수 있다. 직접 면접을 실시할 때 다음 요령을 참조하여 최적의 지원자를 선발하도록 한다.

• 세밀한 검토

경력이 적당한 사람인가? 의심스러운 사항이 있다면 추천인에게 이력 사항을 확인해 본다.

• 이직의 이유

이력 사항을 검토할 때 지원자에게 현직을 그만두려는 이유를 확인한다. 이전 직장에서 불화를 일으켰다는 것이 탈락의 원인이 되어서는 안 되지만, 주의를 기울일 필요는 있다.

- **지원서**

  지원서를 읽을 수 있도록 깨끗하게 작성하였는가, 항목을 적절하게 기입하였는가를 평가한다. 지원서를 적절히 작성하지 못했다면 전표 작성이나 매출 계산, 래시피 이해 등의 업무 수행에 차질을 줄 수 있다.

- **이직의 빈도**

  수개월마다 직장을 바꾸었다면 또다시 그럴 수 있을 것이다. 다른 사항이 마음에 든다면 인터뷰를 할 수 있지만, 기억하였다가 왜 그렇게 많이 옮겼는지 파악하도록 한다.

- **전화 선별**

  단 2분 간의 전화로도 많은 것을 알 수 있다. '네'나 '아니오'로 답할 수 없는 질문을 한다. 예를 들어, 전문분야에서 목표는 어떤 것인가? 기대하는 급여 수준은? 어떤 경력을 쌓기 원하는가? 지식이나 기술을 판단할 수 있는 질문을 1~3개 정도 하고 직업 공백기에 대하여 질문한다.

- **주의 깊은 경청과 직감 이용**

  답변이 명확하며 질문을 잘 이해하는가? 면접 문제 선정시 주의를 기울여야 한다. 전통적인 질문들 중 상당수가 합법적이지 않거나 부적절하다.

▨ 면접 준비

다음은 면접 계획 단계이다.

- **3~6명의 지원자를 선발한다.**

- **타지역의 지원자는 최소 2일 전 외국 거주자에게는 최소 2주 전에 면접일을 잡는다.**

- **면접 시각, 장소, 소요 시간과 면접 양식, 지참물 등을 통보해준다.**

- **시험을 볼 경우 사전에 알려준다.**

- **담당자 이름, 전화번호와 지시사항을 충분히 알려준다.**

- **면접에 충분한 시간을 할당한다.**

  면접 사이에 30분 정도의 휴식시간을 배정하여 면접관이 휴식을 취하고 이전 면접자에 대한 기록을 하도록 한다.

- **사전에 준비한다.**

  면접을 보는 레스토랑이 좋은 직장임을 알려줄 수 있도록 소개자료를 준비한다. 면접자에게 업체의 시설을 간단히 보여주고 주요 직원에게 소개한다.

- **면접 기술을 향상시킨다.**

  도움이 될 수 있는 책자, 수업, 비디오, 웹사이트가 많이 있다. 면접을 실시하는 것이 부담스럽거나 미숙하다면 역할훈련 등으로 연습하도록 한다.

▣ 면접과정

면접과정은 누구에게나 스트레스를 주고 신경을 날카롭게 만든다. 면접관은 심리학자와 납품업자가 되어 초조해하는 면접자로부터 정보를 이끌어내는 역할을 맡게 된다. 면접관은 특성을 파악하는 질문을 해야 하고, 주의 깊게 듣고, 태도와 외모를 판단하고, 관리자로서의 직관을 신뢰해야 한다. 면접을 실시하고 능력 있는 종사원을 선발할 때 도움을 받을 수 있는 사항을 아래에 제시하였다.

- **업소에서 요구하는 특성, 기술수준, 경력에 대한 이해**

  업소에서 채용할 종사원에게 필수적인 사항과 필수가 아닌 사항을 결정해야 한다. 직무 기술서를 읽고 면접 준비노트를 정리한다.

- **면접기록**

  면접자와 마찬가지로 면접관도 스트레스를 받기 때문에 기억력이 약해질 수 있다. 차별이 될 소지가 있는 사항은 기록하지 않아야 하며, 공정해야 한다.

- **면접자의 질문에 대한 답변 준비**

  임금 및 보상체계, 직무에 대한 전망, 업체의 안정성 등에 관한 질문에 답할 수 있어야 한다.

- **지나친 약속을 하지 말 것**

  준비된 것이 없을 때 승진의 기회를 언급해서는 안 된다.

- **면접에 집중**

  유사시 면접 진행이 어렵거나 집중할 수 없다면 재면접을 계획한다.

- **면접 팀 구성**

  현장 감독자와 팀 리더를 면접 과정에 포함시킨다. 레스토랑에서 요구하는 기술과 태도를 가진 적임자를 선택하는 데 도움을 받을 수 있다.

▨ 타당한 질문

질문 내용에 주의해야 한다. 차별 금지법에 저촉되는 질문은 피하여야 한다.

• 한 번에 질문하기

한 번에 질문함으로써 면접관이 너무 많은 말을 하지 않을 수 있고, 면접자에게 면접관이 듣고자 하는 대답을 유도하는 것을 피할 수 있다.

• '예' '아니오' 질문을 배제하고 서술응답 유형으로 질문

- ■ 면접자에 대한 고용인이나 동료의 평가는 어떠했는가?
- ■ 가장 훌륭했던 상사는 누구이고, 그 이유는?
- ■ 원하는 직무를 답해보시오.
- ■ 이전의 직무에서 할 기회가 없었거나 배우지 못했던 것은 무엇인가?
- ■ 감독자와 의견이 불일치했던 상황은 무엇이며, 어떻게 해결했는가?
- ■ 내가 상사라면 당신의 성공을 도울 수 있는 가장 중요한 사항은 무엇인가?

• 편안한 면접 환경의 조성

면접자가 편안하게 면접을 할 수 있도록 한다. 주방 담당 지원자의 경우 너무 긴장하여 대답을 못하는 경우도 있다. 홀 서빙 업무 지원자의 경우에는 의사소통에 문제가 없는지 파악한다.

• 면접 종료시간 통보

"5분 정도 남았습니다"와 같은 말로 끝을 알린다. 시간이 얼마 남지 않았다는 것을 알게 되면 사람들은 실제로 가장 중요한 것을 말한다. 이 마지막 순간이 지원자의 인상을 강하게 남기게 한다.

▣ 경 청

• 지원자 관찰

안절부절하고 계속 위치를 바꾸는가? 매우 활동적인 사람이 필요하다면 적임자가 될 수 있으나, 조용하고 통제력 있는 종사원을 원한다면 적임자가 아닐 수 있다.

● **경청 기술**

경청하는 기술을 향상하기 위해 국제경청협회(www.listen.org)를 참고하여 정보를 얻는다.

▨ 태도 및 외모 판단

● **면접시간을 준수했는가?**

면접에 늦은 사람은 업무시간에도 늦을 가능성이 있다. 물론 타이어가 펑크났다면 감안될 수도 있다. 지각에 대처하는 방법도 중요하다.

● **복장은 적절한가?**

고급 레스토랑이 아닌 경우 면접시 정장차림을 기대하지는 않을 겄이다. 그러나 지저분하고 단정치 못한 지원자는 지저분한 종사원이 될 수 있다. 손톱, 머리카락, 의복이 깨끗한 상태인가?

● **직장을 소개하는 동안 주위를 둘러보고 관심을 보이는가?**

면접자가 미래의 직장에 대한 관심이 없다면, 고용한 후에 어떻게 관심을 유도할 수 없다.

● **다른 종사원에게 소개했을 때 친절한 태도를 보이는가?**

친근한 태도와 사교적인 성격은 훌륭한 고객 서비스의 필수요소이다.

▨ 고용 전 검토

고용 전 단계에서는 위험성이 있거나, 능력이 부족하거나 부정직한 지원자를 찾아내기 위해 선별과 평가 테스트, 검토 등을 하게 된다. 고용 전 선별을 실시하는 것에 대하여 많은 업체가 이직률을 줄이고, 업체의 안전을 보장하며, 재능 있는 종사원을 선발하는 데 도움을 준다고 생각하고 있다. 다음 항목은 고용 전 단계에서 검토할 수 있는 사항이다.

- **기술 및 적성 검사**

- **음식과 서비스 평가**

- **성격 테스트**

- **경력 확인**

- **약물 검사 확인**

▨ 적임자 고용

바람직한 고용 활동은 성공의 기회를 증가시킬 수 있다. 종사원을 선발할 때 도움이 될 만한 지침을 모아보았다.

- **필요시 여러 차례 면접 수행**

  첫 번째 인상이 잘못될 수도 있고, 2차(또는 3차) 면접에서 새로운 사실을 발견할 수 있다. 2차 면접을 실시한 후 임금을 결정하도록 한다.

- **신원 확인**

  신원을 확인하지 않는 것은 심각한 비용 낭비를 가져올 수 있다. 능력이 없거나 결근을 수시로 하는 직원을 고용할 수도 있고, 그 직원이 다른 종사원에게 상해를 줄 가능성도 있다. 미국의 구직자 통계를 살펴보면,

- 구직자의 51%가 이전 근무 기간과 봉급을 다르게 기재하였고,
- 구직자의 45%가 전과 기록(구속은 아니지만 유죄판결)을 속였으며,
- 구직자의 33%가 운전 면허를 속였다고 한다.

• **신입 직원의 업무 시작 이전에 다른 지원자에게 결정 사항을 통보하지 말 것**

최종 선발된 지원자가 마지막 순간에 마음을 바꿀 수 있다. 차선의 선택을 할 경우 당사자가 알게 된다면 기분이 좋지 않을 것이다.

▨ 임금 절감

현명한 경영자는 각종 공제, 정부기관의 프로그램, 기업 보조금 및 비용 절감 기회에 대해 잘 알고 있다. 이 중에는 쉽게 이용할 수 있는 것도 있지만, 많은 노력과 복잡한 문서 작업이 필요한 것도 있다. 이러한 직접적, 간접적 절감은 결국 예산을 통제하는 데 쓰이게 된다. 다음에 제시하는 사항은 인건비를 절감할 수 있는 유용한 자료와 아이디어이다. 회계사, 세무사, 변호사에게 현재의 정보를 주고 적용 가능성에 대한 조언을 구해보도록 한다.

- **종사원에게 복리후생 제공**

  종사원이 고용주에게 받는 편익 가운데 현금이나 금전적 보상을 제외한 것을 부가급부 또는 복리후생이라 한다.

- **세금 절감으로 얼마나 더 '얻을 수' 있는가를 알려줄 도표와 종사원용 자료 작성**

  개발한 자료를 고용과정이나 오리엔테이션에 활용하여 현금 급료보다 부가급부의 장점을 이해시킨다.

- **정확한 초과 수당 지급**

- **보상금 검토**

  연구에 의하면, 미국의 경우 많은 업체에서 종사원에게 보상을 과다 지급하고 있다고 한다.

- **시간 엄수**

  근무시간 기록을 잘하면 7% 정도의 인건비를 절감할 수 있다. 지문인식 시간체크 시스템을 이용하면 정확히 관리할 수 있다.

▣ 세금 공제

- **전문가 의견 참고**

  비용을 줄이는 첫 단계는 능력있는 공인회계사를 고용하는 것이다. 임금에 관한 업무는 대부분 법원의 규정, 국세청 등의 법률을 엄격히 준수해야 하기 때문이다.

▣ 할인 및 보조금

- **업계, 점포, 지역사회 기관과 연계**

  이러한 연계를 통해 종사원에게 보험, 복지 프로그램, 인센티브 계획, 훈련과 은퇴 패키지 등을 낮은 비용으로 공급할 수 있다. 지역별 음식업 협회 및 중소기업청의 자료를 찾아보도록 한다.

- **지역 상인과 물물 교환**

  종사원에게 보상책으로 사용할 만한 피자, 영화표, 공연 관람권 등이 포함된다. 세무사에게 세금 부과에 대한 사항과 기록 유지가 필수적인가를 알아보도록 한다.

- **종사원의 은행 이용을 위해 은행과 연계**

  무료 상담, 할인 대출 서비스, 자동화된 임금 이체 등이 포함된다.

- **신용조합 가입**

  종사원에게 저렴한 재무 서비스를 제공할 수 있다.

- **무료 생활강좌 제공**

  은행가나 투자 상담가를 초빙하여 저축, 대부, 투자, 퇴직, 주택장만 등 무료 재무관리 정보를 제공한다. 비영리 조직이나 정부기관을 통해 자녀 교육, 보육시설 선택, 건강 문제에 대한 강좌를 운영하는 것도 좋은 방법 이다.

▣ 정부 고용 프로그램

소외 집단의 고용을 높이기 위하여 정부기관에서 취업 보조금, 세금 면제, 훈련 등을 제공한다. 업체가 위치한 지역과 제공하는 급부의 종류에 따라 정부 기관에서 다양한 재정 지원 프로그램을 지원한다.

지역 상공회의소, 소상인 연합, 복지부, 산업자원부, 노동부, 회계사 등을 통 하여 고용 프로그램, 보조금, 세금 감면 등이 있는지 알아본다. 국세청(www. nts.go.kr)에서 세금감면과 정보를 얻을 수 있다. 연소근로자, 고령자, 모성보호 에 관한 내용은 노동부 홈페이지(www.molab. go.kr)에서 찾을 수 있다.

▣ 장애인 고용법

우리나라는 장애인 고용촉진 및 직업재활법에 근거하여 장애인 의무고용사 업장(50인 이상)과 국가 및 지방자치단체의 정원 중 2% 이상을 장애인으로 의 무고용토록 하고 있다. 만일 장애인 의무고용을 이행하지 않는 경우에는 장애인 고용부담금을 납부토록하고 있으며, 장애인 고용사업주에게는 장애인용 작업 시설과 특수설비 자금을 지원하고 있다. 자세한 내용은 노동부 홈페이지에서 장애인 관련자료(http://molab.go.kr/oneclick/work22/sub01_02.jsp)를 참고한다. 미국의 경우, 관련 잡지의 자료에 의하면 급식산업에서 '평가절하된 인력'으로 5천만 명의 장애인이 있다고 한다.

▨ 눈에 보이지 않는 임금 절감

전표류 작성시간, 세금 계산, 급료 명세서 작성, 급료 기록 유지, 임금 및 부가 급부 프로그램 관리, 세금 준비 등에 시간과 돈이 사용된다. 서류 작업과 비용의 감소를 위한 아이디어와 유용한 자료를 소개하고자 한다.

- **임금관리 업체 고용**

  자체적으로 회계 장부를 작성하는 경우라도 임금 관리를 외주하면 세금 관리에 대한 걱정을 덜게 되어 현명한 선택이 된다. 전문가를 고용할 때의 장점은 문제가 발생했을 때 책임을 진다는 것이다. 책임 소재에 대하여 반드시 확인을 해야 한다.

- **온라인 임금관리 검색**

  온라인상에서 '임금 서비스'라는 검색어로 은행, 전국적 서비스 회사, 지역 컨설턴트, 웹 기반 솔루션을 검색해본다.

- **임금/인적자원 관리 소프트웨어 구입 및 이용**

  에러 발생시 책임여부를 확인한다. 인적자원 관리 프로그램을 구입하거나 온라인상에서 이용할 수 있다. 직무 기술서 서식을 인력관리에 활용한다.

- **인적자원 지원 및 서류작업 담당자 고용**

  인적자원 관리 컨설턴트와 인력 서비스 공급자는 고용 광고부터 면접, 임금 및 복리후생 계획까지 검토해줄 것이다.

- **임금 지급 주기 변경**

  주급을 월급으로 바꾸게 되면 급료 회계비용을 감소시킬 수 있다. 종사원이 1개월 기준을 꺼린다면 2주에 1회로 변경한다.

레스토랑 원가관리 노하우

4 종사원 교육 · 훈련

▨ 교육과 성공

교육 · 훈련은 비용이 많이 소요되므로, 가장 좋은 방법은 경력자를 고용하는 것이다. 높은 임금이나 유리한 복지혜택을 제공하여 장기적으로 비용을 줄일 수 있다. 인적자원이 우수하다면 신입사원 고용시 실시하는 오리엔테이션만으로도 개인적인 목표 수립과 고용주의 기대 전달이 가능하다. 그러나 훈련이 안된 종사원을 고용하여야 할 상황이라면 업체의 표준에 도달하도록 숙련도를 높여야 한다.

▨ 교육에 대한 투자

- **교육에 시간과 자본 투자**

  생산성 증진, 매출 증대, 품질을 향상시킨다.

- **종사원 업무시간 중 훈련시간을 적절한 수준으로 할당**

  훈련 이후 향상된 생산성이 훈련시간을 보완할 수 있다.

- **이상적 직무 기술서 = 교육훈련 확대 = 생산성 증대**

■ 교육·훈련의 필요성

- 준비되지 않은 종사원은 만족감을 느끼지 못하고 이직이 많아진다.

- 비숙련 또는 훈련을 받지 못한 종사원은 낮은 생산성, 낮은 서비스, 낭비, 비효율성 등 비용 증가의 원인이 된다.

- 교육·훈련의 부족으로 종사원은 나쁜 태도와 작업 습관을 갖게 된다.

■ 훈련담당자 교육

신입 사원을 경력 직원에게 인계하는 것만으로 제대로 훈련되기를 기대해서는 안 된다. 첫 단계는 훈련담당자를 교육·훈련하는 것이다. 훈련담당자는 일반적인 종사원 교육·훈련과 식품위생 교육에 대한 내용을 알아야 하므로, 지역이나 관련단체의 세미나 등 교육프로그램에 참여하도록 한다.

■ 업소의 교육 필요성

교육이 올바로 수행되었든 그렇지 않든 비용은 발생한다. 따라서 조직의 요구를 충족시키고 최대의 효과를 거둘 수 있는 프로그램을 개발하여 투자 효과를 극대화하여야 한다.

- **현재의 종사원 파악**

현재의 종사원이 갖고 있는 특성 중 어떤 부분을 향상시켜야 할 것인가? 그들이 배우고자 하는 것은 무엇인가? 이러한 사항에 대해 함께 의견을 나누고, 직무 기술서에 할당된 기술항목과 현재 그들이 갖고 있는 기술상의 차이를 검토해본다. 어렵게 느껴지는 업무는 교육·훈련을 통해 향상시켜야 한다.

- **교차 훈련**

  교차 훈련(cross-training)이란, 종사원에게 자신의 정규업무 이외의 업무 또는 특별 업무를 가르치는 것이다. 이 방법은 소규모 업체에 유용하다. 교차 훈련을 받은 종사원은 타 직무에 결원이 생기거나 경기 침체로 업무가 통합된 시기에 매우 유용하고 업무 수행의 지루함을 방지해줄 수도 있다.

■ **훈련 분야**

레스토랑 종사원에게 다음과 같은 전문 분야의 훈련이 유용할 수 있다.

- **컴퓨터**

  개인용 컴퓨터, 음악 및 조명 컴퓨터 시스템, 컴퓨터화된 기기

- **소프트웨어**

  포스(POS : Point-of-sale) 시스템, 시간 관리, 스케줄 관리, 재고 관리, 예약 시스템

- **언어**

  외국인 노동자에 대한 한국어 교육, 고객과 대화할 수 있는 외국어

- **안전**

  음식 및 주류, 개인과 작업장 안전(사고예방, 상처, 인체공학), 도난방지

- **법규**

  차별행위, 성희롱

- **구매**

  재고 관리, 쓰레기 관리

- **리더십**

  문제 해결, 동기부여

- **인적자원 관리**

  문제 종사원 관리, 규율, 고용, 해고, 성희롱, 차별방지, 다양성

- **시간 관리**

  시간 관리를 통한 생산성 향상

- **의사소통 기술**

  또래 집단, 종사원-고용주, 고객 접점, 전화 응대 기술, 문법, 어휘

- **고객 서비스, 판매 기법**

  고객 불만 없이 판매량 증가시키는 법, 불만고객 응대, 고객관계 형성

- **에티켓**

  개인, 전화, 문화적 차이

▨ 목표와 기대 수준

신입 사원 오리엔테이션을 통해 업무 수행에 대한 고용주의 기대를 알리고, 생산성과 수행 목표를 수립한다. 목표와 기대 수준은 미래의 종사원 평가, 보너스 체계, 임금 인상 검토시 기준 척도로 이용된다.

- **업소별로 종사원 업무 수행 표준을 수립**

  기대수준을 설정할 때는 세부적인 사항까지 검토한다. 미국 맥도날드의 종사원 표준자료(www.mcdonalds.com/countries/usa/careers/expect)를 참고할 수 있다.

- **종사원의 경력 개발**

  목표라는 것은 '종사원 1인이 1시간에 7테이블 24명의 고객을 서빙하지 않으면 승진할 수 없다'라고 규정하는 것에 그쳐서는 안 된다. 종사원의 경력 개발을 위해 합심하여 노력하여야 한다. 외식산업에서 경력은 대부분 직장 내 훈련(OJT)에 기반을 두고 순서대로 승진한다. 훈련생을 유능한 요리사나 관리자로 변화시킬 수 있다.

- **보상 및 인센티브 설정**

  보상체계와 인센티브를 제공하면 종사원의 목표 달성에 도움이 될 수 있다.

- **종사원의 성공과 부서/조직의 성공의 연계**

  종사원은 책임이 많아질 경우 자신이 받아들이는 방식에 따라 조직의 성공에 차이가 날 수 있음을 이해해야 하며, 공익을 우선해야 한다. 이것을 직무에 대한 '소속감'이라 부른다.

- **일정과 마감 일자 설정**

  마지막 순간까지 업무를 미루게 되는 것은 인간 본성이다. 마감일자를 정하고 정기적으로 수행 평가를 실시함으로써 능동적으로 목표를 성취할 수 있다.

● 목표 달성을 위한 도구와 자원 제공

관련 서적을 제공하는 단순한 지원에서부터 교육 보조금까지 제공할 수 있다.

● 공동의 목표 수립 및 실행 요청

종사원이 동의한 목표 및 기대 수준을 기록한 문서의 사본을 종사원에게 전달한다. 서명을 받은 복사본을 종사원 인사 파일에 보관한다.

▦ 품질, 생산성, 수행 표준

적절한 훈련과 수행 평가를 위해 각 직무 기술서마다 표준을 설정하여야 한다. 다음 사항은 훈련, 숙련, 동기부여에 대한 지침이 될 수 있다.

● 품질 표준

품질 표준을 직무 기술서에 기재하고 직무 훈련을 위해 실연할 때 최선을 다하도록 한다. 종사원에게 디너 샐러드(무게, 측정방법, 기타 음식관리 규격)에 대해 말로 설명하는 것보다 보여주는 것이 더욱 좋다.

● 수행 표준

수집한 수행 표준 정보는 훈련, 동기부여, 종사원 평가의 기초로 사용할 수 있다. 이 기준 수립시 인적 요소의 특수성이 고려되어야 한다. 기계만이 같은 시간 동안 같은 방식으로 동일한 직무를 수행할 수 있다.

● 가이드라인으로서 직무 표준

직무 표준은 무기나 위협 수단이 아니라 가이드라인일 뿐이다. 따뜻한 미소를 표준 때문에 줄여서는 안 된다.

● **표준의 문서화**

　표준은 서면으로 작성되어야만 한다. 운영 매뉴얼과 직무 기술서에 포함되어야 하며, 도표로 만들어 벽에 걸어놓는다. 종사원 또는 교대조 간 수행력 향상 정도를 평가하여 경연대회나 보너스 프로그램의 자료로 사용한다.

■ 생산성 표준

　패스트푸드 업계에서는 고객이 들어오는 시간에서 나가는 시간까지 초단위로 관리한다. 패스트푸드 레스토랑의 30초는 연간 수백만 원으로 환산될 수 있다. 레스토랑의 생산성 표준을 수립하는 유용한 방법으로 다음 사항을 활용할 수 있다.

● **데이터 수집과 분석**

　데이터가 정확할수록 더 정밀한 표준 설정이 가능하다. 시간을 갖고 전 직원의 협조를 얻어 생산성 표준을 수립한다.

● **실제적인 현실 상황을 이용한 연구**

　업체 대표와 생산성 컨설턴트는 시간과 동작 연구를 통해 인체공학을 실천하고 낭비되는 시간과 동작을 검토하도록 한다.

● **다른 정보원에서 데이터 수집**

　신용카드 거래시간 기록지, 포스시스템과 재고 기록, 기기 타이머와 계산기 이용, 시간 기록계 등에서 다양한 데이터를 수집할 수 있다. 서비스 종사원과 조리사는 업무 중에 정보를 모을 수 있다. 예를 들어, 저렴한 계수기를 구입하여 걸음수를 계산한다.

- **'업계 표준'에 의존하지 말 것**

  조리 제공하는 음식, 시설 규모, 배치, 기기 등은 업소마다 다르다.

- **현실적인 최소 실행 수준 설정**

  훈련생과 경력 직원에게 같은 실행 수준을 기대할 수 없다. 그러나 모든 종사원은 최소 실행 수준을 달성할 수 있어야 한다.

- **단계적 수행 표준 수립**

  최소 표준 단계부터 시작하여 '경력' 단계, '전문' 단계를 추가한다. 추가된 단계는 인센티브 프로그램에 활용할 수 있다.

- **가장 생산성 높은 종사원을 최적 표준 설정시 이용**

  어떤 종사원도 근무시간 내내 능력을 100% 발휘하는 것은 불가능하다. 최적 생산성 표준과 비교하여 가능한 한 높은 평균을 목표로 설정한다. 업무의 특성과 종사원의 경험에 따라 최대 능력의 75% 정도를 허용 수준으로 잡는 것이 좋다.

- **표준은 특정 시간 동안 달성 가능한 업무량**

  예 : 가장 바쁜 2시간 동안(오전 8:30~10:30, 오후 2:30~4:30, 오후 11:30~전 1:30) 식기세척기에 식기류 25랙을 세척, 건조, 분류하여 C 저장고에 놓는다.

▣ 훈련 계획

업소의 표준과 직무 기술서를 준비하고 각 직무별 훈련 계획을 개발한다. 이렇게 함으로써 훈련이 끝날 때 신입 직원이 습득해야 할 기술과 직무, 행동 등을 명확히 할 수 있다.

- **직무 기술서 분석**

  수행하여야 할 특별한 책무와 필요한 기술을 규명한다. 책무는 가장 기본적인 것부터 가장 자세한 사항까지 목록화한다.

- **학교 교육과 차별화**

  훈련은 모든 사람이 떠나고 싶어하는 고등학교 수업과 차별성이 있어야 한다. 학교는 사실을 기억하도록 하지만 실제적인 기술은 가르쳐 주지 않는다. 직접적으로 체험하고 대변하는 방법이 기술을 습득하는 데 가장 좋은 방법이다.

- **참여 및 실습 시간 배분**

  종사원이 새로운 직무를 배우는 가장 빠른 방법은 직무 중 실연하고, 즉시 연습하는 것이다.

- **고객과 접촉할 신입직원에게 역할 훈련 실시**

  신입직원이 실제 고객을 응대하기 전에 자신의 책무를 잘 이해하고 있는가와 고객을 잘 다룰 수 있는가를 확인한다. 예를 들어, 누군가 고객의 역할을 담당하여 신입직원을 테스트해 본다.

- **테스트**

  식품 취급 및 위생에 대한 법규를 종사원이 이해하고 준수할 수 있는지 반드시 테스트하여야 한다. 잘 알려진 문구에 '무지는 무례가 아니지만 돈이 많이 든다'라는 글이 있다.

- **질문**

  "질문 있습니까?"는 사람들이 알고자 하는 사항을 알 수 있는 단순하고 강력한 방법이다. 이외에도 "우리가 논의하지 않은 사항이 있습니까?" 또는 "다시 검토해야 할까요?"라고 질문해본다. 질문에 답하는 사람과 모든 질문에 대해 격려한다.

■ 즉각적 실행

비록 경력있는 종사원일지라도 훈련은 필요하다. 종사원들이 월요일 아침에 출근하여 바로 직무를 수행할 것으로 기대할 수는 없다. 지금부터 시작할 준비를 해야 한다.

• 오리엔테이션

오리엔테이션은 첫 번째 훈련이며, 운영 매뉴얼을 건네주는 것만으로는 안 된다. 고용주와 종사원의 의사소통이 오리엔테이션에서 시작된다.

• 전달

종사원에게 회사의 목표와 종사원의 성과가 고용주와 팀에 얼마나 중요한가에 대해 알려준다. 또한 종사원의 발전을 위해 고용주가 지원하고자 하는 사항과 회사와 함께 미래를 설계할 때의 장점을 전달하도록 한다.

• 기억

단조로운 교육을 반복하지 않고 오리엔테이션을 여러 날로 분산시킬 수도 있다.

• 유머 사용

유머에 관한 서적과 인터넷 자료를 이용한다.

• 전문용어 및 비속어를 사용하지 말 것

신입직원은 질문을 잘 하지 않으며, 간단하게 하지 않으면 핵심을 놓칠 수 있다.

- **시범**

  의사소통이 잘 안 되면 생산성이 낮아지고 위험한 상황을 만들 수 있다.

- **중요 주제를 먼저 포함시킬 것**

  종사원이 알고자 하는 것을 먼저 언급한다.

  - 어떻게 임금을 받는가? 타임 카드를 작성하고 제출하는 방법을 알려주도록 한다. 임금 지급 주기, 급부금 공제 등을 설명해준다.
  - 누구에게 보고해야 하는가? 직접, 간접 감독자의 관계를 명확히 알려준다.
  - 누구에게 질문해야 하는가? 신입직원에게 다른 사람을 소개할 때 전문 분야와 임무를 알려준다.
  - 어떻게 일해야 하는가? 기기에 대한 훈련에 시간을 분배한다. 훈련이 부족할 경우 생산성에 영향을 준다.
  - 직장의 전화나 시계에 대한 내용을 간과하지 않도록 한다.
  - 부정행위에 대한 자료를 제공하여 참고할 수 있도록 한다.
  - 인체공학과 안전에 대한 훈련에 집중한다.

■ 회 의

업무 교대 전에 간단한 모임을 갖고 교육과 종사원의 의견 청취 기회로 활용한다. 우수한 종사원을 칭찬하고 개인사를 공유하는 시간으로 이용할 수 있다. 의사소통을 증진시키고 모두가 참여하는 느낌을 주도록 한다. '사실에 대하여 집중한다'는 느낌이 종사원에게는 매우 중요하다.

- **모든 문제를 해결하려 하지 말 것**

  종사원들이 말하는 것을 듣도록 한다. 그 자리에서 중요한 사안에 대한 해결책을 제시할 필요는 없다.

- **문제 해결을 팀의 과제로 만들 것**

    이전 모임에서 제기된 문제의 해결안을 실행하도록 한다. 관리자가 종사원의 의견을 유심히 듣고 직무 향상을 위해 노력한다는 것을 종사원이 알게 되면, 놀랄만한 해결책을 종사원 스스로 만들어낼 수 있다.

- **신뢰 창출**

    질문 시간에는 종사원들이 아무 말도 하지 않고 회의가 끝난 후 불만을 이야기하는 것을 듣게 된다면, 종사원들의 신뢰를 받지 못하는 것이다.

▨ 조리 · 외식 관련 교육 프로그램

조리 · 외식 관련 교육기관과 연계하면 재능있는 학생들을 선택할 수 있다. 종사원을 발굴하기 위하여 고등학교와 전문대학 및 대학교 프로그램 및 지방 노동기관을 찾는 것이 도움이 될 수 있다. 조리 · 외식 관련 교육기관은 한국외식연감이나 인터넷을 참고한다.

▨ 직장 내 훈련(OJT)

레스토랑 종사원의 직장 내 훈련을 위해 관련 서적, 비디오, 훈련 프로그램을 구입하여 사용한다. 국내 종사원 교육 비디오는 http://info.foodbank.co.kr에서 찾아볼 수 있다. 외국자료로는 애틀랜틱출판사(www.atlantic-pub.com)의 책, 비디오, 훈련 프로그램과 푸드서비스코스 이-러닝(e-Learning) 및 CD롬(www.tapseries.com) 등을 구매할 수 있다.

5 종사원 감독

▨ 리더십

리더는 생산적인 종사원을 창출하고 유지한다. 다이아몬드 원석으로 작품을 만들 준비가 되어 있는가?

● 훌륭한 상사

종사원이 직장을 떠나는 2가지 이유는 인정받지 못한다고 느끼거나 상사가 싫어서이다. 훌륭한 상사는 저절로 되지 않으며 독서, 교육과정, 훈련 비디오 등을 이용하여 좋은 상사가 되는 방법을 터득해야 한다.

● 훌륭한 리더 선발

사업 규모가 커질수록 관리자 수가 증가하므로 훌륭한 리더를 확보해야 한다. 좋은 리더는 좋은 선생님이다.

▨ 솔선수범

리더십은 관리자의 행동과 태도로부터 시작된다. 레스토랑의 목표 달성을 위하여 관리자는 우수한 고객 서비스와 생산성을 달성해야 한다. 종사원에게 이 기준을 강조하기 위한 몇 가지 방법은 다음과 같다.

- **정기적인 홀 순회**

  고객이 무엇인가를 요구할 때 직접 서빙한다. 고객은 매니저에게 서비스를 받은 것에 감명을 받고, 종사원은 매니저가 기꺼이 돕고자 했음을 기억할 것이다.

- **주방에서 음식이 늦어질 때 즉각적으로 참여**

  만일 늦는 일이 반복된다면 원인을 찾아 해결해야 한다.

- **종업원 감독**

  연회 관리자는 서비스 종사원의 업무량을 파악하고 고객을 할당하는 역할을 한다. 고객의 총 수보다는 단체고객 서빙의 어려움을 고려하여 담당 종업원을 배치하도록 한다. 예를 들어, 어린아이가 있는 그룹은 같은 수의 성인보다 서빙이 어렵다.

- **조력을 가르침으로 변화시킬 것**

  매니저가 테이블을 치울 경우, 종사원을 잘 선발했다면 다음 상황에서는 매니저가 하기 전에 미리 종사원이 처리할 것이다.

- **수행 표준에 도달하지 못한 종사원 교체**

  적절한 훈련과 격려를 해주고 그래도 따라오지 못하는 경우 면담을 실시한다. 그러나 표준 수행 수준에 도달하지 못한다면 해고가 필요하다. 면담을 실시한다는 것은 공정함을 부여하는 행위이며, 그럼에도 직무를 해내지 못하는 종사원을 내보내는 것은 회사와 다른 종사원에 대한 약속을 보여주는 것이다. 훌륭한 종사원일지라도 타인의 직무까지 담당할 수는 없는 것이다.

▣ 권한 부여

가장 강력한 도구 중 하나는 사람들에게 권한을 부여하는 것이다. 경영자 처럼 일하는 종사원은 이익 창출 동기와 생산성이 우수하다. 권한을 부여받은 종사원으로 형성된 팀은 전체를 위해 일하게 된다. 이윤에 기반을 둔 인센티브 프로그램을 만들고, 근로 태만과 낭비가 모두에게 손해가 된다는 것을 알린다.

• 팀 구성에 대한 학습

팀 형성, 권한 부여, 권한 위임에 관련된 서적 및 인터넷 자료를 참조하도록 한다.

• 레스토랑 운영비용에 대한 종사원의 이해

수도광열비, 임대료, 보험, 식음료 재료비 등의 청구서를 종사원들에게 보여준다. 업소의 운영에 상당한 비용이 소요된다는 것을 이해하면 원가 절감에 더 주의하게 된다.

• 시간을 절약할 수 있는 절차 및 아이디어 검토

경영자, 서비스 종사원과 함께 경제적 측면에서 레스토랑 운영의 바람직한 방안을 선택한다. 인건비와 관련된 변화를 추진할 때 가장 중요한 것은 당사자들이 모두 참여하도록 하는 것이다.

▣ 종사원 동기부여

종사원의 동기부여는 첫 면접부터 시작되는 지속적 과정이다. 리더는 종사원에게 동기를 부여할 수 있는 요소를 찾아내고, 경영자는 생산성을 증가시키고 자원을 현명하게 운용할 책임이 있다.

• 종사원 동기부여의 의미

종사원 동기부여는 동반자적 태도를 발전시키고, 동료 의식과 팀 정신을 고취하는 역할을 한다. 또한 종사원의 태도를 개선하고 성장할 수 있도록 자극하고 도전 기회를 제공하는 것을 포함한다. 긍정적 행위에 대한 보상을 실시하고 모범을 보이며 헌신과 충성도를 고취하도록 한다.

• 동기부여 요인

경영자 대상 설문조사에 따르면 종사원 동기 부여 요소로 '급료 인상'이 가장 많은 응답을 보였다. 그러나 종사원에게 같은 질문을 했을 때 금전적 보상은 중간 정도였다. 종사원은 동기유발 요인으로 흥미로운 업무, 공정한 평가와 인정, 소속감, 직업의 안정성, 많은 급료의 순으로 답하였다. 이런 요소는 모두 주관적인 것이며 상황에 따라 순위는 달라질 수 있다. 그렇다면 당신은 어떻게 종사원의 견해를 파악할 수 있을 것인가? 종사원에게 알아보면 된다.

▣ 직무에 대한 흥미

일반적으로 레스토랑의 업무는 별로 흥미롭지 않다. 그렇다면 어떻게 할 것인가?

• 훈련을 통한 종사원 자극

레스토랑은 항상 할 일이 많으므로 세척 담당자에게도 주방에서 나오게 하여 새로운 기술을 가르칠 수 있다. 명성 높은 쉐프도 바닥청소부터 출발했다.

• 더 많은 책임 부여

책무를 확장하고 더 많이 권한을 위임한다.

▣ 종사원의 태도

어떤 경영자는 종사원을 다룰 때 곡마단장의 역할을 한다. 곡마단장이 사자를 채찍으로 훈련시킬 수 있는 것은 아주 짧은 시간이고 사자는 곧 으르렁거린다. 곡마단장의 모자를 써야 할 때와 어릿광대의 걸음걸이가 필요할 때가 있다.

• 곡마단장으로서 경영자의 직무

경영자는 종사원의 태도를 관찰하고 조직에 어떤 영향을 주는가를 알아낸 후, 이 문제가 훈련의 문제인지 태도의 문제인지를 판단하여 바람직한 태도를 이끌어내야 한다. '불량한' 태도가 '불량한' 행동이 되면 징계나 해고가 필요하다.

• 정기적인 종사원 평가

종사원은 자신이 무엇을 잘하였는지, 취약 부분을 어떻게 극복할 것인지에 대해 알고 싶어 한다. 스트레스의 주원인은 관심을 받지 못하는 것이다. 정기적인 평가를 통해 직장생활에서 관심을 받는다는 느낌을 주도록 한다.

• 태도 변화 주시

태도의 변화는 당장 관심을 주어야 한다는 신호이다. 태도에 관한 문제는 생산성을 급격히 낮추게 되며, 도난이나 태업을 가져오게 된다.

• 주의깊게 듣고 신호를 무시하지 말 것

기민한 대처가 필요하다. 불량한 태도는 문제가 발생할 수 있다는 신호이므로 시간을 투자하여 종사원을 좌절하게 하는 원인을 찾아야 한다.

• 생산성 관련 문제의 원인

태도의 문제 중에 실제로는 훈련 문제인 경우가 있다. 이에 대해 현명한 관리자는 다음과 같이 말한다. "머리에 총을 겨눌 때 할 수 있는 일은 태도의 문제이다. 그 상황에서 할 수 없는 모든 일은 훈련과 관련된 문제이다."

● **단호한 행동**

썩은 사과 하나가 한 통을 오염시킬 수 있다는 말이 있다. 불량한 태도는 조직 전체를 오염시키므로 징계나 해고 조치를 해야 한다.

▨ 도전하는 종사원 양성

생산성 높고 서비스 지향적인 종사원은 저절로 만들어지는 것이 아니라 훈련을 통해 양산된다. 올바른 태도를 가진 종사원을 채용하여 적절하게 훈련시키고, 훌륭한 성과에 대하여 보상을 하고, 성공적인 팀이 되도록 올바른 방향을 제시하여야 한다.

● **최고 수준의 요구**

기대 수준과 표준을 높게 수립하여 달성하게 되면, 종사원은 자기자신에게 놀라게 될 것이다.

● **먼저 변화하라.**

종사원에게 레스토랑을 발전시키기 위해 변화하는 모습을 보여주면, 작은 변화라도 유도할 수 있다. 종사원이 변화를 기대하고 변화에 익숙해진다면, 더 큰 변화도 빨리 수용할 수 있다.

● **어리석은 질문은 없다.**

종사원에게 질문을 마음껏 하도록 독려한다. 많은 사람들이 어리석은 질문을 할지 모른다는 두려움을 갖고 있다. 이런 현상은 훈련이 불충분하다는 신호이기도 하다.

- **아이디어에 대한 보상**

    창조적인 해결 방안과 비용 절감 방안을 독려하고 보상한다.

- **이유 설명**

    종사원에게 절차에 대한 이유를 설명할 수 있어야 한다. 왜 그 방식으로 해야 하는가에 대해 이해되지 않는다면 자기나름대로 빠른 방법을 선택할 것이다. 이러한 방식이 생산성을 향상시킬 수 있다면 의견을 인정하도록 한다. 그러나 빠른 방식만을 채택할 경우 표준을 낮출 우려가 있다.

리더십 자료

리더십 전문가, 비즈니스 전문가, 상담 전문가가 인력관리 기술 향상에 도움을 줄 수 있다. 대형 서점에도 훌륭한 종사원을 만드는 방법에 관한 최신 자료가 가득하다. 수천 가지의 아이디어가 제시되고 있지만, 종사원을 존중하지 않는다면 그 무엇도 쓸모없다. 종사원을 동기부여할 수 있도록 동기부여와 리더십에 관한 서적을 탐독해보도록 한다.

종사원 관리 규정

종사원 관리 매뉴얼은 다양한 고용 사항을 다루고 있다. 잘 만들어진 매뉴얼에는 다음 사항이 포함되어 있다.

활 동	예
고용주 책무	수행도 평가, 불만 조정, 임금 지급
종사원 복리후생	휴가, 병가, 보험
운영 절차	출퇴근 시간관리, 현금관리
행동 규칙	복장, 자원 낭비, 결근
규율/해고	세부 방침과 행동 근거
종사원 동의	회사 정책 수용 및 이해도 확인

종사원 관리 매뉴얼은 전문가를 고용하여 작성하도록 하고, 배포하기 전에 변호사 등 전문가의 검토를 받도록 한다. 종사원들이 매뉴얼을 읽고 동의했다는 것을 확인하기 위해 서명을 받는다. 매뉴얼을 읽은 즉시 질문을 받는 것이 바람직하다. 매뉴얼에서 사용하는 용어는 종사원이 이해하기 쉽도록 작성해야 한다. 주류를 판매하는 업체의 경우 종사원의 직장 내 음주에 대한 사항도 명시해야 한다.

▣ 종사원의 결근

종사원의 결근은 예상치 않았던 작업의 손실을 가져온다. 결근은 예견할 수 없으므로 생산성과 사기에 직접 영향을 주며 혼란을 유발한다. 결근은 물리적, 감정적 이유에서 발생하게 되고, 종사원의 사기와 업체의 원가를 반영한다. 과도한 결근에 대처하는 5가지 단계는 다음과 같다.

- 결근 비용 계산
- 손실 비용을 예방대책 수립에 투자할 것
- 결근의 실제 이유 파악
- 결근에 대한 방침 수립
- 결근 발생 이전에 사전 조취를 취할 것

▣ 종사원의 문제점

파괴적인 행동, 정직하지 못함, 낮은 직무 수행도, 결근은 업소에 나쁜 영향을 준다. 좋은 종사원이 떠나는 것은 관리가 적절치 못하였거나 다른 종사원의 문제를 즉각적으로 해결하지 않았기 때문이다. 좋은 사람들은 전문적이고 열심히 일하는, 정직성과 서비스가 보상을 받는 직장 환경을 원한다. 생산성과 사기를 유지하는 몇 가지 방법이 있다.

- **타조처럼 머리를 숨기지 말 것**

  이런 관리 스타일은 어떤 경우라도 레스토랑 종사원을 해고하지 않아야 한다는 잘못된 믿음에 근거한다. 발생한 문제를 무시하고 문제를 일으킨 종업원을 그냥 둔다면 다른 종사원들이 떠날 수 있다.

- **소문 무시**

  소문은 항상 부정적이므로 직장 내 소문은 종사원의 스트레스 및 불화의 원인이 될 수 있다.

- **종사원 보호**

  관리자는 안전한 근무환경을 제공할 책임이 있다. 성별이나 종교에 의한 차별과 갈등이 없도록 한다. 사소한 불만도 작업장에서는 폭력으로 변할 수 있다.

- **해고를 무기로 이용하지 말 것**

  관리 스타일이 부족할 때 발생한다.

- **부정적인 피드백은 개인적으로 전달**

  종사원은 동료와 의기투합하여 관리자를 적대적 관계로 돌릴 수 있다. 이러한 생각이 확대되는 것을 막기 위해 징계 조치는 개인별로 시행한다.

- **처벌은 잘못에 상응하여 적용**

  인사관리 매뉴얼에 징계 조치 및 해고에 대한 근거를 수립해 놓는다.

- **종사원 간 갈등 조정**

- **종사원의 스트레스에 관심을 기울일 것**

● **종사원 문제에 관한 법적 사항 이해**

▥ 징 계

종사원 징계는 관리자가 선호하지 않는 임무이다. 그러나 징계조치가 취해지지 않으면 종사원은 관리자와 동료, 고객을 무시할 수 있다.

- **문제가 심각해지기 전에 조치를 취한다.**

- **일관성과 공정성을 유지한다.**

- **관련 법규를 위반하지 않도록 전문가의 검토를 받고 신중하게 실시한다.**

- **징계조치를 문서화한다.**

- **발전을 위한 코칭이 되도록 한다.**

- **위반사항에 대한 처벌조항을 만들고 고용계약서에 구체적 사항을 명확히 설명하도록 한다.**

▥ 해 고

매니저는 직장에서 분열을 유도하고, 비생산적이며, 규정을 준수하지 않는 종사원을 해고시킬 책임이 있다. 나쁜 종사원을 계속 고용하는 것은 팀 생산성에 영향을 준다.

- **인기있는 종사원은 신중하게 해고할 것**

  해고 사유가 공정하다면 종사원들이 문제점에 대해 더 잘 알고 있을 것이다. 업소에서 잘 지내는 종사원의 경우에 관리자는 징계 조치를 망설이다가 행동이 심각해질 때까지 해고를 미루는 경향이 있다. 지연은 다른 종사원에게 스트레스를 주며, 업소의 명성까지 낮추게 된다.

- **지원체계 구축**

   비록 해고에 관한 기밀사항을 공유할 수는 없으나 종사원들과 지원체계를 구축함으로써 새로운 직원을 선발할 때까지 업무의 공백을 메꿀 수 있다.

- **철저한 조사**

   다른 종사원을 인터뷰해야 할 필요가 있을 때는 철저히 조사토록 한다.

- **부정적 반응에 대한 준비**

   종사원이 행한 잘못된 행위나 수행도 부족에 대해 지도·상담할 때, 종사원의 감정적인 반응에 대한 준비를 해야 한다.

- **즉각적 해고**

   안전 관련 사안(싸움, 위협, 폭력 등), 마약이나 무기 밀매, 절도나 횡령 등의 범법행위, 알코올이나 약물 중독의 경우 징계없이 해고 조치를 취한다.

▨ 종사원의 이직

레스토랑의 이직률은 미국의 경우 연간 최고 200%까지 이른다고 한다. 이직은 종사원의 탐색, 고용, 훈련 비용의 증가를 가져온다. 재고용과 훈련은 생산성 손실과 고객 서비스 하락의 측면에서 매년 수백만 원의 낭비를 가져오게 된다.

- **종사원은 언제나 떠날 수 있음**

   종사원의 이직은 없앨 수 없으며, 그것이 나쁜 것만은 아니다. 이직을 통해 새로운 사람을 만날 수 있고 혁신적 기법, 젊은 분위기, 지혜와 경험,

유행하는 사고, 새로운 기술을 접할 수 있다. 매니저의 목적은 이직을 줄이고 관리하며 새로운 기회로 바꾸는 것이다.

▣ 이직의 원인

훈련 부족, 퇴직, 물리적·정신적 건강 문제, 졸업, 경쟁, 낮은 급료, 태만, 스트레스, 이직, 불량한 태도, 가족 문제, 개인의 성장 욕구, 죽음 등에 의해 종사원을 잃을 수 있다. 이 중 일부는 통제가 불가능한 사항도 있으나 긍정적인 영향을 줄 수 있는 사항도 많이 있다. 종사원이 이직하는 이유를 이해하는 것은 이직을 줄이는 첫 단계이다.

- **종사원에게 듣고 배울 것**

  이런 경우 직원 회의나 상관이 지시를 내리는 자리가 아니라는 것을 명심하도록 한다. 종사원의 가족, 기대사항, 미래에 대한 꿈 등에 관해 시간을 할애하여 질문하고 듣는다.

- **설문 조사**

  종사원 만족도 조사는 문제를 예방할 수 있는 방법이다.

- **인터뷰**

  퇴직 인터뷰는 유용한 정보를 확보할 수 있는 기회이다. 만일 퇴직 종사원이 인터뷰를 원하지 않는다면 컨설턴트를 고용하여 인터뷰, 질문지 등으로 조사할 수 있다. 인센티브를 제공하면 성공률을 높이고 이익을 가져올 수 있다.

▣ 이직 손실 비용

이직으로 인한 손실 비용을 추산한 미국 음식업협회 자료에 따르면, 시간제 종사원은 2,494달러, 관리자는 24,000달러라고 한다. 종사원에게 직업 보장의 안정성과 재무 안전성, 감정적인 지원이 가능한 작업 환경 창출을 위한 투자가 필요하다. 가치있는 종사원 보유에 시간과 돈을 투자함으로써 이직으로 인한 손실비용을 낮출 수 있다.

6 종사원 스케줄 관리

■ 스케줄 작성 단계

● 생산 표준 개발

종사원이 정해진 시간 동안 달성하도록 기대되는 특정 직무(서비스, 조리, 식기세척)의 양(고객수, 식수, 좌석 세팅)을 계산한다.

● 업소의 부문별 작업계획

레스토랑은 각 부문별로 다양한 작업이 수행되므로, 스케줄 작성을 할 때 구체적인 부문별 작업계획도 함께한다.

● 작업 수준에 대한 수요 예측

근무조, 1일, 1주, 1개월 단위로 고객수와 매출액의 변동사항을 고려한다. 작업일자별로 15분, 30분, 1시간 단위로 분리한다.

● 필요한 작업자의 수와 작업시간 결정

예상 고객수를 생산 표준으로 나누어 필요한 종사원수를 산출한다.

● 종사원의 기간과 할당에 대한 요구 반영

종사원의 기술, 능력, 경험에 근거한 직무 할당, 예고된 결근일자, 직무 순환에 대한 요구, 임률, 시간 외 근무 등 법적사항을 고려해야 한다.

● **관리자에 의한 스케줄 승인**

서면으로 작성된 스케줄을 시간당 인건비, 시간당 고객수, 기타 지표로 평가한다.

● **승인받은 스케줄 배포**

종사원에게 유인물로 배포하거나 휴게실이나 사무실에 게시, 웹사이트에 게시, 이메일 등을 이용하여 확실히 알 수 있도록 한다.

■ 스케줄 작성의 기본사항

매니저의 목표는 높은 수준의 서비스를 유지하면서 최소 노동시간 내에 필수 업무를 달성하는 것이다.

● **최소 서비스 수준에 대한 기준 수립**

추가된 종사원이 서비스 품질과 생산성에 어떤 영향을 미치는가를 분석한다. 종사원들은 인력추가를 좋아하지만, 인력이 줄게 되면 불평을 하게 된다.

● **결근**

결근은 정기적으로 잘 운영되고 있는 스케줄을 쓸모없게 만든다. 갑작스런 결근을 통제하는 것이 생산성과 서비스 수준 유지에 매우 중요하다.

● **좋은 데이터와 정확한 수요 예측**

정확한 수요 예측이 가능하려면 과거부터 현재까지의 세부적인 사항을 포함한 좋은 데이터를 이용할 수 있어야 한다.

- **외부 요인의 영향**

  계절, 날씨, 특별 이벤트, 경쟁상태 등이 수요 예측에 중요한 영향을 주
  게 된다.

- **팀의 능력에 대한 이해**

  스케줄 작성시 개인별 기술과 능력을 반영한다. 사람들은 활동/취침 사
  이클을 갖고 있으므로 시간대별로 생산성이 달라진다. 가족단위의 고객
  이 많이 오는 시간에는 소란한 아이들을 잘 다루는 종사원을 배치하는
  것이 좋다.

- **업무 과다(육체적, 감정적 측면)**

  업무가 과할 때 종사원의 생산성은 낮아지며 결국 결근율과 이직률 증
  가로 이어질 수 있다. 지친 종사원은 태만한 서비스, 부정확한 주문, 실수,
  불친절한 서비스로 이어져 업소의 서비스 품질을 낮추고 고객을 쫓아낼
  수 있다. 지친 종사원은 식품위생 사고 발생과 식품의 낭비, 조리 기기
  및 세척기 손상, 안전사고의 원인이 될 수 있다.

- **종사원 과잉**

  종사원이 필요 이상으로 많은 경우 급료가 증가되며 생산성이 감소될
  수 있다. 혼잡한 홀과 주방에서는 업무 수행이 어렵고 서비스 품질이 낮
  아진다.

- **품질과 양의 균형**

  빠르기는 하지만 실수를 잘하고 품질 표준에 부적합한 맛없는 음식을
  조리할 경우가 있다. 품질은 좋으나 조리시간이 오래 걸리는 조리사는 양
  적 표준을 달성하지 못한다.

▨ 스케줄 유형과 패턴

레스토랑 업계는 다양한 스케줄 유형을 사용한다.

● 음식 종류별 생산량 기준

식사시간대, 특정시간, 하루단위로 생산할 품목과 양을 결정하고 이를 기준으로 스케줄을 작성한다.

● 생산장소 기준

생산 스케줄을 각 생산부문(베이커리, 샐러드 등)으로 할당된다. 규모가 작은 업소는 음식 생산 스케줄과 생산구역 작업 지침을 결합시킬 수 있다.

● 종사원 기준(개인 스케줄)

업소의 여러 생산부문에 걸쳐 적용된다. 생산 스케줄은 개인 스케줄과 조화되어야 한다. 홀 부문의 스케줄을 작성할 때는 예상고객수를 종사원의 생산 표준으로 나누어 결정한다.

▨ 많이 사용되는 스케줄 작성 패턴 3가지

● 블록 스케줄

교대의 시작과 끝이 동시에 발생한다. 한 근무조에 속하는 모든 종사원은 같은 시간에 작업을 시작하고 동시에 업무를 마친다. 이 방법은 모든 종사원이 근무하는지, 정시에 퇴근하는지를 파악하기 쉽고 공통의 정보를 공유하기에 용이하다. 영업시간 외에 잠시 문을 닫을 수 있는 레스토랑에서 유용한 방법이다.

● 시간차를 둔 스케줄

직무 패턴과 고객의 수에 따라 종사원의 스케줄이 결정된다. 고객이 몰

리는 시간대에 종사원수를 늘리고 폐점 시간 쪽으로 갈수록 줄이는 방식
으로 블록 스케줄 방식보다 효율적이다.

● **중복 스케줄**

유연한 교대를 위해 근무조 사이에 약간의 시간이 겹쳐지도록 하는 방
법이다. 이때 중복되는 시간은 직무의 종류와 임무에 따라 달라지며 대략
30~60분 정도이다. 종사원들이 작업 정리를 위해 규정 근무시간을 초과
하여 근무하지 않을 수 있다.

▨ 기타 스케줄 작성방법

신규 업소의 경우 과거의 자료가 없으므로 수요 예측이 어렵다. 스케줄의 부
정확성으로 인건비가 증가되거나 표준보다 낮은 서비스를 가져올 수 있다. 계획
되지 않았던 이벤트는 종사원수에 직접적인 영향을 미치게 된다. 예측이 어려운
시점에 활용할 수 있는 방법이 있다.

● **호출 스케줄 방식**

시간제 종사원의 경우 직장에서 호출할 때까지 가정에서 대기한다. 부
르면 즉시 올 수 있는 즉각성이 중요하므로 집에 없을 경우를 대비하여
종사원에게 호출기나 핸드폰을 지급한다. 호출은 종사원들 중에 순환적
으로 실행하며, 급료의 변화는 거의 없고 휴식 시간을 추가 배정받는다.
호출을 받는 시간은 미리 계획되어진다. 수련 종사원 및 신입직원은 수습
기간동안 호출대기에 해당된다. 노동조합 계약서나 고용 규칙에 최소 시
간이 규정되어 있다.

● **조기 퇴근 스케줄 방식**

호출 스케줄 방식과 반대로 고객수가 적어질 때 종사원을 일찍 퇴근시

키는 것이다. 정확한 수요 예측으로 스케줄이 잘 작성되고 있다면, 이 방법은 기상악화 등 비상 상황에만 사용될 것이다. 일찍 퇴근할 사람을 결정할 때는 순번을 정하거나 추첨, 자원 등으로 정한다. 수련 종사원이나 신입직원을 선택할 수도 있다.

- **시간제 근무**

  바쁜 시간대나 수요의 계절적 변동이 있을 경우 추가적으로 시간제 종사원을 계획한다. 시간제나 임시직을 할 사람들의 명단을 작성해 놓도록 한다. 방학을 이용한 고등학생 및 대학생, 은퇴자나 전업주부 등이 있다.

- **교대 파괴**

  종사원이 비연속적으로 짧은 교대를 하는 방식으로 시간제 근무방식과 유사하지만, 종사원 1인이 1주 40시간까지 근무시간을 조정하여 근무하는 형태이다. 해당 종사원은 특정 식사시간대 또는 준비나 세척 시간에 배치된다.

- **단시간 초과 근무**

  초과 근무는 비용이 많이 들지만 비상시나 단기적으로 인력이 필요할 때에는 필수적이다. 초과 근무시 근무 태만과 스트레스를 주의하여야 한다.

▨ 종사원의 부족

숙련되지 않은 매니저는 인건비 절감을 지나치게 의식할 수 있다. 인력을 줄이고 경험이 적은 저임금 종사원에 대한 의존도를 높이면 초반에는 인건비 감소가 가능하다. 그러나 장기적 측면에서는 서비스, 사기, 생산성에 손상을 입혀 업소의 영업이 불가능해질 수 있다. 다음 자료를 이용하여 고용 수준에 문제가 있는지 판단해 볼 수 있다.

- **고객과 대화**

  식사시간에 고객에게 질문한다. 고객서비스 설문도 좋은 방법이다.

- **'암행고객'의 고용**

  전문가에게 레스토랑을 방문케 하여 정보를 모으고, 고객서비스를 보고 하도록 한다.

- **종사원의 부담**

  장시간의 근무 환경에서는 가장 생산성이 높은 종사원을 잃을 가능성이 있다. 지나치게 일을 많이 하는 종사원은 불만을 갖게 되고, 불평을 하지 않더라도 근로 의욕을 잃고 떠날 수 있다. 동료직원과 갈등을 유발할 수 있으며 결국 이직의 원인이 된다.

- **비용의 상승**

  종사원이 부족한 경우 인건비를 절감하는 대신 생산성과 고객 손실로 인해 더 많은 비용이 소요될 수 있다.

- **고객의 감소**

  고객의 대기 시간은 레스토랑에 따라 다르다. 평일 점심식사 때 고객의 대기시간에 대한 기대는 휴가 리조트에서와는 상당히 다를 것이다. 패스트푸드 업소의 경우 대기 시간은 고객에게 매우 중요한 사항이 되며, 고객은 서비스가 늦어질 때 오래 기다려주지 않는다.

▨ 종사원의 과잉

종사원이 필요 이상으로 많은 경우 인건비 이외에 많은 부문에 영향을 준다.

- **파킨스 법칙**

  "업무란 업무 달성에 주어진 시간이 다 될 때까지 계속된다." 만약 누군가에게 1시간에 할 업무를 2시간을 준다면 2시간이 걸린다. 두 사람이 한 사람의 업무를 할당받으면 두 사람의 시간이 소요된다.

- **종사원의 업무 달성 시간 지연이 작업 습관과 태도 불량으로 이어짐**

  종사원이 많았던 경우 그 후 업무량이 증가하게 되면 종사원은 저항하게 되고 수행력 수준을 낮은 생산성 표준에 맞추게 된다. 심지어 자신이 지나치게 많은 일을 하는 것처럼 느끼게 되며, 작업 시간을 맞추기 어렵다고 인식한다.

- **불필요한 종사원의 태만한 근무로 인한 산만성**

  종사원 간의 잡담은 고객의 요구를 방해하게 된다. 분위기가 느슨해지면 서비스가 저하되다가 냉담해진다.

- **신체적·정신적 피로 유발**

  지루함과 시간을 허비하는 습관 때문에 피로해지며, 결국 매니저가 인건비를 줄이게 되므로 종사원의 사기도 떨어진다.

스케줄 작성 요령

유용하게 사용할 수 있는 스케줄 작성 방법은 다음과 같다.

- **고용 수요 결정을 위해 현재의 유효노동력 계획 작성**

  종사원 추가 고용이 필요한가를 계산한 후 결정한다.

- **업소의 업무량 파악**

  업무 활동 정도에 맞추어 인력 스케줄을 잡는다.

- **부문별로 나누어 활동 수준을 파악**

  부문별로 활동 수준이 다를 수 있다. 가장 인력이 필요한 시간은 주방
  의 경우 9~13시, 서비스 종사원 11~14시, 세척부문은 12~15시이다.

- **부문별로 다양한 유형의 활동이 하루 종일 실시됨**

  일반적으로 음식이 제공되기 전까지는 주방 업무가 가장 많다. 세척부문
  의 활동은 서빙부문의 15~45분 후에 가장 많다.

- **고객 흐름에 따른 스케줄**

  고객이 많은 피크 타임 때 더 많은 종사원이 필요하고, 고객이 없을 때
  에는 종사원이 많이 필요치 않다.

- **서비스 혼란을 최소화 할 수 있는 교대 변경 계획**

  업소의 레이아웃과 직위별 전체 직무를 고려한다.

- **종사원에게 유연성 부여**

  종사원이 고객 만족 업무를 할 수 있도록 충분히 유연성을 부여해야
  한다. 그러나 초과 근무에 대한 제한은 두도록 한다. 인터넷에서 '워크스
  케줄', '근무스케줄'과 관련된 자료를 검색하여 참조한다.

▣ 스케줄 작성의 전산화

레스토랑의 규모와 상관없이 종사원 스케줄 작성 시스템과 소프트웨어를 도
입할 수 있다. 종사원 스케줄 작성은 웹사이트나 간단한 윈도우 프로그램에 의
해 조절이 가능하며, 직접 시간 기록계와 연결될 수도 있다.

구글이나 전문 검색 사이트에서 Work Scheduling, 스케줄 작성, 근무스케
줄 소프트웨어 등으로 검색하면 유·무료 소프트웨어를 찾아볼 수 있다.

레스토랑
원가관리
노하우

7 생산성

▥ 생산성

이윤이란 매출과 원가의 차이를 말한다. 이윤 증대를 위하여 매출을 늘리거나 원가를 감소시켜야 한다. 종사원은 매출 증가를 위한 훈련을 받아야 한다. 예를 들어, 매출이 15만 원 증가할 때 원가와 세금을 제외하면 이윤은 2만 원 정도이다. 반면 조직을 효율적으로 운영함으로써 원가를 낮춘다면 추가매출 없이도 이윤이 증가된다. 생산성 향상이란 업무를 스마트하게, 그러나 힘들지 않게, 더 많은 것을 달성하는 것이다. 종사원의 생산성을 증가시키기 위해 다음과 같은 변화가 필요하다.

- **단순화**

    쓰레기통 추가 구입

- **복잡한 상황 분석**

    작업동작 연구 실시

- **제거**

    잘못된 직무 습관 버리기

- **비용 투자**

  주방 전체의 리모델링

- **물리적 요건**

  턱없는 건물

- **심리적 요건**

  주인의식 고취

▓ 생산성과 품질

음식과 고객 서비스 품질이 저하되고 있다면 영업에 큰 손실이 발생한다. 생산성 향상의 가장 중요한 사항은 현명한 관리이다.

- **품질 표준에 손상을 주지 말아야 함**

  품질을 현저히 저하시킬 가능성이 있는 변화는 매출액도 낮추게 될 것이다. 효율성이란 명목하에 실시되는 변화가 종사원의 사기를 저하시킬 수 있으므로 주의한다.

- **업소의 생산성에 투자**

  훈련에 투자한다. 좋은 훈련을 받은 종사원은 만족감을 느끼고, 생산성이 높아지고, 직무 스트레스와 경쟁업체의 유혹에 견딜 수 있다. 또는 기기에 투자하여 인건비를 절약한다. 그것도 아니면 종사원에게 편리한 설비에 투자하도록 한다. 인체공학적으로 설계된 작업장에서 종사원은 직무를 쉽게 수행할 수 있다.

▣ 생산성 높은 종사원

종사원을 좀더 비용 효과적으로 만들기 위한 3가지 방법이 있다. 첫째, 같은 시간 동안 종사원에게 많은 일을 하도록 한다. 둘째, 같은 시간 동안 동일한 분량의 작업을 적은 수의 종사원에게 부여한다. 셋째, 동일한 분량의 작업을 단기간 동안 적은 수의 종사원에게 부여한다. 종사원에게 잠재되어 있는 생산성을 끌어내기 위한 방안은 다음과 같다.

• 목표 달성의 중요성 인식

이윤 창출은 고객, 종사원, 관리자, 지역사회, 경영자 모두에게 중요한 일이다. 사람들을 더욱 효율적으로 지휘하고자 할 때 첫 번째 단계는 목표를 공유하는 것이다. 종사원이 직무 수행도, 고객 만족, 레스토랑의 성공 사이의 연관성을 알게 된다면 더욱 열심히 일할 것이다.

• 1분이라도 낭비하지 않도록 관리

출퇴근 담당 매니저가 종사원의 타임 카드에 서명을 함으로써 종사원이 도착한 시간과 작업시작을 알게 될 뿐 아니라 용모를 체크할 기회도 갖게 된다. 또한 어떤 종사원에게 별도의 지시가 있을 때 종사원을 따로 부르지 않고 교대가 끝나는 시간에 개별적으로 전달할 수 있다.

• 종사원의 의견 경청

직접 업무를 실시하는 사람보다 직무 개선 방안을 잘 아는 사람은 없다. 훌륭한 상급자는 경청 능력을 보유하여야 한다.

• 사후 관리

불만족한 종사원을 만드는 가장 빠른 방법은 종사원의 제안과 불만에 무관심한 것이다. 매니저에게 종사원이 무엇인가를 요구할 때 반드시 피드백을 주어야 한다. 모든 제안사항이나 불만사항을 해결해주지는 못하더라도 심각하게 받아들이고 최대한 실행하도록 한다. 매니저의 행위는 종사원에게 그들의 아이디어와 의견이 가치있게 받아들여지고 있다고 말해주는 것이다.

● **명확성**

업무를 문서에 세부적으로 기재한다. 직무 기술서를 작성하고, 업무를 단계별로 구분한다. 이렇게 하면 시간과 수행력 표준 수립에 도움을 줄 수 있으며, 종사원 훈련도 원활하게 해준다. 종사원은 자신이 해야할 일이 무엇인가를 명확히 알 수 있다.

● **생산 표준 수립**

업무 수행 기대치에 대한 목표를 설정하고, 종사원에게 직무를 더욱 잘, 빠르게, 쉽게 달성할 수 있는 방법을 찾도록 격려한다. 표준을 초과하는 경우 상여금을 지급할 수도 있다.

● **종사원에게 벤치마킹 및 개선 지침 제공**

최소 기준만을 설정하지 않도록 한다. 종사원들이 해야 할 일은 최고 수행자가 되는 것이라고 격려하고 성공시 적절한 보상을 한다.

● **숙련도와 능력에 따른 업무 할당**

업무를 적임자에게 부여하도록 한다. 업무를 잘 취급할 수 있는 종사원 중 가장 낮은 급료를 받는 종사원에게 할당하도록 한다.

● **정기적, 지속적 정보 공유**

원활한 의사소통은 생산성이 높은 서비스 팀을 창출하는 데 필수적이다. 매일 실시하는 회의에서 특별 사항과 메뉴 변경 등을 검토하도록 한다. 주간 회의에서는 레스토랑의 생산 수준과 종사원의 수행도를 다루고 종사원의 노고에 감사를 표시하며, 보상하도록 한다. 또한 고객의 문제점과 불만사항을 논의한다. 월간 또는 분기별 회의에서는 전 직원이 만나 바람직한 행동 및 습관을 강화시키고 유대감을 형성토록 한다.

● **메시지 전달**

유인물, 도표, 일러스트 등을 이용하여 강조한다. 종사원만이 이용하는 웹 페이지와 휴게실 게시판에 정보를 게시한다.

● **종사원에게 강요하지 말 것**

어떤 종사원은 천성적으로 생산적이다. 이런 사람들은 직업윤리와 긍정적 태도에 의해 스스로를 동기부여하고 생산적으로 업무를 수행하게 된다. 때로 이런 사람들은 매우 독립적이고 고집이 세므로 문제 종사원으로 받아들여질 수도 있다. 매니저는 이러한 종사원을 억누르지 말고 그 에너지를 잘 지휘해야 한다.

● **가치 부여**

작업에 가치를 부여하기 위해 생산성 인센티브를 만든다. 보너스 프로그램과 이윤 분배 등을 통하여 모든 사람이 생산성과 관련되어 있고 책임이 있음을 공유한다.

● **소유권 공유**

종사원이 업소의 지분을 갖고 있는 경우 생산성이 높아진다고 한다. 종사원의 소유권 프로그램을 개발하거나 파트너십 형성, 스톡 옵션 지급, 지불 구조 및 이윤 배당 보너스 등을 고려한다.

● **보상 프로그램 창출**

인력 절감 제안에 대하여 종사원에게 포상을 실시하거나 종사원에게 절감액 일부를 상금으로 주는 프로그램을 계획한다.

● **작업을 쉽게 할 수 있도록 지원**

종사원이 작업할 때 관찰해본다. 그들의 활동을 세부적으로 나누어 노동력 절감 기기가 이용될 수 있는 부문을 찾고, 작업장을 재배치하거나 작업장 사이의 이동거리를 짧게 한다.

● **훈련과 감독**

훈련되지 않은 종사원은 잠재력을 발휘할 수 없다. 종사원이 직무에 대해 정확히 알지 못하고 적절한 감독이 없다면, 직무를 빠르고 정확하게 수행할 수 없다.

● **종사원 스트레스와 피로 감소**

일을 많이 시키면 생산성은 어느 정도까지는 오르지만 그 이상의 향상은 어렵다. 종사원의 직무 탈진은 60%가 감정적 탈진이며 40% 정도는 육체적 탈진이다.

● **교차 훈련과 직무 회전**

단조로움과 반복은 태만한 종사원을 양산하여 음식생산을 감소시키게 된다. 직무의 변경은 감정과 육체에 활력을 제공한다.

● **유지**

생산성 향상으로 수행력, 품질, 안전 표준이 저하되지 않았는지 알아보고 이들 간의 균형을 유지한다. 팀 리더에게 생산성 변화가 일어났는지 감독하도록 한다.

- **사후관리 계획 작성**

  종사원이 기존의 습관으로 되돌아가지 않도록 관리한다. 좋은 습관과 효율적인 절차는 유지되어야 한다.

■ 업무 능률

제조업에서 생산성 전문가는 A부품과 B부품을 조립할 때 가장 빠르고 효과적인 방법을 분석하는 데 많은 시간을 보낸다. 레스토랑 매니저는 같은 견지에서 일상적인 운영 상태를 관찰해야 한다. 다음 사항들은 작업을 검토하여 더 나은 절차와 방법을 수립하기 위한 제안들이다.

- **무엇인가를 할 때 '바로 그' 방법만 있는 것이 아니다.**

- **나쁜 습관은 없애려 하는 것보다 좋은 습관으로 대치하는 것이 더 쉽다.**

- **작업 개선은 한 번에 한 개씩 수행한다.**

  모든 것을 한 번에 향상시키려는 노력은 당신과 종사원에게 과다한 부담을 부과하게 된다.

- **명확한 것을 먼저 처리한다.**

  작은 긍정적 변화가 팀을 자극하여 다른 개선의 여지를 찾을 수 있도록 도와줄 수 있다.

- **매일 생산 표준을 분석한다.**

  매일 생산 표준을 분석하는 것은 시간이 소요될 수 있으나 충분한 가치가 있다. '표준 수립' 부분을 참조하도록 한다.

- **사전 계획은 원가를 통제하는 핵심 요소이다.**

  생산 활동을 사전에 계획한다. 시간을 정하여 공동으로 작업을 하면 작업 시간을 단축할 수 있다.

- **업소의 메뉴를 검토한다.**

  메뉴별로 전처리, 조리, 서빙에 소요되는 인력에 대비하여 매출 정도를 분석한다. 래시피를 약간 변경하여 인력을 절감할 수는 없는지 가공된 재료나 음식을 구매함으로써 업소에서 취급하는 것보다 원가가 절감되지 않는지를 검토해 본다.

- **서비스 수준을 낮춘다.**

  샐러드바, 뷔페처럼 셀프서비스를 도입한다면 인건비를 낮출 수 있을 것이다. 비용/편익 분석을 실시할 때 추가 기기의 비용, 음식의 양 감소, 음식물 쓰레기 발생, 고객의 인식 등을 고려하여야 한다. 단, 서비스 때문에 외식을 하는 고객도 상당히 많다는 것을 기억해야 한다.

- **효율적인 기기를 사용한다.**

  컨베이어 스타일의 식기세척기는 파트 타이머를 줄일 수 있다.

▣ 합리적 작업을 위한 조언

팀의 생산성에 제동을 걸어서는 안 된다. 다음 사항을 참고한다.

- **외식업 관련 서적을 읽을 것**

- **컨설턴트를 고용**

- **팰스(Pal's)의 방법 참고**

  테네시주의 패스트푸드 레스토랑 체인인 팰스(Pal's)(www.palsweb.com)
  는 2001년 미국 말콤볼드리지 품질상을 수여했다. 좋은 예를 볼 수 있다
  (www.nist.gov/public_affairs/pals.htm).

- **기대하지 않았던 보상 수여**

  잘한 일은 알려져야 한다. 즉석복권이나 영화표 같은 저렴한 방법으로
  도 보상이 가능하다.

- **기억에 남을 회의**

  일상적인 회의는 지루하다. 유머, 재미있는 복장, 마술사, 흥미로운 훈
  련 비디오, 관심을 끌만한 방법을 사용하여 종사원이 참석토록 한다.

▣ 신기술 도입

레스토랑 업계에서 신기술의 중요성은 간과할 수 없다. 신기술은 비용 감소,
효율성 향상, 기본운영방식에 영향을 미쳤다. 레스토랑 운영자들은 신기술 도입
에 뒤쳐졌는데, 그 이유는 구매비용이 없다는 것에서부터 레스토랑 운영은 컴퓨
터가 아닌 사람이 해야 한다는 인식 때문이었다. 컴퓨터의 사용이 자동입출금기
(ATM)부터 인터넷까지 일상생활에 일반화되면서 업계의 인식도 변화되었다.
외식업체에서도 1990년대에 비용 절감을 위해 신기술로부터 방법을 찾기 시작
하여, 1992년부터 1997년 사이에 컴퓨터 관련 지출이 2배 이상으로 증가하였다.
초기 도입자들은 기술적 진보를 바탕으로 사용자 중심적이고 신뢰할 만하며,
구입이 가능한 신기술의 결과물 개발을 지원하였다.

적절한 컴퓨터 시스템은 인건비와 식품비 절감을 가능케 한다. 컴퓨터는 문
서 작업을 줄여주어 절감시간을 인적자원관리에 사용할 수 있게 해주었다. 컴퓨

터 시스템은 효율적인 스케줄 작성과 의사소통의 향상을 통하여 인적자원을 활용하도록 도와준다.

- **내일에 투자하되 과잉 투자는 자제**

  현재의 수요에 적합하고 성장에 대비할 수 있어야 하지만, 만약을 가정한 지나친 투자는 지양해야 한다.

- **전문가 고용**

  시간이 부족하거나 컴퓨터 전문가 아니라면 복잡한 시스템을 알고, 구매·설치할 수 있는 전문가를 고용하는 것이 비용을 줄이는 길이다.

- **목표 수립 후 구입**

  투자의 목표를 수립 후 신기술을 도입하면 해결책에 집중하여 구입할 수 있다. 판매직원의 상술에 말려들면 목표를 잃기 쉽다.

▨ 인력 절감 방안

- **일회용품 사용**

  환경적 문제가 크지 않다면 일회용품 사용은 세척을 담당하는 인력을 절감할 수 있는 방안이 될 수 있다.

- **색상 코드와 라벨 사용**

  색상 코드 시스템은 한눈에 물품을 구별하는 데 도움을 준다. 색상에 따른 구분은 적절한 저장 공간과 저장 조건에 대한 사항을 알려준다.

- **냅킨 링 이용**

  냅킨과 실버웨어를 세트로 미리 만들어두면 테이블 세팅 시간을 줄일 수 있고, 보관이 용이하며 재세척을 줄일 수 있다. 여기에 레스토랑 로고를 넣을 수도 있다.

- **정리정돈**

  필요치 않은 것은 모두 없애거나 보관해둔다. 전문가를 고용하여 저장 시스템을 검토하여 관리비용을 줄인다.

- **전처리 식품 사용**

  분량 조절이나 재가열만 해도 되는 전처리 식품을 사용한다. 음식의 품질이 저하되지 않는 선에서 상당수 사용할 수 있다.

- **전처리 제품 이용**

  세척, 절단된 채소와 과일 등 신선 편의식품이 인기를 얻고 있다. 빵의 경우도 성형, 굽기, 갈색화, 판매용으로 일부 가공된 전처리 제품을 선택할 수 있다. 홍차나 레모네이드 농축액도 많은 업소에서 사용하고 있는데 가루제품보다 맛이 우수하다.

- **그립타이트(Griptite™) 서빙 트레이, 팬세이버(Pan Saver)**

  그립타이트 서빙용 트레이는 금속재질로 표면이 미끄러지지 않아 쉽게 운반이 가능한 제품이며, 팬세이버는 204℃ 고온에서 사용 가능한 물질로 업소용 냄비나 팬에 끼는 얇은 종이이다. 팬세이버를 깔고 사용하면 팬을 깨끗이 유지할 수 있어 별도의 세척이 필요치 않으며 남은 음식 보관에 사용할 수 있다.

생산성을 높일 수 있는 건물

■ 효율적인 건물

레스토랑을 신축하거나 리모델링할 때, 노동력을 절감할 기회를 얻을 수 있다. 레스토랑은 일종의 공장이므로 종사원과 생산성을 고려하여 설계되어야 한다. 즉 건물의 구조로부터 내부 장식까지 형태, 기능, 재질에 대한 검토를 해야한다. 이 장에서는 건축, 설계, 실내 장식에 관한 사항을 살펴보고 이들 요소가인건비에 어떤 영향을 주는가 알아보고자 한다.

■ 위치 선정

● 부지와 건물은 쓰레기 처리 및 식재료 운송이 용이한 장소로 선택

진입이 용이하고 입구가 넓으며, 조명이 적절해야 한다. 물품 배달시 손이 많이 가고 시간이 많이 걸리는 곳은 피한다. 팰렛을 이용해 물건을 받을 때 소형 지게차나 적재용 트럭을 사용하도록 한다.

● 용도를 변경한 건물은 주의하여 선택

레스토랑 용도로 지어지지 않은 빌딩은 여러 가지 어려움이 있다. 통로가 좁거나 홀이 작은 공간으로 여러 군데 분리되어 있다면 무거운 트레이를 운반하는 종사원의 부담을 가중시키게 된다. 불충분한 주방 공간이나 불편한 창고는 주방의 생산성을 떨어뜨린다.

● **전기배선을 보이지 않도록 처리**

노출된 전선은 외관도 좋지 않고 안전사고의 위험이 있다.

● **방음 처리**

과도한 소음은 스트레스 및 피로와 두통을 유발한다.

● **생산성과 안전성을 증진시킬 수 있는 건물**

청결, 안전, 동선, 인체공학 측면을 적절하게 고려하지 않는다면 고객, 종사원, 업체의 성패에 나쁜 영향을 줄 수 있다.

● **건축 및 설계 주의사항**

◆ 작업장 면적이 충분하면 교차 오염의 가능성을 줄일 수 있다.

◆ 저장고가 충분하면 바람직한 식품 취급절차 준수가 가능해지고, 바닥을 혼잡하지 않게 관리할 수 있다.

◆ 조도가 충분하면 작업장과 '위험구역'에서 사고를 최소화할 수 있다.

◆ 물기 있는 구역(전처리장, 화장실)의 배수가 원활하면 미끄러져 다치는 사고를 막을 수 있다.

◆ 혼잡하고 물기 있는 구역은 적절한 미끄럼 방지 처리를 해야 한다.

▧ 효과적 재질

청소가 용이한 재질을 사용한다. 레스토랑에서는 고객의 내방을 유도할 수 있는 부드럽고 따뜻한 느낌이 필요하다. 재질에 대한 목표를 설정할 때 세척의 용이성과 내구성의 요소를 포함하도록 한다. 출입구, 대기실, 홀, 화장실 각각의 용도에 적합한 재질을 선택한다.

- **구역별 오염도를 판단**

  지저분한 공간일수록 재질과 색상 선택이 중요하다. 정문과 출입문은 잘 닦이고 미끄럽지 않아야 한다. 물, 진흙, 모래 등의 유입을 방지하기 위해 내·외부에 매트를 깔거나 전문업체를 고용한다. 화장실은 강력한 세척제, 소독제, 온수에 견딜 수 있어야 한다. 홀 구역은 발자국이나 부스러기가 보이지 않는 카펫이나 바닥재를 선택한다.

- **얼룩과 낡은 부분을 가릴 수 있는 색상, 질감, 패턴 이용**

  시간이 지남에 따라 마모되거나 찢어진 부분 등은 시각적으로 불쾌감을 주므로 적절한 색상, 질감, 패턴을 이용한다.

- **표면 방수 처리**

  콘크리트 통로나 마룻바닥과 같은 흡수성 재질은 얼룩 방지와 청소가 용이하도록 방수 처리를 하도록 한다.

- **자동세척 재질과 제품**

  자동세척 기능이 있는 재질과 제품을 선택한다. 미국에서 사용하고 있는 것으로는 필킹톤 액티브사의 자동세척 유리(www.activglass.com), PPG산업의 선크린(www.ppg.com/gls_sunclean), 엑세루사의 자동공중변기(www.automatictoilets.com), 피크퓨어에어사의 자동세척 에어크리너(www.peakpureair.net/aqe.htm) 등이 있다.

- **상업용 건축재 선택**

  건축재 중 많은 수가 '산업용' 등급으로 중장비를 사용하는 환경에 적합하다. 외식업소에서 '상업용' 등급을 사용해도 무방하다.

- **항균 재질**

  미생물 증식을 억제하는 항균 재질을 찾아본다. 세균, 포자, 곰팡이 등의 성장을 방지하므로 청소시간이 단축될 수 있다.

▣ 건강을 고려한 환경

건강한 환경이 생산적인 환경이다. 직무 중 부상, 스트레스, 건강을 해칠 수 있는 환경은 결근과 이직을 증가시킨다. 작업장 환경 관리의 목표는 쾌적성이며, 이를 통해 종사원의 스트레스를 최소화하고 건강과 안전을 향상시켜야 한다.

▣ 인체공학

인체공학은 활동할 때 공간과 물체에 대한 인간의 신체적 상호 작용에 관한 공학이다. 전처리 공간에서 작업자가 재료를 향해 반복적으로 쭉 뻗어야 하거나 키가 큰 종사원만 닿을 수 있는 기기가 설치되어 있다면 인체공학 측면에서 매우 부적절한 것이다. 인체공학적인 것은 편안한 테이블이나 안락의자처럼, 고객에게 좋은 경험을 줄 수 있다. 레스토랑에 인체공학을 적용해보면 다음과 같다.

- 간이 작업 구역을 만들어 식품, 도구, 전처리 장소에 쉽게 닿도록 한다.

- 전처리 및 저장과정 중에 과도하게 몸을 구부리거나 들거나 팔을 뻗어 잡는 행동을 없앤다.

- 서서 하는 일이 아닌 경우 등받침과 발받침이 있는 의자를 제공한다.

- 도구와 기기는 남성용으로만 설계하지 않도록 한다. 여성의 참여가 많아지고 있으므로 도구와 기기의 크기를 줄이거나 물리적 특성을 변경할 필요가 있다.

- 선반과 저장고를 이용할 때는 안전하고 무게를 지탱할 수 있는 사다리를 사용한다.

- 왼손을 사용하는 종사원용을 위한 도구나 용품를 주문한다.

- 걷는 것을 최소화하도록 자리를 배치하고 동선의 교차를 방지한다.

- 통풍 장치나 소란한 구역이 고객에게 노출되는 것을 최소화하고, 출입구와 비상
  구를 쉽게 출입하도록 만든다.

- 필요에 따라 작업 장소로 쉽게 운반할 수 있는 설비와 기기를 선택한다.

- 무거운 아이템은 가능한 한 허리높이에 두어 종사원의 사고를 방지하도록 한다.
  안전한 받침대, 사다리, 바퀴달린 카트를 가까이 둔다.

▣ 실내 공기

레스토랑에서 깨끗한 실내 공기는 영업 및 윤리와 관련된 법률적, 재무적 측
면의 문제이다. 나쁜 공기는 종사원의 결근과 배상 클레임의 직접적인 원인이
된다. 가스 배출과 환기, 목재연소, 기름, 연기에 관한 엄격한 작업장 환경 관리
가 필요하다. 불쾌한 냄새도 나쁜 공기를 만든다.

- 홀에서 흡연, 금연 구간을 물리적으로 분리하거나 담배연기가 들어가지 않도록
  공기흐름 조절
  주방, 홀, 바에서 종사원의 흡연을 금지한다. 필립모리스 웹사이트(Phillip
  Morris USA's Options Web site)(www.pmoptions.com)에서 실내 공기
  품질 자료를 참조할 수 있다.

- 실내 공기
  목재 연료를 사용하는 오븐, 차브로일러, 튀김기, 밀폐된 건물은 건강에
  해롭고 불쾌한 공기를 만들 수 있다. 실내 공기의 품질은 충분한 외부

공기 유입과 재순환 및 유입 공기의 적절한 필터 처리를 필요로 한다.

- **실내 공기 품질 향상**

   실내 공기의 품질은 소립자 및 먼지를 감소시키는 공기 청정/필터 시스템을 건물 전체에 적용하여 향상시킬 수 있다. 오래된 건물에 대해서는 라돈, 곰팡이 포자, 생물학적 위험을 검토해야 한다. 미국환경청(EPA)의 자료를 참조한다. 카펫, 페인트, 세척제로부터 유해 물질이 방출되는 것에도 주의하도록 한다. 빌딩증후군(Sick Building Syndrome)에 대한 자료도 찾아본다.

▣ 생산적 환경

업소의 레이아웃은 비용을 증가시킬 수 있다. 불필요한 움직임은 시간 낭비를 가져오고 이는 인건비 낭비로 이어진다.

- **공간 재배치**

   일을 할 때 덜 걸으면 시간을 줄일 수 있다.

- **이동 통로와 홀 점검**

   종사원끼리 서로 부딪치지 않고 움직일 수 있는 공간을 확보한다.

- **활동이 많은 구역과 적은 구역에서 종사원이 어떻게 이동하는지 연구**

   이동 패턴을 관찰해본다. 다른 사람이 지나갈 수 있도록 멈추는가? 주방으로 갈 때 홀을 돌아가야 하는가?

- **저장을 3가지 유형(당일용, 비축용, 장기 저장용)으로 구분**

   당일 사용하는 저장고는 반복적으로 접근하므로 작업장 주변에 위치하여야 한다. 비축용 저장고는 작업장에서 사용하는 대용량 리필 아이템을 보관하고 가끔 사용된다. 작업장에서는 떨어진 곳에 위치하여도 좋으나 쉽게 접근할 수 있어야 한다. 장기 저장고는 상하지 않는 제품이나 계절 아이템 보관에 이용한다. 접근이 비교적 어려운 곳에 위치하여도 좋다.

- **구부리거나 웅크리거나 뻗는 동작 제거**

  단순하고 손쉬운 변화가 비용을 절감시킬 수 있다. 작업테이블 위에 양념 선반을 두면, 조리하는 사람이 다른 곳으로 움직일 필요가 없어진다.

▨ 미관과 편안함

실내 장식 없는 창고에서도 음식을 제공할 수는 있으나 미관을 부여하면 더 매력적이고, 흥미롭고, 편안한 느낌을 주게 된다. 장식물은 종사원 작업에 장애물이 되어서는 안 된다. 레스토랑을 아름답게 관리할 수 있는 방법은 다음과 같다.

- **전문업체에 실내 정원 관리 서비스 위탁**

  식물에 대한 정기적인 관리, 교체, 계절별 변경을 종사원이 담당하지 않아도 된다.

- **수도 설비 설치**

  물을 이용하는 인테리어나 식물에 수도를 직접 연결하면 청소시간과 물을 뿌리는 시간을 줄일 수 있다.

- **전기, 전화, 음향 연결 장치**

  전기, 전화, 음향 장치를 설치하기 위해 테이블 아래나 캐비닛 위로 어렵게 움직이지 않도록 충분한 설비를 미리 갖춘다.

- **자연광을 더 많이 이용할 수 있는 천창 채광, 라이트 튜브, 창 도입**

  연구에 따르면 자연광은 생산성 향상과 스트레스 해소에 도움이 된다.

인터넷에서 천창 채광(skylights), 라이트튜브(light tubes)에 대한 자료를 찾아 참조한다.

● **풀 스펙트럼 조명 검토**

　풀 스펙트럼 조명(full spectrum lighting)은 자연광의 일종으로 작업장에 설치하면 사람들에게 건강에 좋은 느낌을 준다고 한다.

● **즉각적인 공간 변화**

　의자는 이동과 쌓아서 보관이 가능한 것으로 준비하고, 원형 테이블 상판과 분리된 지지대를 이용하여 다용도로 사용할 수 있도록 한다. 바퀴달린 가림판, 스크린, 간이벽을 이용한다.

● **테이블보 없애기**

　식탁 매트를 사용하면 세팅 시간을 줄일 수 있다. 격식을 차리지 않아도 되는 레스토랑이라면 이것도 없앨 수 있다. 테이블을 치우고 세팅하는 데 지나치게 힘을 쏟지 않도록 한다.

■ **이동 및 작업흐름**

　설계가 잘 된 레스토랑은 음식을 빠르고 쉽게 제공할 수 있다. 부적절한 동선과 잘못된 통로는 많은 비용이 낭비된다. 사용자의 관점에서 레이아웃과 기기의 필요성을 분석하여 생산성을 높이고, 종사원의 스트레스와 사고를 줄이며, 고객 서비스를 향상시킬 수 있도록 한다. 다음 사항은 레스토랑에서 과도한 이동과 지연을 없앨 수 있는 방안이다.

● **화장실**

　레스토랑의 입구에 배치하여 주방 근처의 혼잡을 최소화시킨다.

- **이동 통로/동선 분야의 컨설턴트 고용**

  레스토랑의 이동 통로/동선 분야의 컨설턴트는 종사원의 생산성을 향상시키면서 공간을 최대로 활용하도록 도와줄 수 있다.

- **종사원의 의견 청취**

  실무 경험을 갖고 있는 서비스 종사원, 쉐프, 보조원은 레이아웃 개발시 도움을 줄 수 있으며, 종사원의 사기증진에도 도움이 될 것이다.

- **접근성 있는 서비스 카운터**

  카운터 근무자는 135cm, 바 근무자는 75cm 정도의 여유공간을 준다. 트레이, 운반통, 서비스 카트는 통로와 카운터 공간에 적합한 것을 선택한다.

- **테이블 레이아웃과 정리**

  테이블 레이아웃은 이용 고객의 식사 속도와 테이블 정리 속도에 영향을 줄 수 있다. 빠른 서비스가 목표라면 서비스 종사원이 테이블 정리에 씨름하지 않도록 해야 한다. 손이 많이 가는 테이블보나 냅킨을 이용하지 않으면 빨리 치울 수 있다.

- **평면도 작성**

  테이블과 작업대의 배치, 작업이 많은 조리 구역과 주방의 연관성을 살펴 불필요한 이동, 혼잡 구역, 뒤로 이동해야 하는 부분을 없애도록 한다. 설계사나 공간 계획 소프트웨어를 이용하여도 좋다.

- **연회장, 대규모 파티 장소를 주방 가까운 곳에 배치**

  서비스와 식품 운반 시간을 줄일 수 있다.

- **의사소통 증진을 통한 서비스 절차 및 속도 향상**

  주문은 홀의 중앙에서 처리하거나 POS 스테이션을 여러 곳 설치한다. 휴대용 주문기기를 사용하면 서비스 종사원이 다음 고객에게 즉시 이동할 수 있다. 진동 호출기와 무전기를 이용하여 테이블 정리 완료나 음식 완성 등을 상호 전달하도록 한다.

- **홀과 테이블에서 종사원별로 담당할 활동 결정**

  단체 고객의 수에 따라 테이블 담당 종사원도 지정한다.

▨ 홀의 작업 공간

현실에서 모든 음식의 조리와 서비스가 주방에서만 이루어지는 것은 아니다. 홀에서는 고객을 맞아 인사하고, 예약을 받고, 고객에게 서비스를 제공한다. 대금을 받는 캐셔는 신용카드 처리 및 소매품을 판매한다. 또한 서비스 구역에서는 음료, 샐러드, 디저트 등 음식을 제공하므로 실질적인 준비가 필요하다. 식기류와 도구 보관고를 가까이 두고 냅킨과 용품도 비치하도록 한다. 레스토랑 레이아웃, 서비스 방법 등에 따라 작업 구역은 다양한 기능을 수행해야 할 경우도 있다.

- **바닥 배수 설비 유의점**

  마모에 강한 바닥 재질을 선택하고 기기에 바퀴를 부착하여 세척시 쉽게 이동할 수 있도록 한다.

- **들어올리거나 옮기는 작업 감소**

  움직일 수 있는 카트와 쓰레기통을 사용한다. 또한 피로를 낮출 수 있는 매트와 미끄럼 방지 바닥처리를 한다.

- **업무 수행에 적절한 조도 유지**

  단, 종사원이 작업대 표면을 볼 때 눈부심을 방지해야 한다.

- **'물을 쓰는' 작업과 '물을 쓰지 않는' 작업 분리**

  음식의 낭비, 식품 오염, 전기 사고를 피할 수 있다. 가능한 경우 손전용 싱크와 도구세척용 싱크를 구분·설치하여 이동을 줄이고 청결성을 높인다.

- **주방과 홀 사이 음식을 내는 카운터 근처에 충분한 공간 부여**

  가니시를 추가하고 주문 확인과 쟁반을 채우는 작업을 한다.

- **카운터 하단에 소형 유리잔 세척기 설치**

  주요 도구와 용품 세척을 간편하게 할 수 있다.

▨ 음식 생산 공장 – 주방

주방은 너무 많은 사람이, 너무 좁은 곳에서, 너무 많은 업무를 너무 짧은 시간에 하게 되는 곳이다. 동선과 업무 흐름이 원활하면 쉐프와 보조원이 더 생산적으로 업무를 수행할 수 있다.

- **이동 통로 확장**

  80cm 폭은 작업을 방해하지 않고 주방에서 이동할 수 있는 최소 공간이다. 통로는 이동 카트가 다니기에 충분히 넓어야 한다. 이동이 매우 많거나 양쪽으로 작업자가 다닌다면 폭 130cm 이상인 통로가 필요하다.

- **바로 통하는 문 추가**

  가능하다면 생산작업이 일자로 이루어지도록 배치한다.

- **출구와 입구 분리**

    주방으로 통하는 문은 출구와 입구로 분리하고, 두 문은 60cm 이상 떨어져야 한다. 문은 한쪽 방향으로만 열려야 하고, 크고 깨끗하며, 깨지지 않는 창이 설치되어야 한다. 입구인지 출구인지 여부를 명확히 표시하고 폭은 최소 110cm 이상으로 한다. 별도의 문이 불가능하다면 양쪽으로 열리는 문(최소 폭 220cm)을 이용한다.

종사원 휴게 공간

- **휴식 공간 설치**

    휴식 공간을 제공하는 것은 종사원의 원기를 충전하는 좋은 방법이며 그들이 얼마나 중요하게 대접받는가를 알게 해준다.

- **주방과 휴게 공간의 음악**

    음악은 생산성을 향상시키고 스트레스를 감소시킨다. 단, 음악 소리가 대화를 방해하지 않도록 한다.

- **종사원 전용 휴게실 제공**

- **외부의 휴식 공간**

    햇빛은 기분 전환을 도와준다. 또한 날씨가 나쁠 때 이용할 수 있는 흡연자의 흡연 공간을 만들어준다.

주방 디자인

좋은 주방 디자인은 예술이며 과학이다. 재능있는 컨설턴트를 고용하여 식품의 품질, 생산성, 종사원의 건강을 해치지 않는 범위에서 공간을 활용하여 안전,

식품 조리량, 예산에 맞도록 설계한다.

- **메뉴(식재료, 조리음식)**

  조리, 분배, 저장, 서빙 수요를 결정하기 위하여 메뉴와 서빙 방법을 알아야 한다.

- **주방 작업을 소규모 작업장소로 분할**

  재료, 도구, 기기, 식기 등을 각각의 작업 장소에 두어 손쉽게 사용토록 한다.

- **충분한 수의 쓰레기통**

  재활용 프로그램이 있다면 쓰레기를 종류별로 나눈다.

- **작업장 구조**

  삼각형 또는 다이아몬드 구조는 전처리, 싱크, 가열조리 기기에 쉽게 접근하도록 해준다. 일직선 배치는 여러 사람이 참여하는 조합형 스타일의 전처리와 조리에 유용하다.

- **이동 경로를 작성**

  불필요한 이동과 동선 교차를 최소화할 수 있다. 홀 근처에 가열 조리와 최종 조리장소를 두어 조리장 내 이동을 줄인다.

- **충분한 여유 공간 계획**

  카트, 선반에 보관할 물품, 바퀴달린 운반통과 트레이를 이동시킬 공간이 필요하다.

- **주조리 구역을 주방 뒤쪽에 배치**

  주조리는 주방 뒤쪽에서, 주문받은 음식은 홀 가까운 곳에 둔다. 간단한 식품 준비는 복잡한 곳에서 하지 않는다.

▨ 노동력 절감 기기

레스토랑에서는 식재료로 음식을 만들어 곧바로 고객에게 제공하게 된다. 생산 작업의 시작부터 끝까지 기계를 이용하면 종사원들이 더 빨리 일을 할 수 있을 것이다. 그러나 레스토랑은 단지 음식만 파는 것이 아니라 서비스, 편의, 즐거움을 함께 판매하는 공간이기 때문에 서비스 종사원을 기계로 대체할 경우 바람직하지 않은 결과를 초래할 수 있다. 레스토랑 경영자는 고객의 기대와 수익 사이에 균형을 맞추어 기기 활용 여부를 결정해야 한다. 1분을 절약하는 작고 간단한 도구로부터 완전히 컴퓨터화된 주방에 이르기까지 원가를 줄이고 서비스를 향상시키는 데 도움을 주는 기기는 매우 다양하다. 레스토랑에서 기기를 활용하는 방안은 다음과 같다.

- **기기의 사용 연수 고려**

  원가절감 효과 산출시 수리 및 유지 비용을 감안한다.

- **고객의 기대 이해**

  셀프서비스는 패스트푸드와 패밀리 레스토랑에는 적합하지만, 서빙을 원하는 레스토랑에서는 부적절하다.

- **구매 전에 종사원과 기기 테스트**

  기기 판매업체는 시연을 목적으로 실험주방을 운영하고 있다. 판매업자가 쉽게 작동하는 스토브라도 레스토랑의 종사원이 잘 작동하지 못한다면 레스토랑에서 사용하기 어려울 것이다.

- **다기능 기기 유의**

  기능이 많은 기기의 모든 기능이 필요한지 검토해 본다. 기본 모델이 더 적합할 수도 있다.

- **훈련 기회의 활용**

  업소에서 조리기기를 구입하면 대부분의 판매업자는 사용방법을 가르쳐준다. 훈련 기회로 최대한 활용한다.

- **세척 용이성**

  세척 시간이 지나치게 오래 걸리면 전처리 및 가열 조리시간의 감소가 무의미하다.

▣ 홀 노동력 절감

기기, 설비, 가구, 장식품은 모두 인력 절감에 도움이 될 수 있다. 청소하기 쉽고, 옮기거나 보관하기에 편리한 의자라면 인력 절감에 기여할 수 있다.

- **의사소통 창구**

  대량 회선 전화장치와 팩스, POS 시스템, 호출기, 컴퓨터 예약 시스템 등의 도입을 검토한다. 네트워크와 인터넷을 통해 온라인 예약과 주문을 확인할 수 있다. 대규모 시설에서는 비디오 카메라 시스템을 고객의 자리 배치에 이용할 수 있다.

- **컴퓨터 예약시스템 및 고객 데이터 관리시스템 도입**

- **일부 예약 기능을 인터넷에서 관리**

▨ 의사소통 시스템

• 무선 헤드셋

홀 종사원을 바 또는 주방 종사원과 연결시켜 수만 걸음을 줄여줄 수 있다. POS 시스템과 함께 무선 헤드셋은 서비스 속도를 빠르게 하고 의사소통을 향상시켰다.

• 호출기

예전에는 손을 흔들거나 딱딱 소리를 내서 서비스 종사원을 불렀다. 이제는 고객이 '보이지 않는 종사원'을 찾으며 당황할 필요가 없다. 고객이 무엇인가를 원할 때 테이블 위의 호출기 버튼을 누르기만 하면 종사원이 갖고 있는 호출기와 연결되어 몇 번 테이블에서 눌렀는지 알 수 있다.

▨ 포스 시스템

• 포스(POS, Point-of-Sale) 시스템

POS 시스템은 서비스 종사원이 주방에 가지 않고 고객의 요구에 집중하도록 하며 서비스 대기시간을 줄여준다. 수작업으로 할 때 발생하는 계산서 실수도 줄일 수 있다. 식품 품목, 근무 교대, 테이블별 매출액과 생산성을 모니터할 수 있고, 재고관리 시스템도 향상시킨다. 데이터를 수집하여 스케줄 작성 절차나 종사원의 수를 조정할 때에도 활용할 수 있다.

• POS 시스템 구입

실제 사용자의 경험과 충고를 듣고 구매하여야 하고, 판매업자에게는 대리점과 서비스센터를 알아두도록 한다. 레스토랑 관련 박람회를 방문하면, 시범 운용도 가능하며 각종 하드웨어 및 소프트웨어를 비교해 볼 수 있다. 자료 공유와 데이터 전송사항을 확인해야 한다. 판매 관련 자료를 회계사에게 제공할 수 있는지, 다른 시스템과 호환이 가능한지를 확인하는 것이 매우 중요하다.

▨ 홀에서 이용 가능한 방법

홀에서 사용할 수 있는 실제적 인력 절감 아이디어는 다음과 같다.

- **대규모 홀이나 외부에 홀이 있는 경우 중간에 작업 구역을 두어 주방으로의 이동을 줄임**

  설비를 갖춘 작업대에 서빙 도구, 식기, 외부 세팅에 필요한 물건, 유리 제품, 여분의 앞치마와 세탁 백, 냉·온 음료 디스펜서, 커피 메이커, 바퀴 달린 쓰레기통과 운반카트, 간이 세척기, 샐러드와 디저트 준비대, POS 시스템, 컴퓨터 네트워크와 전화, 손세척 싱크 및 도구세척용 싱크, 얼음 제조기 및 보관통, 비상 세척 설비 등을 비치한다.

- **셀프서비스 도입**

  고객이 셀프서비스를 싫어하거나 식품비나 음료 비용이 증가될 수 있으므로 주의하여야 한다. 셀프서비스 도입시 각 테이블에 메뉴판을 비치하고, 냉·온 음료 디스펜서를 놓을 음료 바를 설치한다.

▨ 주방 기기

주방은 노동력 절감 기기와 도구를 도입할 수 있는 유용한 장소이다. 컴퓨터 프로그래밍 기능이 있는 오븐은 사람이 지켜보지 않고도 조리가 가능하며, 컨베이어 벨트로 연결된 세척 시스템은 홀에서 세척실로 식기를 자동 운반해준다. 작고 기능이 다양한 소도구는 손에 닿기 쉬운 곳에 둔다.

- **이동, 세척, 작동이 용이한 기기**

  외관보다는 기능이 우수한 제품을 선택한다.

- **우수한 재질로 만든 제품에 투자**

  종사원이 기기를 수리, 조정, 작동, 세척하거나 수리공을 기다리게 하는 데 시간을 낭비하지 않도록 한다.

- **사용자 중심으로 설계된 제품**

  손잡이는 잡기 쉬운 위치에 있는지, 라벨, 조절방법, 설명서가 쉽고 이해하기 쉬운지, 유사시 차단 장치가 잘 표시되어 있는지를 검토한 후 구입한다.

■ 구매 · 재고 관리와 기기

- **구매 · 재고 관리의 전산화**

  구매 · 재고 관리용 소프트웨어를 구입하여 사용한다. POS 시스템은 재고 · 구매 관리 부문을 포함하고 있거나 기능을 추가할 수 있다.

- **바코드 시스템**

  이동식 프린터와 인식기를 이용하는 바코드 시스템은 재고 관리의 효율성을 높여준다.

- **인터넷에 기반한 구매 시스템**

  식품 및 음료의 원가를 낮출 수 있다.

- **컴퓨터를 이용하여 종사원 감독**

  주방관리 시스템인 인텔리키친(Intellikitchen®)은 주문서, 래시피를 종사원에게 제공하고 완성된 것을 확인한다.

◼ 전처리 기기

매일 30분 이상을 절약할 수 있다. 시간 단축에 이용할 수 있는 기기는 다음과 같다.

- 칼 대용품

- 전기 야채 절단기

- 다양한 크기의 커터(cutter), 슬라이서

- 자동 반죽기

- 효율성을 높일 수 있는 다기능 기기

- 피자 크러스트 제조기

- 양파 전용 슬라이서

◼ 세척 기기

- **빠른 식기 건조**

  고속 공기건조기는 위생 기준에 적합하며, 종사원이 식기를 빨리 사용하고 저장할 수 있다.

- **컨베이어 벨트를 이용하여 사용한 식기를 세척실로 빠르게 이동**

  독립형 컨베이어와 연속형 컨베이어 세척기의 제조사를 찾아본다.

▣ 쓰레기 처리 기기

• 젖은 쓰레기, 마른 쓰레기, 재활용 쓰레기통을 작업장 근처에 비치

잘 구별할 수 있도록 용도별로 표시를 하고 색을 달리한다. 빨리 처리하기 위해 바퀴를 부착하거나 이동가능한 카트 위에 놓아둔다.

• 업소 내 캔 압축기 또는 재활용 시스템 구비

감량화와 재활용 기기에 대한 정보는 전문 제조업체에서 얻을 수 있다.

▣ 저장 설비

• 내부가 보이는 보관용기

손잡이, 아래로 열 수 있는 문 또는 슬라이딩 덮개가 있는 것으로, 취급이 손쉬운 것을 사용한다.

• 팰렛 이용이 가능한 냉장장치 설치

냉장 창고의 입구는 125~155cm 넓이로 하여 팰렛을 이용하여 물품을 쉽게 운반할 수 있도록 한다.

• 자동 닫힘문 설치

• 취급을 신속히 하기 위해 냉각 시간 단축

• 접근성이 좋고 내부가 보이는 스트립도어 설치

▣ 조리 기기

• 조리 시간 단축

전자레인지, 컨베이어 오븐, 컨벡션 오븐, 충돌식(고온 압축공기) 오븐은 에너지와 인력을 절감하는 기기이다. 레스토랑의 수요에 맞는 적절한 기기를 선택한다. 콤비네이션 오븐은 전자레인지 기술과 컨벡션 및 충돌식 기법을 결합시킨 것이다. 이 오븐은 맛과 외관의 손상없이 전자레인지의 속도를 낼 수 있다.

• 슈퍼 조리사

미국에서는 콘베이어 오븐과 매지그릴 기기를 이용하여 조리사 한 사람이 1시간에 버거 250개, 닭고기 200조각 이상을 생산했다고 한다.

• 에어-도어 오븐

문이 별도로 없지만 에너지 효율이 높은 피자오븐인 에어도어 오븐은 강제 공기가 내부열을 보존하고, 조리사가 빨리 넣고 꺼낼 수 있게 해주며 내용물도 쉽게 볼 수 있다.

• 냉각과 조리가 가능한 기기

서비스를 최소화한 오픈 주방은 공간에 제한이 있다. 대규모 주방이라도 복합 기능을 갖춘 기기는 불필요한 단계를 줄여준다.

• 스피드 조리 및 다기능 기기 탐색

기기 제조업체 및 수입업체의 카탈로그를 참조하고 인터넷 자료를 검색한다.

▣ 최신 조리 기기

- **온도계가 기본 장착되어 종사원이 별도로 온도를 측정할 필요가 없고, 자극적인 경보기를 사용하지 않는 기기**

- **정확한 온도계 사용으로 생산성, 품질, 안전성이 향상된 기기**

- **1인 분량을 나누기 쉬운 도구**

- **주방을 홀쪽으로 이동**

  오픈 주방에서 고객은 쉐프가 조리 기술을 과시하는 것을 즐길 수 있고 주방에도 여유를 줄 수 있다. 고객에게 조리과정 전체 또는 단계별로 보여줄 수 있다.

- **기름 처리**

  기름 거름장치(grease collector)를 이용하고, 전문 처리업자와 계약하여 기름 처리를 위탁한다. 최근에는 기름 없는 프라이어 'oil-free'가 있는데, 이 기기에서 '튀김'이란 적외선 기술 또는 순간적인 열로 갈색화 처리된 냉동식품 내에 존재하는 기름을 이용하는 것이다.

▣ 최신 음료관리

- **쉽게 채우고, 비우고, 청소할 수 있는 제빙기와 용기**

  손잡이가 긴 식품용 국자를 사용하여 키가 작은 종사원도 얼음을 꺼낼 수 있도록 한다.

- **중력을 이용한 제빙 시스템**

  얼음을 꺼내거나 채울 필요가 없어 인건비를 낮출 수 있다.

■ 혁신적 기법

- **팬 덮개용 은박지나 랩 대용품**

  캠브로사(www.cambro.com)에서는 스팀테이블 팬용 투명 뚜껑을 생산한다.

- **정수기에 물이 찰 때까지 기다리지 않아도 된다.**

  피셔사(www.fisher-mfg.com)는 벽에서 나오는 관에 직접 필터 처리를 하여 사용한다.

- **칼날 가는 기기**

  엣지크래프트사(www.edgecraft.com), 쉐프스 초이스사의 칼날 가는 기계는 60초에 1개를 날카롭게 할 수 있고, 두 번째에는 15초 만에도 가능하다.

- **스팀테이블 라벨을 뗄 필요가 없다.**

  물로 씻어지는 라벨은 데이마크 푸드 새이프티 시스템사(www. dissolveaway. com)에서 구입할 수 있다.

- **냉·온 구역 간 에어도어를 설치**

  에너지 손실을 방지하고 이동이 원활해진다. 에어도어 월드사(www. airdoorworld.com)를 참조한다.

■ 기기 자료

주방 기기 제조업자는 인건비, 주방 공간, 에너지 비용, 서비스 비용을 줄일 수 있는 모델을 지속적으로 개발하고 있다.

- **레스토랑용 기기 판매업자의 정보**

    많이 판매되는 브랜드에 대한 정보를 판매업자에게 알아보고 업종관련 교육기관, 설비회사, 기기 판매업자의 다양한 테스트 주방을 방문해본다.

- **업소의 수요와 예산에 적합한 모델 선택**

    많은 제조업자들이 다양한 기기와 모델을 제공하고 있다.

9 재무 의사결정

레스토랑 경영자는 다양한 의사결정을 해야 한다. 이 장에서는 재무적 요소에 기초하여 의사결정을 하는 방법을 제시하고자 한다. 숫자만이 종사원과 업체의 운명을 결정하는 요인은 아니지만, 재무 의사결정이 잘못되면 시간이 경과하면서 고객, 종사원, 지역 사회에게 불이익을 주게 된다. 현재의 모든 자료와 선택 가능한 방안을 파악한 후 이해관계자들의 요구와 균형을 맞추어야 한다.

▣ 회계 관련 서비스

일반 회계 및 레스토랑 특별 회계 관련 서비스 고려 시 다음을 참조할 수 있다.

- **레스토랑 창업자를 위한 재무 모델**

  비추얼 레스토랑(www.virtualrestaurant.com)을 참고한다.

- **일반 회계 용어**

  전문서적 및 인터넷 자료를 참고한다.

- **지역 공인회계사와 회계 법인**

  레스토랑 부문에 경험이 풍부한 회사를 선택한다.

▣ 원가분석 용어

다음은 인력 절감 의사결정에 도움을 줄 수 있는 용어들이다.

- **프라임 원가(주원가)**

  식품, 음료 등의 재료비와 인건비를 합한 원가를 의미한다.

- **인건비**

  시급, 부가혜택, 생산장려금 등으로 구성된다.

- **생산성 지수**

  종사원 1인이 1시간 동안 생산할 수 있는 양, 일반적으로 고객수로 표기한다.

- **고객수**

  식사 고객 1인을 고객수 1로 본다. 근무시간 동안 고객수가 800이라면 1시간당 고객수는 100이다.

- **노동시간**

  일정 기간동안 생산 및 서비스 종사원의 총노동 시간이다.

- **고정비 종사원**

  판매 수량에 관계없이 필요한 최소 종사원이다.

- **변동비 종사원**

  판매 수량에 따라 계획되는 추가 종사원이다.

▣ 생산성과 인건비

다음 표는 종사원 4명이 시간당 5,150~8,100원의 급료(세금 포함)와 수당을 받는 레스토랑의 예이다. 언뜻 보면 '김'의 인건비가 가장 적고 '박'이 가장 많이 지급되는 것처럼 보이므로 '김'을 고용하는 것이 유리한 것처럼 보인다(인건비 순위 참조). 그러나 생산성을 고려한다면(시간당 고객수), '박'이 급료에 비해 가장 많은 서비스를 제공하는 비용 효과적인 종사원임을 알 수 있다. 고객수별 비용을 계산해보면, '박'은 '김'보다 23.5% 적게 인건비를 받는 것이다.

종사원 인건비

종사원	박	이	최	김
시간당 급료(원)	8,100	7,550	6,000	5,150
시간당 수당(원)	2,100	2,000	1,450	1,000
총 인건비 순위 (급료+수당)	1	2	3	4
시간당 고객수	26	20	18	12
고객수별 비용(원) ((급료+수당)÷고객수/시간)	392	478	414	513
생산성 순위	1	3	2	4

▣ 인건비 계산방법

매출액 대비 인건비와 생산성을 비교하는 데 다음 다섯 가지 비율이 주로 사용된다. '가' 레스토랑과 '나' 레스토랑을 대비시켜 수식과 결과치를 알아보았다.(참고로 제시한 숫자는 레스토랑 업계의 표준/평균치와 관계가 없으며, 반올림이 결과에 일부 영향을 줄 수도 있다.)

	'가' 레스토랑	'나' 레스토랑
매출액	34,500,000원	38,000,000원
이윤(매출액 대비 이윤 비율)	5,175,000원(15%)	6,238,000원(16.4%)
인건비(관리직)	2,760,000원	3,040,000원
인건비(시간급)	8,073,000원	8,893,000원
고객수	2,450명	2,715명
고객1인 매출액(평균)	14,000원	14,000원
노동시간(관리직)	110	110
노동시간(시간급)	548	600

• 전통적인 인건비 비율

총급료(관리직과 시간급)를 총매출액으로 나눈다. 비율이 낮을수록 더 좋다. 전문가들은 관리자의 봉급(고정비)을 생산과 서비스 인건비(변동비) 계산과 왜곡되지 않도록 나누어 기재하는 것이 바람직하다고 본다. 그러나 실제 전통적 인건비 비율은 인건비 계산 방법 중 가장 비효과적인 방법이다. 다음 예에서 '가'와 '나' 레스토랑의 인건비 비율은 같다. 이 계산법은 실제 생산성과 이익 창출도를 반영하지 못하다.

	'가' 레스토랑	'나' 레스토랑
총급료÷매출액 (단위: 천 원)	10,833÷34,500	11,933÷38,000
전통적인 인건비 비율	31.4%(8% 고정비)	31.4%(8% 고정비)
'나'의 인건비 비용이 더 많지만, '가'와 '나'의 총인건비 비율은 동일		

• 노동 시간당 매출액

총매출액을 작업 시간으로 나눈다. 산출된 값이 클수록 더 좋다. 고객 매출액 평균값(아침이 점심보다 낮고, 점심이 저녁보다 더 낮음)은 고려하지 않았다. 변동비 인건비 계산에 가장 많이 사용된다.

	'가' 레스토랑	'나' 레스토랑
매출액÷총 종사원 노동시간	34,500,000원÷658시간	38,000,000원÷710시간
노동시간 당 매출액	52,430원	53,520원
'나'레스토랑이 종사원 노동시간 당 1,090원 매출이 높다.		

• 노동시간 당 고객수

고객수를 관리직을 제외한 노동시간으로 나눈다. 고객수 결과값이 클수록 좋다. 기록 비교와 스케줄 작성에 유용한 방법이다. 고객수는 직무에 따라 다르다. 어떤 부문에서 약간 향상되었다해도 이익 창출도를 상당히 증가시킬 수 있다.

	'가' 레스토랑	'나' 레스토랑
생산 및 서비스 종사원		
고객수÷총 노동시간	2,450÷548	2,715÷600
노동시간 당 고객수	4.47	4.53
서비스 종사원만 계산한 경우		
고객수÷총 서비스 종사원 노동시간	2,450÷136	2,715÷123
노동시간 당 고객수	18	22
'나'레스토랑 종사원의 생산성이 높다.		

• 노동시간 당 인건비

시간급 인건비 총액을 노동시간수로 나눈다. 기록 비교에 적합하다. 숙련도(숙련자, 반숙련, 견습생)에 따른 비용차이를 고려해야 한다.

	'가' 레스토랑	'나' 레스토랑
시간급 급료÷노동시간	8,073,000원÷548	8,893,000원÷600
노동시간 당 인건비 비용	14,730원	14,820원
'가'레스토랑이 노동시간 당 90원 적게 지불한다.		

- **고객 당 인건비**

　시간급 인건비 총액을 총 고객수로 나눈다. 이 계산 방법은 근무조, 일간, 주간, 월간 계산에 사용될 수 있다. 결과가 낮을수록 효율적이다.

	'가' 레스토랑	'나' 레스토랑
시간급 급료÷총 고객수	8,073,000원÷2,450	8,893,000원÷2,715
고객당 인건비	3,300원	3,280원
'나'레스토랑이 고객당 인건비를 20원 적게 지불한다.		

결과 요약

각각의 인건비 계산은 '가'와 '나' 레스토랑의 생산성에 대한 정보를 보여준다.

- 둘 다 총 인건비 비율 31.4%와 고정비(관리직) 비율 8%는 동일하다.

- '나' 레스토랑은 노동시간 당 2.1%를 더 많이 판매한다.

- '나' 레스토랑의 생산성이 높고, 8시간 동안 32명을 더 제공할 수 있다.

- '가' 레스토랑은 노동시간 당 덜 지급하고 있으나 생산성은 낮다.

- '나' 레스토랑은 '가' 레스토랑보다 고객 당 인건비가 낮으며, 종사원의 생산성이 높기 때문에 더 효과적이고 더 많은 이익을 창출하고 있다.

투자 수익

　다음은 노동력 절감 기기를 구입할 때 잠재적인 투자수익을 보여주는 예이다. 점포 10개를 갖고 있는 레스토랑 체인에서 새로운 POS 시스템을 고려하고 있다. 이 체인은 연간 매출이 백억 원이고, 식품비 비율이 40%이다. 현재의

POS 시스템은 불충분하고 본사와 연결되지 않는다. 새로운 시스템에 대한 하드 비용 절감액과 소프트 비용 절감액을 계산해보고자 한다. 기기 구입시 세금에 대한 사항은 제외하였다. 이는 가상 상황이며, 실제로는 다른 결과가 나올 수 있다.

기기 소유권

구매	
하드웨어(점포당 2,100,000원씩 5점포)	10,500,000원
소프트웨어(새 기능 포함)	<u>20,000,000원</u>
점포당 구매총액	30,500,000원
×10개 점포	305,000,000원
수리 유지	
연간 수리 비용(하드웨어의 15%)	1,575,000원
소프트웨어 교육, 기술 지원(소프트웨어의 15%)	3,000,000원
점포당 총액	4,575,000원
×10개 점포	45,750,000원
체인점 초년 비용	**350,750,000원**
연간 소유권 양도 비용(5년간)	70,150,000원

하드 비용 절감액

점포별 보고서 작성 인건비	
50,000,000원(인건비)×25%	12,500,000원
스케줄 및 재고 관리 매니저 인건비 1/8 절감	
62,500,000원×10점포×12.5%	78,125,000원
시간경고기능으로 초과근무수당 절감	
10,000,000원×10점포	100,000,000원
재고관리기능으로 식품비(40억 원)의 1.5% 절감	60,000,000원
시간기록장치로 점포당 10시간/주 절감	
10시간×10점포×52주 = 5,200시간×5,000원(초과수당)	26,000,000원
도입 첫해 체인점 하드 원가 절감총액	**276,625,000원**

▣ 소프트 원가절감

소프트 원가절감은 수치로 환산되기 쉽지 않지만 시스템 속도 저하, 복잡한 사용 등으로 인한 불편, 결근, 낮은 직무 수행도, 낮은 동기, 이직 등이 완화되는 바람직한 효과를 볼 수 있다. 신속한 데이터 입력으로 입력 시간을 줄일 수 있고 고객 서비스 수준 향상도 가능해진다. 이외에도 훈련 시간 단축과 생산성 향상, 증가되는 체인점 관리 범위 확대도 소프트 원가 절감에 포함된다.

▣ 단순 투자수익

단순 투자수익(Simple Return on Investment, Simple ROI)은 다음과 같이 계산한다.

투자수익 = 수익 – 투자비용

투자수익률(%) = (수익 – 투자비용)/투자비용

여기서 '수익'이란 하드 원가와 소프트 원가 절감액을 의미한다.

연간 하드+소프트 원가 절감액	276,625,000원+50,000,000원 = 326,625,000원
투자 비용	연간 70,150,000원
투자 수익	초년 256,475,000원, 초년 수익률 366%
기간 중 절감액	326,625,000원×5년 = 1,633,125,000원
총 투자 비용 (초기 비용+5년간 유지 보수 훈련 비용)	305,000,000원+(45,750,000원×5년) = 533,750,000원
단순 투자 수익	**1,099,375,000원, 수익률 206%**

이 경우 POS 시스템 구매에 따른 수익률은 206%이므로 현명한 투자이다.

■ 인력인가? 기기인가?

인력 절감 기기에 투자할 것인가에 대해 비용 편익 분석을 실시하는 것은 어려운 일이다. 이는 구매할 것인가 리스할 것인가를 결정할 때에 현금 유동성에 대한 영향, 세금, 예측되지 않은 수리 비용 등 여러 가지 요소가 판단에 어려움을 주는 것과 유사하다. 그러나 이렇게 복잡한 변수를 제외하고 기본적인 수치만을 놓고 생각한다면, 구매 결정에 유용한 정보를 얻을 수 있다. 다음의 예는 매일 30분을 줄일 수 있는 업소용 고기 슬라이서 구매에 대한 내용이다. 이 자료는 비교적 저렴한 기기를 구입함으로써 매일 30분의 인력을 절감할 수 있고, 결국 업소에 이익을 준다는 것을 보여주고 있다.

소유 원가
기기 원가+(연간 보수 유지비×수명) = 총 소유 원가
고기 슬라이서 595,000원과 유지비 25,000원×5년

총 소유 원가 : 720,000원
연간 소유 원가 : 144,000원

추정 인건비 절감액
추정 절감시간×인건비×연간 사용일 = 연간 인건비 절감액
0.5시간×7,950원×350일

연간 인건비 절감액 = 1,391,250원
주간 인건비 절감액 = 26,750원

회수
5년 소유 원가를 주간 인건비 절감액으로 나누면, 27주간의 인건비에 해당
720,000원÷26,750원 = 27주간의 인건비

약 6개월이 지나면 인건비 절감은 슬라이서 비용과 남은 4년 반 동안의 유지 비용을 상쇄하게 된다. 인건비 절감은 이후에도 계속될 수 있다. 5년 동안의 절감 총액은 6,260,630원에 달한다.

▨ 미국 레스토랑 인력 현황

- 일반적으로 패스트푸드 업체는 노동시간 10.5시간 동안 100명의 고객에게 음식을 제공하고, 동일한 수의 고객을 다루기 위해서 풀서비스 레스토랑은 70시간이 걸린다.

- 레스토랑 종사원 10명 중 8명은 시간급부터 시작한다.

- 미국 성인 중 37% 이상이 레스토랑에서 일한 경험이 있다.

- 레스토랑 업계는 1,160만 종사원을 가진 가장 큰 영리사업 부문이다.

- 미국음식점 협회 2001년도 자료에 의하면, 미국 풀 서비스 레스토랑의 고객당 매출단가가 15,000원 이하인 곳이 30.3%였다.

4

레스토랑
원가관리 노하우

주장 원가관리

특별히 시간을 내어 주류 및 음료의 원가 절감에 대한 두꺼운 책을 펴지 못하는 바쁜 현장에서 문제에 직면했을 때 즉각적이고 현실적인 아이디어와 해결책은 도움이 된다.

외식서비스 프로페셔널가이드 주장원가관리에서는 다양한 주류 및 음료 판매업소에서 원가 절감과 이윤 향상을 위해 활용할 수 있는 실제적인 내용을 제공하고자 한다.

주류, 음료 원가관리에 현금흐름, 종사원관리, 재고관리, 절도 등의 많은 문제들이 있지만 그만큼 많은 원가절감의 기회도 있다.

이 장에서 성공적인 주장원가관리의 지름길을 발견하기 바란다.

예산 수립과 수요예측

▣ 예산 수립의 기초

예산 수립과 관련된 전문용어들이 어렵다는 핑계는 더 이상 하지 말아야 한다. 관련 문서를 한 번 읽어보는 것만으로도 업소의 이윤 창출에 있어서 큰 차이를 만들 수 있다.

● 간결한 예산 수립

예산 수립은 수입, 지출, 이윤에 대한 계획이다. 사업상 중요한 결정을 내릴 때 예산 수립의 이 세 가지 요소를 고려한다.

● 운영예산(operating budget)의 수립

운영예산은 목표 이윤을 달성하기 위해 매출과 지출이 얼마가 될지를 추정하는 기본적인 계획이다. 장·단기 예산, 현금예산, 자본예산 등 다양한 형태의 예산이 있다. 주·음류업소에서는 단기, 즉 1년 운영예산이 가장 적합하다.

● 예산계획을 이용한 원가절감

예를 들어, 매출이 기대수준 이하일 때 또는 비용이 계획보다 상승하는 경우 즉각적인 조치가 필요하다. 최근의 지출을 재검토하거나 판촉활동을 고려해 본다.

- **예산계획을 이용한 표준 수립**

  품질유지는 이윤을 창출할 수 있는 가장 확실한 수단이다. 목표 매출을 달성하기 위해 품질을 저하시키는 일은 없어야 한다.

- **예산계획을 이용한 지출의 벤치마킹**

  예산계획은 일반 지출을 검토하는 데 있어 유용한 도구이다. 인건비, 연료비 등 비용의 다른 측면을 다시 검토해 본다.

▣ 예산계획 방법

효과적인 예산계획은 성공적인 업소 운영을 위해 필수적이다. 예산계획은 경영진에게 평가도구 이상의 역할을 한다. 운영비용을 예산의 범위 내에서 유지하는 데 도움을 줄 뿐 아니라, 즉각적인 조치가 필요한 부분을 찾는데 유용하다. 고정예산, 변동예산, 영점기준(zero-based) 예산은 세 가지 주된 예산의 종류이다. 예산계획 시 종류에 관계없이 다음의 두 단계 과정을 따른다.

- **두 단계 과정**

  두 단계 과정을 따르면 예산계획이 체계적으로 이루어질 수 있다. '설명' 단계라고 할 수 있는 일단계에서는 기본 가정만을 다루는데, 이 가정들은 계획의 두 번째 단계인 '재무' 내용을 수립하는 데 이용된다. 두 단계에서 보다 구체적인 계획들을 수립한다.

- **고정예산**

  12개월 동안 매출과 비용이 같다는 가정하에 수립된 예산을 고정예산이라고 한다. 고정예산은 비용과 운영 상태를 평가하는데 유용하게 이용된다.

- **변동예산**

  주·음료업계에서 매출은 끊임없이 변한다. 변동예산은 수익률 유지를 위해 주기적으로 비용을 재평가해야 하는 상황에서 유용한 예산 수립 방법이다.

- **영점기준예산(zero-based budget)**

  영점기준예산은 변동예산의 한 종류이다. 비용을 활동범위 내에서 추정하지만, 새로운 예산을 위한 비용을 계산하는 시작 시점은 항상 영(zero)이다. 이 예산은 책임소재가 필수적인 주류판매 업장에서 특히 유용하다.

- **예산계획의 간결성**

  어떤 종류의 예산계획 방법을 선택하든 관계없이 내용은 간단하여야 한다. 업장과 직접 관련되는 내용만을 예산계획에 포함시키도록 한다.

▦ 업소를 위한 예산 조정

예산의 필요성을 인식하고 업장에 맞는 예산수립 방법을 결정한 다음 할 일은 업장의 현실에 적합하도록 예산계획을 수정하는 것이다. 예산이 실제로 활용될 수 있도록 융통성 있게 수정한다.

- **가능한 간단히**

  예를 들어, 단일 업장의 경우 기본적인 예산과 관련된 정보만을 기록하도록 한다. 여러 업장을 운영하는 경우라도 예산 계획은 복잡해지지 않도록 한다. 현재의 운영상태를 살펴보고 영업운영에 필수적이지 않는 것은 제거하도록 한다.

- **담당자 선정**

  소규모 업소의 경우 경영자가 직접 예산을 수립하고 집행하게 되나 대규모 업장에서는 적절한 책임자를 선발하여 예산관리 업무를 위임한다.

- **종사원의 의견 수렴**

  종사원들의 의견을 수용하여 예산분석을 실시한다. 종사원들과 브레인스토밍 시간을 갖는 것도 좋다. 종사원들은 원가절감이 가능한 부분과 방법에 대해 다양한 의견을 제시할 수 있다.

- **종사원의 참여**

  중간관리자 이상의 종사원은 본사에서 결정되어 일방적으로 지시를 받기보다는 예산전략 수립과정에 참여하는 것을 선호한다.

■ 효과적인 예산통제

예산관리자의 책임 중 하나는 비용통제 방법을 개발하는 것이다. 효과적인 예산을 이용해 비용을 통제하고 전반적인 효율성을 향상시킬 수 있다. 예산 해결안은 적용하기 용이하고 적절하며 윤리적이어야 한다. 최적의 결과를 위하여 다음의 부분에 관심을 집중한다.

- **재무보고서**

  재무보고서는 성공적인 예산 수립의 시작점이다. 매일, 매주, 그리고 매달 재무보고서를 통합 정리, 분석하며, 항상 질문하고 원인을 분석하도록 한다. 예를 들어, 한 품목이 다른 품목보다 높은 수익률을 보이는지, 낭비가 발생하는 부분은 어디인지에 대해 분석한다.

- **노동생산성 통제**

  제한된 예산범위 내에서 생산성을 향상시키도록 한다. 재고관리, 구매,
  발주 등의 업무는 전산화할 수 있다. 지불하는 보험료에 비해 종사원들의
  건강보험계약이 적절한지 등 종사원 관련 보험계약도 평가한다.

- **업체의 자산유지**

  구매, 재고관리, 바 관리를 위한 전산시스템을 최대로 활용한다. 이것이
  최대로 작동되지 않는다면 업그레이드를 고려해 본다.

- **합법적인 예산통제**

  예산통제는 비용면에서 경제적이어야 하는 동시에 모든 비용절감 방법
  들이 세금관련 법률, 위생과 안전법규, 기타 노동법규에 적합해야 한다.

■ **수요예측 전략 개발**

수요예측이 쓸모없이 되는 이유 중 하나는 수요예측과 관련 없는 많은 정보
가 포함되기 때문이다. 부분적으로만 업장의 운영과 관련된 수요예측은 전체
예산계획을 방대하게 만들게 된다. 업소에 100% 유용한 수요예측 계획을 개발
한다.

- **기본사항**

  수요예측은 다음의 두 가지 부분에만 집중되어야 한다.
  ① 운영상의 이슈 – 예 : 구매와 인사관리
  ② 재무결과 – 예 : 원가와 매출비율의 추정

- **필수 정보**

  예산 수립에 필요한 정보는 다음과 같다.

① 이전 분기의 운영실적

② 다음 분기에 대한 가정

③ 목표

④ 간결한 모니터링 방법

- **수요예측 방법**

수요예측 방법은 매우 다양하나, 방법에 따라 어떤 것은 시간이 많이 소비되고 비생산적이다. 수요예측 방법을 결정하기 전 다음의 질문에 답해본다.

① 이 방법이 실용적인가?

② 결과가 현실적인 것인가?

③ 비용면에서 경제적인가?

이 세 가지 질문에 대한 답을 바탕으로 수요예측방법을 선정한다.

- **분석**

기본에 충실하도록 한다. 성공적인 수요예측이란 특정기간 동안의 운영 관련 의사결정사항들의 결과를 예측하는 것이다.

- **시간**

대부분의 업장에서 시간은 가장 중요한 고려사항이다. 수요예측에 소모되는 시간이 생산적으로 사용되어야 한다. 재고, 인건비 절감과 같이 실질적인 결과를 달성하는데 노력을 집중한다.

- **자원**

선정한 수요예측방법을 수행하는데 필요한 자원과 자료가 있는지 고려한다.

■ 수요예측의 정확성

　전통적으로 수요예측은 은행이나 회계사가 요구하는 정보를 제공하는 과정으로 여겨져 왔다. 그러나 수요예측이 반드시 비생산적인 것은 아니다. 수요예측은 미래의 업무수행에 대한 유용한 예측으로 이용될 수 있다. 계획과정에서도 수요예측이 활용될 수 있고, 예산전략의 중요한 부분이 된다. 다음에 제시된 가능성을 고려해 본다.

● 영업팀 접근법

　영업담당자들을 수요예측 과정에 참여시킨다. 수요예측 과정에 참여함으로써 책임감이 고무되며, 책임감은 수요예측의 정확성을 향상시키고 종사원의 업소에 대한 헌신을 증진시킬 것이다.

● 신속한 문제 규명

　운영상 문제점을 파악하는 데 수요예측을 이용한다. 예를 들어, 바의 재고에 차이가 있다든가 하는 문제가 발생하면 즉시 조치를 취한다.

● 고객의 기대

　고객의 기대는 흔히 사용되지 않으나 수요예측시 매우 효과적인 접근법이다. 고객설문조사를 실시하여 업장을 실제로 찾는 고객들의 의견을 반영한다.

● 경영자의 의견

　대규모 업체는 수요예측을 종종 영업, 구매, 회계 등 다양한 부서 담당자들의 의견을 종합하는 과정으로 이해한다. 그러나 대표성이 있고 정확하며 신속한 피드백과 수행가능한 해결책을 원한다며 수요예측에 경영자 의견을 활용해 본다.

• 노동력 예측

매출 예측을 근거로 필요한 노동력을 예측한다. 과잉 노동력은 수익을 상당히 감소시킨다.

▣ 예산수립 기간

시간이 소모된다는 이유로 예산 수립이 필요하지 않다고 하는 사람들도 있다. 그러나 성공한 많은 업체들은 건전한 예산, 특히 장기적 예산계획이 없었다면 지속적으로 영업할 수 없었다는 데 동의한다. 장기적 예산수립을 고려해 본다.

• 단기예산

단기예산은 일주일이나 한 달과 같이 짧은 기간을 위한 것으로 주간 바 품목 사용량, 일주간 필요한 종사원의 수 등의 정보를 포함한다. 단기 예산은 장기 예산 수립의 기초가 되므로 정확한 정보를 얻는 것이 필수적 이다.

• 연간예산

예산을 이용하는 대부분 업체들은 연간 단위를 이용한다. 일 년 후에 대해 미리 계획하도록 하며, 장기적 경향을 파악하고 활용한다.

• 장기예산

이것은 전략계획이라고도 불리는데, 주로 3년 내지는 5년 간의 예산 수 립을 말한다. 장기 예산 수립에는 향후 업체가 지향할 방향에 대한 윤곽 이 필수적이다. 예를 들어, 매출 증가를 위해 새로운 업장을 오픈할 수도 있고, 단기적으로 매출 감소를 초래할 증축계획을 수립할 수도 있다.

▦ 예산 수립과 수요예측의 전산화

예산 수립과 수요예측에 있어서 컴퓨터는 필수적이다. 대부분의 업소에서 마이크로소프트 엑셀과 같은 스프레드시트 프로그램이면 충분하다. 그러나 외식업계와 주·음류업소를 위한 소프트웨어도 인기를 더해가고 있다. 프로그램 구입시 업체의 요구도를 고려한다.

● **기본적인 스프레드시트 프로그램**

이들 프로그램들은 특히 예산과 수요예측을 위해 고안되었다. 비용면에서 경제적일 뿐 아니라, 열과 행으로 구성되어 있어 사용하기 편리하다. 수작업시 시간이 많이 드는 계산작업을 빨리 수행할 수 있다.

● **업소만의 스프레드시트 개발**

스프레드시트를 이용해 업소의 예산계획을 정확히 반영한 단순한 예산모형을 만든다. 일단 이 스프레드시트가 완성되면 그 후에는 필요할 때마다 숫자만 바꾸어 입력하면 된다. 그 과정에서 예산을 좀 더 정확히 할수도 있고 비용절감의 기회를 찾을 수도 있다.

● **그래프와 차트의 활용**

예산과 수요예측을 다른 사람에게 제시할 때 시각적인 효과를 이용하는 것이 바람직하다. 이러한 그래픽 작성에도 스프레드시트가 이용된다.

● **다점포 업체**

대규모의 업체는 레스토랑 업계에 적합하도록 고안된 소프트웨어를 사용할 수 있다.

■ 원가 – 조업도 – 이익분석 : 성공적 예산 수립의 핵심

예산분석 업무는 원가-조업도-이익분석방법을 이용하여 간단히 수행할 수 있다. 이것은 손익분기분석이라고도 불리는 가장 기초적인 예산분석방법이다. 예산분석 담당자는 원가, 매출액, 판매량, 이윤 간의 관계분석 이상의 업무를 수행해야 한다. 즉 끊임없이 원가 절감과 이윤증가 방법들을 찾아내기 위해 노력해야 한다. 간단한 그래프를 이용해 다음의 질문들에 대답해 본다.

- **목표이윤**

  예산상 목표이윤을 달성하기 위하여 몇 잔의 음료를 판매해야 하는가?

- **비용상승**

  변동비와 고정비가 상승할 경우 목표 이윤 달성을 위해 추가로 판매해야 하는 음료의 수는 얼마인가?

- **영업시간**

  영업시간을 늘릴 필요가 있는가? 이윤이 증가할 수 있을 것인가? 고객이 없는 시간에도 영업을 하는 것이 바람직한가?

- **균형과 전망**

  융통성 없이 원가-조업도-이익분석법을 적용하는 것도 바람직하지 않다. 고객의 평판과 종사원의 지지를 고려하지 않고 원가-조업도-이익분석법에 집착하는 경우 이윤은 감소할 것이다.

- **컴퓨터 프로그램**

  원가-조업도-이익분석을 위한 저렴한 소프트웨어를 이용해 본다.

▣ 예산계획의 모니터링

예산계획을 잘 수립하였어도 사용되지 않는다면 아무 소용이 없다. 운영예산의 모니터링은 복잡한 과정이 아니다. 최대의 효과를 위해 수입, 비용, 이윤, 이 세 가지 영역에 관심을 집중하면 된다.

● 수입

수입이 기대 이상의 수준인가? 바빠졌지만 매출은 증가하지 않은 것 같이 느껴지지는 않는가? 이러한 경우 지체 없이 다른 전략을 수립한다. 종사원이 너무 많을 수도 있고, 재고가 너무 쌓여 있거나 가격 결정이 잘못되었을 수도 있다. 매출이 계획보다 적은 경우 반드시 수입을 증가시키는 방법을 적용하여야 한다.

● 비용

미래의 매출과 마찬가지로 미래의 비용을 정확히 예측하는 것도 쉽지 않다. 수입과 비용은 항상 변화한다. 이때 도움을 주는 것이 비용 기준을 결정하는 것이다. 쉽게 설명하면, 여러 가지 다른 매출을 가정할 때 예산의 비용과 실제의 비용을 비교하는 것이다. 이 방법은 재고량, 노동력, 일반적인 비용관리에 모두 적용 가능하다.

● 수입-비용 = 이윤

예산상의 수입-예산상의 비용 = 예산상의 이윤. 지속적인 영업을 위해 계획한 이윤을 반드시 달성하여야 한다. 이를 위해 업소의 전 부분에서 다양한 방법을 조사하여 영업수익을 확보하여야 한다.

2 원가 계산·수익·현금관리

▣ 수익성 계산의 기초

매일매일의 업장 운영으로부터 끊임없이 자료와 정보가 생산된다. 그러나 놀랍게도 이 자료들의 완전한 이해는 말할 것도 없고 전혀 활용되고 있지 않다. 그렇다면 한 업소가 이윤을 창출하는지를 어떻게 알 수 있겠는가? 간단한 계산 없이는 답을 얻을 수 없다. 그럼 이제 몇 가지 쉬운 계산을 시작해 보도록 한다. 이윤과 원가 계산을 이해하기 위해 수학자가 될 필요는 없다.

● 음료의 원가

음료 원가 계산 시 가장 기본이 되는 단위는 밀리리터나 온스이다. 예를 들어, 1리터 음료의 온스당 원가 계산은 한 병의 도매원가를 33.8 온스로 나누면 되고, 750밀리리터 음료의 경우 25.4 온스로 나누면 된다. 이 계산의 결과가 1온스당 원가이다. 밀리리터당 원가는 1리터 음료는 도매원가를 1,000으로 나누고 750밀리리터 음료는 도매원가를 750으로 나눈다.

● 1인분당 원가

음료의 가격을 결정하기 위해 1서빙당 기본원가를 알아야 한다. 1인분당 원가 계산에 음료에 따라 온스당 원가나 밀리리터당 원가가 이용된다. 예를 들어, 온스당 원가가 600원이고 래시피당 1.5온스가 1인분이라면 1인분의 원가는 900원이다.

• 원가비율

　원가비율을 계산하는 공식은 반드시 알아야 한다. 한 품목의 원가 계산을 위해 제품의 원가(1인분 원가)를 판매가로 나누고 여기에 100을 곱하면 된다. 이것이 원가비율이다. 수익률 계산에 있어서 매우 중요하고 음료업계에서 가장 흔히 사용되는 공식이다. 수익은 원가와 판매가와의 차이이다. 비용의 비율이 상승하면 이윤 마진은 감소하게 된다.

▨ 병당 수익률

　이제 단위당 원가계산 방법(병당 원가/병당 온스수 또는 병당 원가/병당 밀리리터수)을 이해하였다. 그러나 이 계산과정을 그대로 따랐음에도 실제 상황에서는 최종 매출과 수익 계산이 잘 맞지 않는 경우가 종종 발생한다. 그 원인을 파악하여 보자.

• 증발과 손실

　온스당 원가 계산시 병의 전체 양에서 1~2온스를 빼야 한다. 이 양은 자연스럽게 일어나는 증발과 혹은 따르는 과정에서의 손실을 고려한 값이다. 이로 인해 온스당 원가는 약간 상승하겠지만 계산 결과는 훨씬 더 현실적이다.

• 계산상 오차

　리터, 온스와 같이 다른 단위를 포함하는 계산시 약간의 오차가 발생할 수 있다. 예를 들어, 하이볼 한 잔에는 위스키 1.5온스(약 45ml)가 포함되어 있다고 하자. 온스로 계산하면 1리터 한 병은 22.54 서빙인 반면, 밀리리터로 계산하면 22.22 서빙이 산출된다. 해결책-유효 숫자에서 반올림한다.

- **산출량의 최대화**

  주류 한 병이 어떤 가격에서 몇 서빙을 산출할지를 계산할 수 있으나, 음료를 따르는 과정에서 이윤이 손실된다. 자동화된 서빙기기를 활용하여 이 문제를 해결할 수 있다.

- **대용량 제품**

  매출량이 높은 주류의 경우 대용량의 제품을 구입하여 서빙당 산출량을 향상시킬 수 있다.

- **음료의 단위 환산**

  1온스 = 30ml

▣ 최적 이윤을 위한 음료가격 결정

가격 결정은 중요한 이슈이므로 임의로 행해져서는 안 된다. 최적 이윤을 창출하면서 고객들이 지불한 가격에 대해 적절한 가치를 느끼는 가격 사이의 균형을 유지하는 것이 필수적이다. 최대 매출을 달성하는 것도 중요하지만 가격을 지나치게 올린다면 매출량이 감소하여 결국 이윤도 감소될 것이다.

- **고객조사**

  잠재시장에 대한 조사를 실시한다. 이때 다른 업소를 방문할 수도 있다. 얼마나 많은 고객들이 어떤 종류의 음료를 선호하는지 파악할 수 있을 것이다.

- **경쟁**

  현실적인 시장 포지셔닝에 대한 이해가 필수적이다. 다른 업소와 경쟁하여, 선두업체가 되어 그 분야에서 유일한 업소가 되는 것을 목표로 삼는다. 같이 공존하는 전략으로는 성공할 수 없다. 목표설정 후 가격을 그에 맞게 결정한다.

● **업소의 종류**

가격 구조 결정시 업소에 대하여 고객들이 가지고 있는 이미지를 고려하여야 한다. 고객들은 가격에 대해 고정된 기대를 가지고 있다. 예를 들어, 인기 있는 나이트클럽이나 성인업소에 대해서는 평균 이상의 가격을 기대하는 반면, 집 주변 술집에 대해서는 저렴한 가격을 기대한다. 고객의 기대에 부응하는 가격 전략이 필수적이다.

● **일인분 원가**

사전 연구와 조사를 통해 경쟁업소를 이길 수 있는 완벽한 계획을 수립할 수는 있다. 그러나 경쟁업소보다 저렴한 가격으로 물건을 구입하지 못한다면 이 전략은 성공할 수 없다. 구매가를 낮추어서 원가를 최소화한다.

■ **가격 결정 전략의 적용**

원가, 경쟁업체, 주 고객층 등을 포함하여 가격 결정의 모든 측면을 고려해 보았다면, 사용하기 쉬운 가격 결정 계획을 수립할 단계이다.

● **가격 리스트**

너무 많은 선택이나 변수가 있는 복잡한 가격 리스트는 종사원들을 혼란스럽게 하고 계산시 실수의 원인이 된다. 이러한 실수로 인해 매출이 오른다 할지라도 고객들의 불평이 증가하여 결국 고객수가 감소하게 될 것이다.

● **가격 카테고리**

도매원가에 따라 메뉴 아이템을 그룹화한다. 가격 카테고리 결정시 500

원과 같이 떨어지는 단위를 이용한다.

• 1인 분량

재고 창고 내 각 제품에 음료 가격과 적절한 1인 분량을 표기한다.

• POS 시스템

POS 시스템을 사용하면 바텐더의 일이 훨씬 쉬워진다. 가격을 찾기 위해 몇 개의 단추만 누르면 되는 자동화된 시스템을 구입한다. 전문업체에 연락하여 POS 시스템에 대한 정보를 얻을 수 있다.

▦ 이윤의 결정

그 중요성에도 불구하고 주류·음료업계를 위한 표준이 되는 이윤수준 결정의 지침은 없다. 수익률, 원가 통제 등이 이윤수준 결정에 달려 있다. 이윤결정 시 도움이 될 수 있는 몇 가지 가이드라인을 제시하고자 한다.

• 일반적 가이드라인

출발점이 필요할 경우 다음의 제안이 도움이 될 것이다.

■ 칵테일 : 원가의 3.5~4배
■ 기타 주류 : 원가의 4~5배
■ 맥주 : 원가의 2.5~3배
■ 와인(잔) : 원가의 3~4배
■ 와인(병) : 원가의 2.5~3배
■ 디저트 와인 : 원가의 2.5배

위의 이윤수준을 근거로 할 때, 보통 음료원가는 판매가의 28% 정도이다.

- **세 가지 주된 가격결정 방법**

  주·음료업계에서 이용하는 가격결정 방법을 이해하는 것이 도움을 줄 것이다.

  ① 전통적인 가격결정 : 직관과 지역 내 경쟁업체의 가격을 이용하는 방법. 직관에만 의지하지 않도록 한다.

  ② 원가+이윤 : 판매가는 원가에 이윤을 더하여 결정한다. 사용하기 쉬워서 흔히 이용되는 방법이다.

  ③ 원가 비율 : 2번 방법과 유사하지만 목표 이윤을 강조한다.

- **업장의 종류**

  이윤 정도는 업장의 종류에 따라 달라진다. 예를 들어, 고급 호텔이나 레스토랑, 나이트클럽에서는 높은 이윤이 가능한 반면, 일반 주점은 상권 내 유사 업소와 경쟁하기 위하여 좀더 경쟁력 있는 가격을 결정하여야 한다.

▦ 바의 현금관리 과정

바의 운영에서 현금 흐름은 현금 관리를 의미한다. 바는 현금을 위주로 하므로 철저한 현금관리가 매우 중요하다. 영업 후 금전등록기 내에는 정확히 있어야 할 금액의 현금이 있어야 한다. 엄격한 현금 관리 지침을 정하는 것이 필요하다. 이것이 업계에서 생존하고 이윤을 창출하며 비용을 통제하는 유일한 방법이다.

- **보유 현금**

  매 근무조의 시작과 끝에 업장 내 현금의 양을 기록한다. 일단 처음 근무조의 바텐더가 개시금액을 계산하도록 한다. 현금은 바에서 분리된 안전한 장소에 보관하고, 자신의 근무시간이 끝난 후 현금 계산은 다른 바텐더가 수행하도록 한다. 개시금액을 계산한 바텐더가 자신의 근무시간 종료시 마감금액을 계산하지 않도록 한다.

- **부정기적 점검**

  매니저는 정해진 스케줄 외에 부정기적으로 현금의 양을 확인한다.

- **현금계산 시기**

  정신없이 바쁜 시간에는 현금계산을 하지 않는다. 현금계산 중 다른 일을 하거나 잠시라도 현금을 방치하는 일이 없도록 한다.

- **개시금액**

  개시금액은 각 근무조 시작시 금전등록기 내 현금의 양을 말한다. 매 근무조의 시작시 금전등록기 내에 액면가별로 현금을 충분히 준비하여 바쁜 시간에 부족한 현금을 채우기 위해 금전등록기를 비우는 일이 없도록 한다.

- **현금의 보안**

  개시금액은 필요할 때까지 사무실 내 금고에 보관한다. 개시금액을 가져가는 종사원은 반드시 정확한 양을 확인하고 서명하도록 한다. 각 근무조가 끝난 후에도 역시 같은 엄격한 절차를 따르도록 한다.

▣ 정확한 현금관리

업장 내 정확한 현금관리를 통해 원가를 절감하고 이윤을 높일 수 있다. 한 순간의 실수가 전체 영업 수행에 영향을 미칠 수 있으므로 영업시간 동안 매순간 현금을 모니터한다. 현금 모니터링 절차는 업소의 규모와 종류에 따라 다양하지만 몇 가지 공통된 것들이 있다.

- **매일 같은 일을 반복하는 것이 지루할 수도 있으나, 일상적 관리절차를 따르는 것이 정확한 현금관리의 가장 좋은 방법이다.**

- **매일 예비 현금의 양(개시금액 외에 수중에 있는 모든 현금을 포함)을 정확히 계산한다.**

  은행에 현금을 입금한 후 보유 현금을 계산하면 매출에 의해 발생한 현금 양을 파악할 수 있어 현금을 철저하게 통제할 수 있다.

- **금전등록기 내 구획을 각 근무조별로 할당한다.**

  금전등록기의 분리된 구획을 이용하여 정직한 종사원을 보호하고 정직하지 못한 종사원을 적발할 수 있다.

- **근무조 동안에도 주기적으로 과다의 지폐를 수거하여 금고에 보관한다.**

- **근무조 종료시 금전등록기의 Z키를 눌러 출력물을 얻는다.**

  바의 모든 금전등록기 서랍과 Z키 출력물을 사무실로 옮긴다.

- **모든 현금은 안전한 장소에서 정산한다. 이것은 매우 중요하다.**

▨ 간편한 현금 정산

단순한 현금 정산 절차를 이용해 시간과 비용을 절감할 수 있다. 업소가 POS 시스템을 이용하든 금전등록기를 이용하든 관계없이 다음의 10가지 절차로 현금정산을 위해 필요한 정보를 요약할 수 있다.

① 모든 보유현금을 계산하고 기록한다. 보유현금 정산표의 각 열에 액면가 별로 현금액을 기록한다. 동전 총액도 기록한다.

② 신용카드 매출 총액을 기록한다.

③ 수표 매출 총액을 기재한다.

④ 다음 열에 음료 외 기타 상품 매출을 기록한다.

⑤ 다음 열에 기타 구매를 위해 지불된 총 현금액을 기록한다.

⑥ 현금, 신용카드, 수표, 기타 매출 및 지출의 소계를 입력한다.

⑦ 다음 근무조 개시금액을 계산한 후 기록하고 금고에 이 현금을 보관한다.

⑧ 계산된 소계로부터 개시금액을 뺀다.

⑨ 8번에서 얻은 숫자를 보유현금 정산표의 마지막 행에 입력한다.

⑩ 마지막으로 금전등록기의 Z키 출력물을 매출총이익과 비교하여 이 숫자가 0보
다 크면 현금 총액이 매출기록보다 큰 것이고 0보다 작으면 부족한 것이다.

▨ 매출총이익(Gross profit)

매출 이익보다 영업 실적을 더 잘 보여주는 것은 없다. 정의에 따르면 매출이
익은 판매가와 품목별 원가의 차이이다. 원가절감을 위한 모든 노력은 이 매출
이익에 초점을 두어야 한다. 매출이익과 관련된 몇 가지 중요한 계산 방법을
이해해야 한다.

• 매출이익

음료의 매출이익을 계산하기 위해 판매가에서 원가를 뺀다.

• 매출이익 마진

이것은 판매액 중 이윤의 퍼센트를 의미한다. 매출이익을 판매가로 나
누고 100을 곱하면 된다.

• 매출 퍼센트 이윤

판매가 결정 방법의 하나이다. 목표 매출이익 마진을 근거로 판매 가격
을 계산하기 위해 원가를 (100 – 목표 매출이익마진%)으로 나누면 된다.

• 원가요인법

음료업계에서 원가를 근거로 음료의 판매가를 계산하기 위해 이용된다.
100을 목표 원가 %로 나눈 후 원가와 곱하면 된다.

- **혼합 음료의 주원가법**

  진, 토닉, 스카치 온더락과 같이 한 가지 주재료만을 포함한 혼합 음료의 목표 판매가를 결정하기 위해 사용되는 계산이다. 음료의 원가를 목표 주원가 %로 나누어 얻을 수 있다.

◼ **현금관리 문제의 해결**

주류 원가가 상승하지만 그 원인을 파악하지 못하는 경우가 있다. 다음의 가능성을 고려해 보고 상황을 극복하기 위한 조치를 취하도록 한다.

- **주류 원가가 상승하지만 판매 가격은 그대로인가?**

  원가 상승에 적합하게 음료 가격을 인상한다. 그러나 업계 시세를 벗어나지 않도록 주의한다.

- **판매 가격에 세금을 포함해야 하는가?**

  세금으로 인한 소액 거스름돈 관리가 복잡한가? 계산을 할 때마다 소액의 잔돈을 거슬러 주는 것은 고객과 바텐더 모두를 귀찮게 하므로, 소액 거스름돈이 생기지 않도록 가격을 결정하고 그 가격 안에 세금을 포함한다.

- **매출량이 감소하고 있는가?**

  매출감소의 문제를 해결하기 위해 우선 경쟁업소를 살펴본다. 경쟁업소의 가격이나 행사가격을 파악하지 못할 수 있다. 경쟁자의 주류 원가가 업소의 원가와 상당히 유사함을 기억한다.

- **업소의 실적이 나빠지는 것이 새로운 종사원의 근무시기와 일치하는가?**

  그 새로운 바 종사원이 음료를 정확하게 따르고 음료 래시피를 준수하는지 확인한다. 특정 종사원의 근무 시간에 주류원가가 더 높은지 매일 확인한다.

- **저장고에서 출고된 병의 수가 증가했지만 실제 매출은 감소되고 있는가?**

  아마도 종사원이 근무 중에 음료를 마시거나 절도 등의 방법으로 이를 횡령하고 있을 것이다.

- **근무시간 외의 문제는 없는가? 재고에서 어떤 차이는 없는가?**

  우선 종사원의 정직하지 못한 행동들을 의심하도록 한다. 영업시간이 아닌 시간에 업소에 남아 있는 종사원으로 일단 범위를 줄이고 자세히 조사해 본다.

- **다음의 내용을 조사해 본다.**

  종사원들이 지인들에게 음료를 무료로 제공하지는 않는가? 바텐더가 표준량 이상을 서빙하지는 않는가? 이 경우에 자유 서빙방법에서 보다 통제 가능한 서빙방법으로 전환한다. 처음으로 돌아가 송장 대비 배송량을 다시 확인한다.

레스토랑
원가관리
노하우

3 구 매

▣ 원가 절감을 위한 구매 전략

업소만을 위한 구매 전략이 없다면 지금이라도 개발하도록 한다. 효과적인
구매 계획은 원가를 절감하는 가장 신속하고 손쉬운 방법이며 지불한 비용을
최대로 활용하는 방법이다. 원가 통제에서 가장 중요한 부서가 구매부서이다.
효과적인 구매 계획은 복잡할 필요는 없고, 잘 계획되고 수행하기 쉬우면 된다.
몇 개의 단순한 방법이면 충분하다. 계획은 단순하게 수립하고 수립된 계획의
수행에 중심을 둔다.

• 5가지 구매 전략 : 궁극적인 목표는

- 원하는 제품을,
- 최적의 품질로,
- 적절한 가격에,
- 필요한 시기에,
- 올바른 구입처로부터 구매한다.

• 순환과정으로서의 구매

구매는 일회성 활동이 아니라 여러 관리활동의 순환과정이다. 구매는
단순히 전화나 이메일로 물건을 주문하는 것 이상이다. 재고가 고갈되지

않아야 하는 동시에 너무 많은 재고를 보유하지 않도록 관리해야 한다.

● **목표 달성을 위한 구매**

무엇을, 어떻게, 언제 구매할지는 반드시 업소의 목표를 고려해 결정되어야 한다. 업소의 목표가 바뀌면 구매도 변화해야 한다.

● **구매 전략의 문서화**

구매 계획을 문서화하여 컴퓨터나 쉽게 이용할 수 있는 장소에 보관한다. 언제 다른 종사원들에게 구매 업무를 위임해야 할지 모르므로 준비되어 있어야 한다.

● **전반적인 검토**

계획을 수립한 후 전반적인 검토를 실시한다. 구매가 장기 고정가격 기준인지 현시가 기준인지를 파악한다. 두 가지 방법을 모두 사용하도록 한다.

▨ 구매절차 관리

바쁜 업무 중 쉬운 일은 아니지만 몇 가지 기본적인 통제 과정으로 구매관리자의 업무가 훨씬 더 용이해지고 원가가 절감될 수 있다.

● **단계별 구매 가이드**

현재의 구매방식을 완전히 이해하더라도 구매과정에서 중요한 관계를 간과하고 반복적인 작업 등으로 시간을 낭비할 수 있다. 문서화된 단계별 구매가이드를 이용하여 장기적으로 비용과 시간을 감소할 수 있다.

● **가격변동 파악**

시간적 적절성은 구매에서 매우 중요하므로 음료시장에서 제품 가격 변화를 파악한다. 와인업계에서 가격의 시기적 변동은 심하다. 또한 여름을 대비해 탄산음료를 대량으로 구매할 수 있다.

• 구매 스케줄의 정기적 분석

주류, 포도주, 음료의 소비는 매달, 매년 변동한다. 작년에 성공적이었던 구매 패턴이 올해는 잘 적용되지 않을 수도 있다. 일일 단위 구매가 나은지 주 단위나 월 단위가 적합한지를 결정한다.

• 주문 내역

주문 내용이 정확히 작성되고 지침이 수행하기 용이한가를 분석한다. 모호한 내용은 수정하여 반품 등의 불필요한 과정을 개선한다.

• 납품업자와의 관계

납품업자의 제품 품질과 신뢰성에 대한 기록을 유지하고 있는가? 물건에 문제가 발생했을 때 해결이 용이한가? 정기적으로 납품업체 연락처를 업데이트하고 기존 거래처와도 긴밀한 관계를 유지하는 동시에 새로운 납품업자가 있는지에도 관심을 갖는다.

▣ 구매물품의 품질

구매하는 물품의 품질이 업소의 품질 기준을 결정하므로 품질을 운에 맡기지 않는다. 품질 관리에서 실수는 값비싼 대가를 초래한다. 소문은 빠르게 퍼지므로 좋은 평판을 얻는 것은 중요하다.

• 품질을 최우선으로

사업 목표를 달성하기 위해 구매결정에 신중을 기해 좋은 품질의 물품을 구매한다.

- **목적에 적합한 물품의 구매**

  구매하는 물품은 본래의 사용 목적에 적합해야 한다. 물품이 적합할수록 품질은 더 높아진다. 어느 제품이든 품질은 업소의 목적에 적합해야 한다.

- **전사적 품질관리**

  품질관리에 업장의 전 부분이 참여해야 한다. 품질관리는 주류에만 적용되는 것이 아니다. 물론 포도주, 증류주, 맥주, 리큐르 등 주류가 중요하지만 비알코올 음료, 즉 커피, 탄산음료의 품질 역시 중요하다. 커피와 탄산음료 고객들은 예민하고 입소문이 강한 집단이다. 품질 낮은 커피만큼 고객을 쉽게 쫓아버리는 제품도 없다.

- **품질 저하**

  적당히 괜찮을 것 같다는 생각에 품질이 낮은 제품을 구매하지 않는다. 결국 그러한 물품구매에 후회하게 될 것이다.

- **비용 대비 품질 평가**

  각 제품의 품질을 원가에 대비하여 평가한다. 가장 저렴한 제품들이 업소의 측면에서 반드시 최상의 제품은 아니다. 구매 결정시 품질을 희생할 필요가 없다.

- **고객 관점에서 품질 평가**

  고객이 어떤 수준의 품질을 기대하는지를 파악하고 그 기대 수준을 충족시킨다.

- **납품업자의 품질 평가**

  품질이 낮은 제품 구매로 인한 낭비를 경험해 본 적이 많이 있을 것이다. 샘플을 요구하여 사용함으로써 거래를 고려하는 납품업자의 품질 수준을 평가한다. 납품업자의 품질 기준을 문서화하여 서로간의 오해를 방지하는 것이 중요한다.

▣ 비용 절감과 구매보안 시스템

구매과정에 보안체계를 포함한다. 그러나 보안체계의 선택은 업소의 규모에 따라 달라진다. 업소의 규모가 작아서 주방장과 병 세척을 한 사람이 담당하는 경우 보안은 매우 쉬운 문제이다. 그러나 많은 사람들이 구매에 관여하게 되는 큰 업장의 경우 보안은 큰 문제가 된다. 구매담당자는 다음의 사항들을 심각하게 고려해야 한다.

• 신뢰성 있는 구매통제시스템 구축

수작업으로 이루어지든 전산화되어 있든 구매통제시스템이 구축되어야 한다. 최근 주류 판매업소를 위한 전산프로그램이 판매되고 있다.

• 위조 문서

구매과정은 처음부터 마지막까지 정확하게 문서화되어야 한다. 문서화 과정의 작은 부분까지 주의를 기울임으로써 보안상의 문제를 파악할 수 있다. 계산 실수나 의도적인 중복, 부정확한 송장, 위조 신용카드 청구서 등에 주의를 기울인다. 이런 것들이 비양심적인 구매자나 납품업자가 흔히 사용하는 방법들이다.

• 뇌물

어떤 구매담당자들은 납품업자와 거래시 물질적, 금전적 대가를 요구하기도 한다. 불행하게도 이런 일이 자주 발생한다. 그러한 구매담당자들과 판매업자들은 종종 이런 일은 숨기는데도 능해 발견하는 것이 쉽지 않다. 항상 주의를 기울인다.

- **구매담당자에 의한 절도**

   구매담당자에 의한 절도는 다양한 형태로 발생한다. 구매담당자들은 개인적 용도로 물품을 주문하기도 한다. 주의 깊게 고안된 구매시스템으로 이러한 문제의 대부분을 관리할 수 있다.

▨ 간결한 구매과정

   업소의 규모에 관계없이 일정 수준 반복되는 구매 과정은 피할 수 없다. 구매담당자는 물품구매 청구서, 발주서, 배송 지침, 검수 보고를 최소한으로 수행하고 품질 관리를 수행해야 한다. 그러나 각 구매 단계는 필요한 과정이므로 이를 단순화하여 시간과 노력, 비용을 절감한다.

- **태도의 변화**

   구매절차를 귀찮고 불필요한 것으로 보는 대신 지원체계로 간주한다. 구매과정의 정확한 문서화는 사업 운영에 필수적이다.

- **기본에 충실**

   구매담당자들은 항상 적절한 구매과정을 수행해야 한다. 구매단계 중 업소에 해당되지 않는 과정은 제거한다. 예를 들어, 계약상 주문된 내용을 자주 취소하는 경우 문서화된 구매청구서는 불필요할 수 있다.

- **구매 청구서**

   시간 절약이 중요하다. 지속적으로 필요한 물품을 파악하고 자동적으로 구매 과정이 시작되도록 설정한다.

- **발주서**

   이 단계는 단축하지 않는다. 발주서는 구매자와 납품업자 사이의 법적인 계약이다. 소규모 업체라 할지라도 발주서는 문서화되어야 한다. 처음부터 정확하게 수행함으로써 시간과 비용을 절약할 수 있다. 전산화된 발주서는 수작업에서 발생할 수 있는 실수를 감소시키는 효과도 있다.

● 배송 지침

배송 지침은 간결하게 유지한다. 이 문서는 구매자가 납품업자에게 보내는 지침의 확정이다. 수작업으로 작성되었든, 컴퓨터로 작성되었는지에 관계없이 배송 지침은 간결한 정보만을 포함해야 한다. 또한 해당 배송의 발주서 번호를 포함해야 하고, 기록 유지 목적상 일련번호로 관리해야 한다.

● 검수일지

이것 역시 간결하게 유지한다. 구매 과정의 중요한 문서이지만 물품의 양과 상태, 발주서의 기록과 비교, 검수자, 입고일자 등 매우 기본적인 정보만을 포함한다.

▨ 명확한 임무와 권한 설정

매일의 구매 활동 관리에서 어려움에 봉착할 때가 있다. 자신의 책임 여부를 파악하여 업무의 수행 결과를 높이도록 한다.

● 목표의 인식

구매담당자의 책임은 가치를 최대화하여 업소가 지불한 비용에 대해 최대의 것을 얻는 것이다.

● 책임 사이클

구매담당자는 전체 구매사이클에 대한 책임을 가지고 있다. 업소의 물품에 대한 요구, 구매 계획, 납품업체 선정, 구매, 검수, 저장, 지급 등 구매의 전 활동을 포함한다.

- **통제**

  비용을 고려한 구매활동의 효과적인 관리와 통제는 구매담당자의 첫 번째 임무이다.

- **납품업자와의 관계**

  구매부서는(구매담당자 1명으로 구성되어 있더라도) 외부 납품업체 관리에 대한 모든 책임을 지고 있다. 구매담당자는 납품업체 관리에서 발생할 수 있는 모든 문제와 질문들을 다룰 수 있는 능력이 있어야 한다.

- **구매업무의 처리시간**

  고객 접점 종사원들은 고객 서비스 중 다른 일로 방해받는 것을 좋아하지 않는다. 긴박한 상황을 제외하고는 모든 구매 관련 문제는 바쁜 시간 이후에 처리하도록 한다.

- **높은 수행 기준**

  모든 구매물품이 본래의 목적에 적합하고 일정하게 높은 품질을 유지하도록 하는 것은 구매담당자의 임무이다. 높은 기준이라 함은 좋은 가치를 의미한다.

▨ 능률적인 검수

검수과정에 비용 절감의 기회가 많이 존재함에도 흔히 간과되곤 한다. 잘 고안된 구매 계획은 이 마지막 단계에서 실패하곤 한다. 이 과정의 중요성을 과소평가하지 않는다.

• 물품의 검수

바쁜 시간일지라도 모든 제품을 자세히 검수해야 한다. 이것이 제품의 문제를 규명할 수 있는 유일한 기회이다. 대부분의 납품업자는 계약서상에 주문과 배달된 물품과의 차이나 양의 부족을 조정할 수 있는 기간을 짧게 규정한다.

• 체크리스트 활용

물품 검수담당자의 업무 내용은 다음과 같다.

- 납품업체 확인
- 품질 확인
- 양의 확인
- 가격 확인(가능한 경우)
- 발주서와의 차이를 기록
- 서명, 날짜(위의 내용들이 충족되었을 경우)

• 문의사항

양의 부족이나 어떤 차이, 기타 문제 발생시 즉각 납품업체에 발견 사실을 알리도록 한다(문서로 작성하는 것이 바람직). 대부분의 문제는 신속하게 해결되는데, 그럼에도 불만족한 사항에 대해 문서로 작성하는 것이 현명한 처리 방법이다. 때때로 이런 문제들의 해결이 복잡해져 긴 분쟁이 발생할 수도 있다. 사실에 대해 문서로 작성하는 것이 가장 좋다.

• 서류작업

지루하지만 중요한 업무이다. 물품을 검수하는 종사원이나 지정된 종사원이 모든 송장에 배달된 물품에 적절한 표시를 한다. 입고일자와 입고자명이 표시되는 스탬프를 사용할 수 있다.

• 검수과정의 무작위 실사

문제가 발생하기 전에 미리 어떤 문제가 있는지 파악한다. 기본적인 실사 과정은 발주서와 배달된 물품의 양과 질을 비교하는 것이다. 주류, 포도주, 음료의 양이나 병 등의 수를 측정한다. 또한 상자에 표시된 병의 수가 일치하는지 확인한다. 마지막으로 모든 서류가 정확하게 작성되었는지 확인한다.

▨ 구매명세서 작성

구매담당자의 중요한 업무 중에 하나는 표준을 설정하는 것이다. 구매 전에 구매하고자 하는 음료의 종류와 주문 조건을 분명히 설정해야 한다. 다음은 구매명세서에 포함되어야 하는 내용들이다.

• 종사원의 의견

다른 종사원들의 의견을 고려하는 것이 중요하다. 물론 종사원들이 업소의 측면을 고려해 주면 좋지만 때때로 종사원들은 무엇이 가장 잘 판매될지를 알고 있다.

• 업소 이미지

구매명세서에는 업소의 이미지가 반영되어 있어야 한다. 주 고객층을 고려하여 구매명세서에 요구되는 표준과 가격을 결정한다.

• 복사본 유지

구매명세서의 복사본을 유지한다. 구매명세서는 업소의 전반적인 구매 기준과 구매 방식을 반영하되, 긴 문서일 필요는 없다. 몇몇 개의 단순한 포인트만으로도 가능하다.

- **구매명세서의 내용**

  구매명세서는 품질, 양, 일관성, 납품업체의 신뢰성, 물품의 구매 가능성 등을 포함한다.

- **납품업체와의 의사소통**

  구매명세서를 통해 납품업체는 업소가 원하는 기준을 이해할 수 있다. 또한 구매명세서는 분쟁시 유용하다.

- **추가의 물품 정보**

  구매명세서에 물품에 대한 추가정보 리스트를 부록으로 첨부한다. 이 정보를 차트 형태로 작성하는데, 브랜드명, 원산지, 알코올 함량, 포도주의 경우는 제조년도와 빈티지 등의 정보가 포함된다. 발주서 작성 또는 전화주문시 이것을 이용한다. 물품을 입고할 때 대체물품을 파악하는 데도 도움이 된다.

구매비용 절감

구매부서는 원가절감에 있어서 핵심이다. 업소의 어느 다른 부분보다도 구매부서에서의 원가관리가 훨씬 효과적이다. 현명한 구매기법은 업소의 전체 이윤을 증가시키는 가장 좋은 기회가 된다.

- **시장 동향의 파악**

  인기가 상승하는 음료의 경우 납품업자 사이에 경쟁이 높아진다. 때때로 이들 사이의 경쟁을 이용한다. 협상을 시도한다.

- **새로운 아이디어**

  구매자들은 항상 새로운 아이디어와 원가절감 방법을 추구해야 한다.

따라서 영업사원들의 방문을 거부하지 말아야 한다. 영업사원들은 업소가 관심을 두고 있는 정보를 제공할 수 있고, 특별한 가격할인 여부도 알려줄 수 있다.

● 기회의 파악

좋은 구매의 기회를 간과하지 않는다. 곧 생산이 중단될 예정이거나 납품업자의 수요계산의 실수로 창고에 쌓여있는 재고가 있는지 알아본다. 이런 물품의 구매로 큰 절약을 얻을 수 있다.

● 공동구매

다른 업소와 공동구매 가능성을 고려해 본다. 공동구매로 구매력을 키울 수 있다.

● 구매 단위의 변화

음료를 대량으로 구매하여 원가를 상당히 감소시킬 수 있다. 특히 유통기한이 긴 주류의 경우 대량 구매를 이용해 본다.

● 거래 품목의 수

한 납품업체로부터 모든 음료를 구매함으로써 원가에 있어 상당한 절감 효과를 얻을 수 있다. 장기적으로 거래해 온 경우에도 효과가 있다.

▨ 법적, 윤리적 고려사항

구매의 거의 업무에 일정한 법적 또는 윤리적 문제가 관여되고 있다는 사실을 인식한다. 복잡한 문제라고 생각할 수도 있지만 구매담당자는 업소에 영향을 미칠 수 있는 계약서상, 상법상 분야에 대한 기본적인 법적, 윤리적 고려사항을 이해해야 한다. 구매담당자의 행동이 어떤 결과를 초래할지를 이해해야 한다.

- **기본 지식**

  계약서 내용에 대한 초보자용 교재를 읽거나 인터넷 자료를 읽어본다.

- **전문가 컨설팅**

  위험에 대한 기본적인 지식을 습득한다면 전문적인 법률 컨설팅이 필요한 문제가 무엇인지도 알 수 있다. 잘 모르는 문제에 대해서는 전문가의 도움을 얻도록 한다. 구매담당자가 어떤 문제에 대해 전문가의 도움을 얻을지를 결정한다.

- **계약서**

  법률 전문가를 고용하여 모든 계약서를 검토하도록 한다. 아무리 법적 계약서를 많이 읽는다 할지라도 계약서 작성을 위한 모든 지식을 습득할 수 없다. 그러나 모든 계약이 문서로 작성될 필요가 없다는 것도 이해해야 한다.

- **계약서 내용**

  계약서마다 내용이 다르므로 모든 납품업체와의 계약서 내용을 이해해야 한다.

- **메뉴판의 주류, 포도주, 음료 설명**

  실수가 발생할 경우 법적으로 가장 분명한 문제가 발생할 수 있는 부분이다. 음료 리스트의 세부 내용은 100% 정확해야 한다. 대체 제품의 판매 시 그 내용을 분명하게 명시해야 하고 고객들에게 이 사실을 알린다.

- **납품업체와의 관계**

  납품업체들과 신뢰관계를 유지한다. 비윤리적인 거래가 많이 발생되는 음료와 주류업계에서 특히 중요하다.

● **업계의 윤리강령**

미국의 경우 업계의 모든 구매담당이 '물류관리협회(Institute for Supply Management)'의 윤리 강령을 준수해야 한다. 이 강령의 내용은 '회사에 대한 충성, 거래하는 사람에 대한 정의, 직업에서의 신뢰'이다.

레스토랑
원가관리
노하우

4 재고관리

▒ 일반적 재고관리 과정

재고관리를 통해 작지만 전반적인 변화로 상당한 원가를 절감할 수 있다. 기존의 재고관리 시스템을 분석해 본다. 어떤 업소이든 향상의 여지는 있다. 최소의 노력으로 재고 가치를 최대로 활용할 수 있다.

● 입고 시기

모든 음료는 배달 즉시 지정된 저장 장소로 옮겨 업소 여기 저기 돌아다니지 않도록 한다. 음료 특히 포도주는 상온에서 저장한다. 그렇지 않으면 품질이 빨리 손상되고 이윤이 저하된다. 또한 제대로 보관되지 않는 음료는 절도의 표적이 된다. 주류는 대표적인 절도 품목이다.

● 손상된 제품

물건이 배송되었을 때 금이 가거나 깨진 병들은 없는지, 상자의 라벨이 잘못 표시되지는 않는지, 유통기한, 맥주의 혼탁 여부, 포도주의 종류와 빈티지, 코르크 마개의 상태, 내용물이 샌 흔적, 라벨의 상태, 병의 크기 등을 살펴본다. 문제에 대해 즉각적으로 납품업체에 연락을 취한다.

- **저장창고**

    저장창고는 목적에 적합해야 한다. 부적합한 저장창고 상태는 품질 저하, 절도, 비용 상승의 원인이 된다.

- **보안**

    기본적이면서 필수적인 조건이다. 우수한 보안시스템으로 절도의 기회를 제거하고 외부인 침입 위험을 감소시킬 수 있다.

- **재고 회전**

    선입선출법을 준수한다. 선입선출방식으로 낭비, 지나친 재고축적, 재고고갈 등의 문제를 방지할 수 있다. 특히 유통기한이 짧은 맥주에 주의를 기울인다. 대부분 음료의 유통기한은 1달 이내이다.

- **통제**

    규모에 관계없이 모든 음료 판매업소는 어떤 형태이든 통제과정이 필요하다. 제품이 업소에 도착하는 순간부터 판매되는 순간까지 제품의 상태를 추적한다. 복잡한 과정이 필요한 것은 아니다. 효과적인 통제시스템 하에서 모든 주류, 포도주, 음료는 올바른 시간에 올바른 장소에 배치되고, 적절하게 회전된다.

▣ 저장창고 관리

주류, 와인, 음료를 저장하는 장소와 저장 방법은 재고회전과 이윤에 큰 영향을 미친다. 일단 제품이 배달되면, 재고로서 신중하게 관리한다. 이것이 사업의 성패를 결정한다.

• 위치

저장 장소를 분명히 구획한다. 저장을 위해 가장 편리한 장소를 이용하는지를 다시 한 번 생각해 본다. 중앙에 위치한 저장창고와 워크인 냉장고는 이상적인 저장고이다. 접근하기 쉬워서 시간과 비용이 효과적으로 절감된다.

• 저장창고 비품

저장창고는 단순히 배달된 물품을 한 곳에 쌓아두는 장소 이상을 의미한다. 저장창고에는 선반, 작업대, 리치인 냉장고, 바의 선반 등이 포함된다. 모든 저장창고를 접근하기 쉽고 혼잡하지 않게 유지함으로써 작업의 속도를 높이고 외부 침입을 예방한다.

• 고가 와인

고가의 와인은 분주한 업장의 환경에서 분리된 독립적인 저장창고에 보관한다. 고가 와인은 회전이 느린 편이므로 접근성은 우선 조건이 아니고, 보안과 완벽한 저장조건—심지어 흔들림도 와인의 품질에 영향을 미칠 수 있다—이 더 중요하다.

• 추가 보안장치

모든 음료는 안전한 장소에 저장되어야 한다. 주류와 고가 와인 보안을 위해 저장공간 내 배치에도 신경을 쓴다. 저장창고 열쇠는 필요한 사람에게만 제공한다.

• 양

음료는 중앙 저장창고에 대량으로 저장할 수 있다. 바 등 일반적인 저장장소에 보관하는 음료는 판매단위나 판매되는 양 정도로만 제한한다.

- **환경**

제품의 특성을 파악하고 특성에 적합하게 저장한다. 적절한 온도, 습도를 유지하고 주기적으로 환기시킨다. 와인은 특히 환경변화에 예민하고 주위 식품의 냄새를 쉽게 흡수한다. 저장창고가 적절히 관리되지 않으면, 저장물품의 품질은 빠르게 저하된다. 품질보다 이윤에 더 영향을 미치는 것은 없다.

▣ 재고관리

재고 통제를 위해 우선 어떤 재고를, 어디에 보관하고 있는지, 언제 판매했는지를 정확히 파악해야 한다. 비용면에서 효과적인 관리를 위해 모든 주류, 와인, 음료의 재고관리 사이클 내에서 이동을 모두 문서화한다. 업소에 가장 효과적인 관리방법을 선택하도록 한다. 그러나 어떤 유형이든 양식이 없다면 재고관리를 수행할 수 없다. 그런 시스템을 개발하는 것은 비용에 대한 탄탄한 통제를 유지하는 가장 좋은 방법이다. 다음의 6단계 과정으로 재고관리가 수행될 수 있으며 기록유지를 용이하게 해주는 서류 양식을 활용할 수 있다.

- **1단계**

발주서 : 구매사이클의 첫 번째 서류 양식으로 구매되는 모든 물품에 대한 자세한 기록을 제공한다.

- **2단계**

영구재고조사 양식 : 주류, 포도주, 음료가 저장창고에서 업소 내 다른 위치로 이동하는 것을 추적하기 위한 것이다. 이것은 또한 각 제품의 재고회전율 계산에도 이용된다. 영구재고조사는 회계 목적상 이용된다.

- **3단계**

출고청구서 : 저장창고에서 업소 내 특정위치로 물품의 실제 이동을 기

록하는 것이다. 이 양식은 또한 절도 등으로 인한 손실을 파악하기 위해서도 이용된다.

● **4단계**

바 재고조사표 : 바에서 보관 중인 주류, 포도주, 음료의 각 브랜드별 양을 기록한다.

● **5단계**

손실량 조사 양식 : 손실이나 낭비된 양을 조사하고 고객에게 보너스로 제공된 음료를 기록하기 위한 것이다.

● **6단계**

실사재고조사 양식 : 회계 기간의 마지막에 주로 사용되는 것으로 재고에 대한 실사조사 결과를 기록한 것이다.

▨ 월/년간 재고 통제

매일의 재고 통제는 원가 확인을 위해 우선적이고 필수적인 단계이다. 사실 일일 자료 없이 어떤 업소도 운영할 수 없다. 전체적인 원가 통제를 극대화하기 위해 월간, 연간 재고관리 과정을 수립한다. 주류, 포도주, 음료 재고를 최대로 활용한다.

● **월간 재고**

월말 재고자료는 업소의 재정적 성공을 결정하는 데 중요한 역할을 한다. 단순한 월간 재고관리 양식을 개발하여 사용한다.

● **실사 조사**

병의 실제수를 매월 조사하고 영구재고 조사결과와 비교한다.

- **저울**

  정밀한 주류용 저울을 이용한다. 이 저울은 사용하기 신속하고 용이하다. 액체량의 1/40 온스까지 정확하게 측정할 수 있다.

- **연간 재고자료**

  전체적인 원가 파악을 위해 연간 재고 결과를 이용한다. 이때가 가격 인상을 고려하거나 더 이상 비용면에서 효과적이지 않은 메뉴 중단을 결정하는 시기이다.

- **문제 해결**

  월·연간 재고자료를 기록하는 것만으로는 충분하지 않다. 차이가 발견되면 즉시 파악하여 해결한다. 작은 차이가 더해지면 상당한 양이 될 수 있다.

▩ 재고와 현금흐름

재고관리의 목표는 재고의 고갈과 지나친 재고 사이에서 균형을 이루는 것이다. 이것이 잘 이루어지지 않는다면 운영자본이 부적절하게 관리된다. 재고량이 많아질수록 관리는 더 어려워진다.

- **최소한의 재고유지**

  재고는 최소로 유지한다. 그러나 너무 적어서 고갈의 위험이 있으면 안 된다. 재고회전율이 높은 브랜드의 재고는 1~2주 정도의 분량이면 충분하다.

- **특별 행사의 활용**

  수요 예측의 실패로 재고량이 지나치게 높아진 경우 그 재고를 빨리 해결하는 것이 바람직하다. 왜냐하면 여전히 가치가 높을 때 해결하는 것이 바람직하기 때문이다.

● **단골고객의 음주패턴**

　단골고객들의 음주패턴을 파악한다. 이 정보를 근거로 바에 보관할 재고의 양과 최소 재고수준을 계산할 수 있다.

● **영구재고관리**

　영구재고관리는 효과적인 방법이다. 주류, 포도주, 음료의 업장 내에서의 흐름에 대한 자료를 보유하는 것은 재고수준을 파악하기 위한 최고의 방법이다. 재고는 매일 파악한다.

● **주간 배송**

　음료업계에서 일반적으로 물품을 매주 배송받는다. 매주 배송 시 재고수준에 대한 조사를 실시하여 재고가 고갈되지 않도록 주의한다.

▣ 재고관리와 이윤의 극대화

　재고관리에서 어려운 점은 주류, 포도주, 다른 음료를 적절한 용량의 제품으로, 적절한 양만큼, 적절한 시기에, 적절한 가격으로 구매하는 것이다.

● **물품 배달의 시기**

　주류, 맥주, 포도주는 매주 같은 요일에 배달이 되도록 배송 일정을 계획한다. 가장 이상적인 것인 주문 이틀 후에 배송되도록 하는 것이다.

● **웰 리커(well liquor)**

　웰 리커와 같이 회전율이 짧은 제품은 대량으로 주문한다. 소모가 빨리 되므로 현금흐름을 증가시키는 최고의 기회가 된다. 대량구매 할인을 활용하도록 하고, 재고가 적절히 회전될 경우 일반적인 1리터 대신 1.75리터 병을 구매하면 비용이 절약된다. 특별 행사에는 대용량 병을 이용한다.

- **맥주**

  맥주를 가장 신선한 상태로 판매하기 위해서 배달을 주간 단위로 계획하거나, 추가 업무를 부담할 능력이 있다면 일단위로 계획한다. 판매 이익을 높이기 위해서는 적은 양을 자주 구매하는 것이 매우 바람직하다.

- **포도주**

  하우스 와인은 매주 주문하고, 병 포도주는 한 달에 한 번씩 상자 단위로 주문한다. 특별한 빈티지 와인만 일 년에 1~2회 주문한다. 고가의 포도주를 구매하기 전에는 전문가의 의견을 구하도록 한다. 전문가 조언 비용에 대한 대가를 얻을 것이다.

- **리커와 리큐르**

  제품의 회전이 5주 내에 이루어진다면 상자 단위로 주문한다. 특정 증류주 브랜드 판매에 5주 이상이 걸릴 경우 리터 단위로 구매한다.

▨ 재고물품의 도난방지

재고의 보안을 운에 맡기지 않는다. 느슨한 보안은 이윤에 심각한 손실을 초래할 수 있다. 중앙 저장창고는 금고만큼 안전해야 하지만 이것만으로도 충분하지 않다. 엄격한 보안관리는 제품이 입고의 순간에서부터 바에 이르기까지 재고가 저장되는 모든 곳에서 이루어져야 한다. 모든 주류, 와인, 음료가 업소 전체에서 올바른 위치에 보관되도록 보안체계를 고안한다. 다음에 제시된 보안 기법으로 절도를 감소시킬 수 있다.

- **저장창고의 열쇠**

  자물쇠와 비밀번호를 주기적으로 교체하고, 모든 열쇠는 항상 지정된 장소에 보관한다.

- **롤-다운 스크린과 잠금장치가 설치된 캐비닛**

  바 영업이 종료된 후 청소하는 종사원들이나 다른 종사원들이 고가의 재고에 접근하지 못하도록 한다.

- **접근 제한**

  경영진이나 검수와 재고담당 종사원 등 제한된 몇몇의 사람들만 저장창고에 접근할 수 있도록 한다. 물품을 창고에서 출고하는 것은 정해진 시간에만 이루어지도록 제한하는 것이 좋다.

- **냉장고의 자물쇠**

  모든 저장공간에 완전한 잠금장치가 있어야 한다. 고가의 재고저장을 위해 적어도 하나의 선반에는 잠금장치가 설치되어 있어야 한다.

- **바 재고 물품의 보안**

  바는 매우 위험한 장소이다. 바에 보관되는 주류와 음료의 양은 판매에 필요한 정도로 최소한 유지한다.

- **최신 잠금장치**

  최신 잠금장치기술에 대해서 조사한다. 잠금장치는 장기적으로 바람직한 투자이다. 코드, 비밀번호, 카드키 등을 모두 사용할 수 있는 시스템이 점점 인기를 끌고 있다.

▨ 원가절감을 위한 출고과정

기존의 출고과정을 개선한다. 출고과정에서 얼마나 원가가 절감될 수 있는지를 안다면 놀라게 될 것이다. 출고과정은 특히 종사원들에 의한 절도와 낭비의 기회가 된다. 원가 절감에 초점을 두어 출고과정을 단순하게 설정하고, 출고와 관련하여 다음의 기록을 유지한다.

- **근무시간 종료**

  바텐더는 자신의 근무시간 동안 판매된 주류, 포도주, 음료의 이름을 기록해야 한다. 또한 빈 병의 수와 병의 용량도 기록해야 하는데, 이것은 바텐더의 책임으로 위임한다.

- **매니저의 권한**

  매니저는 매 근무조 근무시간이 종료된 후 음료 출고청구서와 빈 병의 수를 확인한다. 사소한 문제가 큰 문제로 커지기 전에 즉각적으로 모든 문제를 해결하는 것이 비용면에서 훨씬 더 효과적이고 수월하다.

- **대체품 출고**

  매니저나 바텐더가 빈 병 회수, 출고청구서 작성 및 보고 업무를 수행하는 것이 바람직하다. 빈 병을 재고와 교환해주는 사람은 출고요청서상의 모든 정보를 자세히 확인한다.

- **도난**

  출고청구서가 작성될 때마다 절도 발생 여부를 확인하는 것이 중요하다. 이 과정을 통해 현금흐름에 대해 정확한 통제가 가능하고 잠재적인 문제를 규명하기 용이해진다.

- **일일 원가기록**

  매일 출고된 재고의 총원가를 계산한다. 이것은 하나의 분리된 경영과정으로 간주되어야 하며 필수적인 교차 확인과정이다.

- **출고관리 전산화**

  소규모의 업장에서는 수작업으로 출고작업을 수행할 수 있다. 그러나 자금 여유가 있는 경우 전산화 시스템을 도입할 수 있다. 전산화 시스템에 대한 투자는 신속하게 회수될 것이다.

▨ 재고자산 평가

오늘날 주류, 와인, 음료업계에서 사용되는 다양한 회계방식에 대한 찬반논의에 혼란스러움을 느끼는가? 그럴 걱정 없이 업소의 필요를 가장 잘 충족시키는 접근법을 선택하면 된다. 다음에 소개된 방법들은 현금흐름을 통제하고 원가를 절감하는 데 효과적이다.

- **선입선출법**

  선입선출은 재고 가치 결정시 가장 최근에 구매된 제품의 가격을 이용하는 것이다. 특히 인플레이션이 높을 경우 선입선출법을 사용하면 재고 가치가 높아져 이윤을 극대화할 수 있다. 그러나 모든 이윤은 정확하게 기록되고 재고는 엄격하게 선입선출법으로 이용되어야 한다.

- **후입선출법**

  이 방법에서는 가장 최근의 제품이 가장 먼저 사용된 것으로 기록된다. 이 방법은 가격이 빠르게 상승하고 있는 경우에 유용하다. 재고는 선입선출로 회전되지만 재고의 가치에는 오래된 제품의 구매 가격을 반영한다. 만일 제품의 가치가 인플레이션에 의해 영향을 받는다면 후입선출법을 이용한다.

- **실제가법**

  재고가치는 실재 구매가를 근거로 계산한다. 만일 전산화되어 있지 않다면 시간이 꽤 드는 방법이므로 원가절감을 위해서는 최선의 방법은 아니다.

- **최종가법**

   선입선출법과 유사한 것으로 오늘날 음료 판매업소에서 가장 흔히 사용되는 방법이다. 재고가치 계산시 가장 최근의 구매가격을 이용하는 것이다.

- **전산 프로그램**

   어떤 방법을 선택했든 재고가치 계산을 위한 전산 소프트웨어가 필수적이다.

▨ 바의 재고관리

손실, 낭비, 종사원에 의한 도난, 비효율은 분주한 바에서 흔히 발생하는 것들이다. 바 재고의 효과적인 관리는 업소의 이윤에 큰 영향을 미칠 수 있다. 주류 한 병이 상당한 이윤 또는 손실에 영향을 미칠 수 있기 때문이다. 바에서 몇 가지 작은 변화를 도입해 봄으로써 큰 효과를 거둘 수 있다.

- **보안 표시**

   저장창고로 입고될 때 바에서 사용될 모든 주류 병에 보안 표시를 붙인다. 이 표시―도장 또는 병 바닥이나 옆에 떨어지지 않는 스티커―는 그 병들이 업소의 소유임을 증명해 준다. 전산화된 재고관리시스템을 이용한다면 바코드 스티커를 이용할 수도 있다.

- **허가되지 않은 판매**

   회수된 빈 병에 보안 표시가 없다면 바 종사원이 허가되지 않는 주류를 판매했을 가능성을 의심해 볼 수 있다. 종사원들이 자신의 수입을 위해 스스로 주류를 가지고 와서 판매하는 것은 널리 알려진 사실이다.

● **통제 기록카드**

바에서 청구한 모든 물품의 출고는 주로 전산화된 영구재고 관리대장에 기록되어야 한다. 교차확인을 위한 방법으로 카드시스템을 활용한다. 이 것을 너무 복잡하게 하지 않고 단지 각 품목별로 서명과 날짜만 기록하도록 한다.

● **품목별 기록카드**

고가 품목에 대한 추가적인 통제를 위해 품목별 기록카드를 이용한다. 작은 독서 카드를 고가 품목이 저장된 선반에 비치하여 흐름을 기록하고 총계의 변화에 주의를 기울인다.

● **여분의 주류**

보통의 바쁜 날이라도 여분의 주류는 고급 주류 한 병과 웰 리커 2~6병 정도면 충분하다.

● **정확한 기록**

재고가치 계산시 개봉한 병과 개봉하지 않은 병을 분명하게 구분한다. 일단 뚜껑을 연 병은 병 용량의 1/10 단위로 부피나 양을 측정한다.

레스토랑
원가관리
노하우

5 일인 분량 관리

▣ 표준화된 1인 분량 활용

바쁘게 돌아가는 바에서 바텐더가 매번 여러 단계의 1인 분량 조절방법을 준수하기를 기대하는 것은 비현실적이다. 그러나 모든 음료, 와인, 주류 서빙 양의 표준화는 중요하다. 다음에 제시된 방법들이 도움이 될 것이다.

● 단골고객의 기호

인기품목의 간략한 차트를 그리고 인기 품목에 대해 분명하고 간략하게 정리된 지침을 작성한다. 이 차트의 품목들이 전체 주문의 90% 정도에 해당될 것이다. 바쁜 바텐더들은 이 지침을 커닝페이퍼같이 이용할 수 있다. 단 고객들의 신뢰도를 고려하여 이 차트는 고객들이 보지 못하도록 관리한다.

● 서빙 량 종합지침서

다른 품목의 주문이 있을 경우에 대비해 바에서 바텐더들이 쉽게 찾아볼 수 있는 서빙 량 표준지침을 보관한다. 지침 내용은 사용하기 간단해야 하고 정기적으로 업데이트해야 한다.

● 종사원 훈련

서빙 량 조절방법을 알지 못해 발생하는 실수는 업소에 부정적인 영향을 미치게 된다. 또한 바텐더가 피로하거나 지루함을 느끼거나 심리적 부담을 가지고 있을 때도 큰 손실이 발생한다. 이런 상태에서 바텐더들은 여러 개의 빈 잔을 일렬로 세우고 지나가면서 음료를 붓는 등 쉬운 작업 방식을 선택하곤 한다. 이러한 작업 방식은 금지해야 한다.

- **혼합 음료의 양**

  엄격한 서빙 량 표준화는 칵테일 음료의 비알코올 음료 함량에도 똑같이 적용되어야 한다. 바텐더는 알코올 음료나 비알코올 음료 모두의 양이 더해진다는 사실을 기억해야 할 필요가 있다.

- **일관성**

  서빙 량 표준화에서 가장 중요한 것은 일관성 유지이다. 모든 음료는 일정한 방법으로 서빙되어야 한다. 그래야만 품질의 일관성이 유지되고 정확한 1인 분량 통제가 가능해진다.

▥ 정확한 1인 분량 관리

1인 분량 관리에 많은 것이 달려 있다. 서빙하는 양이 매번 달라진다면, 이윤 역시 매번 변동된다. 예를 들어, 바텐더가 반 온스 정도의 적은 양을 지속적으로 더 많이 서빙한다면 원가는 6~10% 상승하게 된다. 이 손실이 장기간에 걸쳐 발생한다면 그 결과는 상당한 양이 된다. 따라서 1인 분량 조절을 위한 효과적인 전략이 필수적이다. 업계에서 1인 분량 조절을 위해 이용되는 방법들의 장·단점은 다음과 같다.

- **자유서빙(free pouring)**

  바텐더는 주류를 따르는 속도를 조절하기 위해 병에 부착된 스파우트를 사용해야 한다. 스파우트 없이 음료를 따르는 것이 빠르고 쉽기는 하나,

원가관리 차원에서는 큰 낭비를 초래한다.

- **계량기구의 사용(handheld portioning)**

    주류 서빙시 샷그라스나 지거(jigger)를 이용하는 것으로, 1인 분량 조절이 정확하고 경제적이어서 많이 사용되고 있다.

- **병부착 도구(bottle-attached controls)**

    자유서빙이나 계량기구보다 더 나은 방법으로 정확성을 많이 높일 수 있다.

- **주류조절시스템(Liquor Control Systems : LCS)**

    발달된 형태의 1인 분량 조절 시스템이 오늘날 점점 더 많이 활용되고 있다. LCS는 특히 주류 원가조절에 효과적이고 종사원에 의한 절도를 완전히 예방할 수 있다. LCS는 일반적으로 12개월 이내에 투자비가 회수되는 것으로 알려져 있다.

▨ 1인 분량 조절과 고객의 기대 충족

부적절한 1인 분량 조절은 기대하지 못했던 고객 관리 문제를 초래할 수 있다. 고객의 불만족은 그런 문제들 중에 하나일 뿐이다. 정확하지 않은 1인 분량 조절은 법적 문제를 초래해 경제적인 부담이 될 수도 있다. 다음의 내용을 생각해 보도록 한다.

- **일정한 1인 분량**

    일정하지 않은 1인 분량은 고객 불평의 주된 원인이다. 1인 분량이 정확히 조절된다면, 고객들은 무엇을 제공하든 매번 같은 음료를 제공받게 되고 만족하게 될 것이다.

- **드램 샵 법(Dram Shop Acts)**

  미국의 경우 많은 주에서 고객의 음주를 통제하지 않은 종사원과 주류 판매업자에 제3자 책임을 부과하는 법률을 시행하고 있다. 주점의 경영자는 과도한 음주를 한 고객들의 행동에 대해 상황에 따라 책임을 져야 한다. 부정확한 1인 분량 관리는 종종 비난받는 부분이다. 최악의 경우에 이것은 업소 파업을 초래할 수도 있다.(참고 : ww.tf.org/tf/alcohol/ariv/dram4.html)

- **더블의 제공**

  더블은 싱글보다 알코올 도수가 두 배 이상 높다. 이것은 주류와 믹서의 비율이 바뀌기 때문이다. 더블은 이윤에는 도움을 주나, 판매시 주의를 기울여야 한다.

▨ 효과적인 1인 분량 모니터링

모든 주류 판매 업소 관리자들은 업계에서 정의된 1인 분량 조절을 위한 엄격한 기준을 준수해야 할 의무가 있다. 일단 기준이 수립되면, 지속적으로 기준이 준수되는지 감독해야 하는데, 바쁜 바 관리자들에게 쉽지 않은 일이다.

- **현실적인 계획수립**

  1인 분량 모니터링 시스템 개발을 위해 요구되는 시간, 노력과 기대효과 사이에 균형을 이루도록 한다.

- **구체적 구매절차**

  납품업자와 검수 담당 종사원이 쉽게 이해할 수 있도록 양, 무게, 숫자를 구체적으로 명시한다.

- **표준 래시피**

    모든 음료의 비율을 위한 정확한 공식을 준수하여 즉흥적으로 제조하지 않도록 한다.

- **바 서빙시 기준량 준수 강화**

    효과적으로 스스로를 모니터링하는 서빙방법을 이용한다.

- **모니터링 도구 활용**

    이것은 바텐더 업무를 방해한다기보다는 바쁜 바텐더를 돕기 위한 도구의 종류가 되어야 한다. 자동 디스펜서는 좋은 아이디어이다.

- **1인 분량과 비용 모니터링**

    한 잔의 음료 제공에 드는 비용을 계산해 본다. 양이 정확하다면 비용도 정확하다고 간주하기 쉽다. 결과는 매우 흥미로울 것이다. 정기적으로 1인 분량 관리의 이 측면을 검토해 본다. 비용절감에 효과적인 부분이다.

▨ 레스토랑에서 1인 분량 관리 개선

테이블에서 음료를 서빙하는 방법은 업소의 전체적인 비용과 이윤에 중대한 영향을 미친다. 1인 분량 조절은 레스토랑에서 훨씬 더 복잡한 문제이다. 음료의 서빙은 전체 식사 경험의 단지 한 부분이다. 서비스 종사원와 고객들 간의 관계와 같이 다른 요인들을 고려해야 한다.

- **고객은 항상 옳다.**

    고객 만족은 1인 분량 조절 방법에 달려 있다. 이 접근은 우선 잘 맞지 않는 것처럼 보이지만 결국은 더 효과적인 방법이다.

- **기준량 이하 서빙**

  기준량 이하로 서빙하는 것은 결국 고객의 불만족을 초래하고 추가를 요구할 것이다.

- **음료 메뉴**

  바와 홀에서의 메뉴에 각 음료의 정확한 양을 명시해야 한다. 이 정보는 모든 식재료에 적용될 뿐만 아니라 알코올 음료와 비알코올 음료에도 적용되어야 한다. 고객들은 그들이 무엇을 마시는지, 그리고 그 양을 정확히 알고 싶어 한다.

- **주류의 잔**

  매력적인 음료 잔은 고객의 즐거움을 상당히 향상시킬 수 있고 더 많은 주문을 불러일으킬 수 있다.

- **음료 양의 표준화**

  서비스 종사원들은 정해진 양 이상도 이하도 아닌 표준량까지 잔을 채우도록 훈련받아야 한다. 그들은 또한 동시에 그러한 과정이 자연스럽게 보이도록 훈련을 받아야 한다.

- **혼합 음료**

  레스토랑에서 음료서비스 종사원들은 바의 종사원들과 같은 엄격한 1인 분량 조절을 적용해야 한다. 식당에서 더 많은 양을 서빙하는 것은 매우 쉽다.

- **와인의 1인 분량**

  와인은 보통 잔과 큰 와인잔에 서빙할 수 있다. 만일 고객들이 자신이 무엇을 원하는지를 분명히 요구하지 않는다면 이윤을 높이기 위해 큰 잔에 서빙한다고 해서 법률에 저촉되는 것은 아니다.

■ 낭비 줄이기 - 1인분 원가 절감

어느 정도의 낭비는 피할 수 없다. 그러나 중요한 점은 낭비를 최소한도로 유지하는 것이다. 큰 차이를 만들 수 있는 몇 가지 실제적인 방법들을 제시하고자 한다.

• 바 안의 물품 이동

바 안에서의 물품 이동은 가능한 한 자제해야 한다. 반드시 필요할 때만 업소에서 병을 이동하도록 한다. 이상적인 것은 재고를 입고에서 저장창고로, 저장창고에서 바로 두 번만 이동시키는 것이다.

• 청결

모든 생맥주통은 청결하고 최상의 수준으로 작동할 수 있도록 관리한다. 만일 의심이 생긴다면 납품업자에게 주기적인 유지관리를 요구한다.

• 생맥주 서빙

새로운 통에서 생맥주를 처음 따를 때 품질 기준을 유지하기 위해 한 잔 가득 버리는 것이 중요하다. 결코 낭비가 아니다.

• 보너스 음료

바의 종사원들에게 보너스로 제공된 음료를 항상 기록하도록 주의를 준다. 한 근무조당 단 한 번의 기록되지 않은 음료도 장기적으로는 이윤에 영향을 미치게 된다.

• 바 디자인

바에서 바텐더가 자유롭게 작업하도록 계획한다. 좁고 복잡한 서빙 환경에서 음료를 흘리거나 양에서 낭비를 초래할 수 있다.

- **변질**

  아이스크림과 같은 부가 재료의 양도 간과하지 않도록 한다. 한 근무조의 주문에 필요한 만큼만 재고를 갖추고, 서빙되지 않고 남은 음식은 다시 사용하지 않는다.

■ 혼합음료 – 정확한 비율의 준수

재료들의 정확한 비율 관리는 고객만족의 측면에서 뿐만 아니라 이윤을 유지하고 원가를 절감하는 데서 필수적인 측면이다. 재료의 비율이 잘 맞지 않는다면 고객들은 즉시 알아챌 것이다. 더욱이 정확하지 않은 비율로 음료를 제공한다면 음료 관련 법규를 위반할 수도 있다.

- **고정된 분량**

  업소에서 제공되는 혼합 음료의 재료별 서빙량을 규정한다. 항상 이 정해진 양을 준수하도록 한다.

- **비율의 기준**

  바텐더들은 혼합음료의 정확한 배합에 대해 이해해야 한다. 이것은 하이볼에서부터 리큐어 커피에 이르기까지 모두에 적용되어야 한다.

- **계량기기의 사용**

  비율이 잘못되는 것을 방지하기 위해 적절한 계량도구를 사용한다.

- **'베이비' 병**

  작은 병에 든 무알코올 음료는 대용량 포장보다 양 조절이 쉽고 정확하다.

- **부가 재료**

  얼음, 레몬조각, 크림 등의 부가 재료들 또한 정확한 양을 사용하도록 한다.

● 전산화된 래시피 계산

표준 혼합음료의 정확한 배합을 계산하는 전산 프로그램을 설치할 수 있다. 이것은 시간절약에 큰 공헌을 하며, 마진에서의 실수를 감소시킬 수 있다.

▣ 올바른 잔의 사용

올바른 잔의 사용은 1인 분량 관리를 향상시키는 가장 좋은 방법 중 하나이다. 올바른 잔에 음료를 제공해보면 1인 분량 관리가 얼마나 쉽게 이루어지는지 알 수 있다. 올바른 잔의 사용은 비용 절감과 이윤 상승의 간단하고 효과적인 방법이다.

● 잔의 종류

6~8온스 위스키잔이나 9~10온스의 하이볼, 11~14온스 버켓 글라스, 6~14온스 스니프터와 같은 일반적인 용량의 잔을 다양하게 구비한다. 이렇게 흔히 사용되는 잔들은 음료를 정확한 양을 서빙하는데 도움을 준다.

● 독특함

업장의 컨셉을 반영하는 유리잔을 구입하는 것도 좋은 아이디어이다. 예를 들어, 주로 생맥주를 판매한다면 전통적인 500cc나 1,000cc 생맥주잔을 구비할 필요가 있다. 이는 이미지 제고에 도움을 주고 또한 1인 분량 통제에도 필수적이다.

● 고급 칵테일은 고급스러운 디자인 잔에 제공

음료 매출에서 가장 이윤이 높은 고급 칵테일의 매출을 증가시킨다. 고급스러운 잔의 사용은 고급 칵테일 매출 증가에 도움이 될 것이다.

- **눈금잔**

  눈금이 매겨진 유리잔 사용을 창피해 할 필요가 없다. 고객들은 자신이 정확한 양을 서빙받고 있는 것을 확인할 수 있어 일반적으로 눈금이 있는 잔에 음료를 제공받는 것을 선호한다.

▨ 맥주의 정확한 양 서빙

맥주와 에일(ale)의 1인 분량 관리는 다른 음료의 서빙과 비교할 때 훨씬 더 어렵다. 곡류를 발효해서 만든 맥주와 유사하지만 호프의 양이 더 많은 에일은 특별한 관리와 주의가 필요한 복잡한 음료이다.

- **재고량**

  맥주와 에일은 쉽게 변질한다. 특히 생맥주의 경우 품질이 빨리 손상되고, 캔이나 병맥주라도 2주 정도의 짧은 유통기한이 표시되어 있다.

- **재고회전**

  재고회전은 맥주와 에일에서 특히 중요하다. 저장고와 바에 진열된 생맥주, 병맥주, 캔맥주의 유통기한을 확인한다.

- **품질**

  신선함을 모니터링하는 것 외에도 맥주가 적절한 온도로 서빙되도록 하는 것이 중요하다. 고객들은 온도가 적절하지 않다면 불평을 표시할 것이다.

- **맥주 서빙**

  훈련된 바텐더는 맥주를 따르는 올바른 방식을 알고 있다. 따르는 과정에서 조금씩 흘리는 것이 이윤을 상당히 감소시킬 수 있다.

- **맥주 거품**

    맥주를 잔에 따를 때 약간 기울임으로써 각 잔마다 거품의 양을 조절할 수 있다. 너무 세워서 따르면 너무 많은 거품을 만들어 양에 있어서 손실이 된다.

▨ 주류와 관련된 법규 – 엄격한 양의 조절

바, 주점, 레스토랑, 나이트클럽 등 주류를 판매하는 모든 업소는 반드시 주류 판매와 관련된 법규를 준수해야만 한다.

- **표준 양만을 서빙한다.**

    양의 조절은 단순한 원가관리 이상이다. 이것은 심각한 법적 요구사항이다.

- **법규의 이해**

    주류의 판매와 서빙에 관한 법규를 이해하도록 한다.

- **종사원 교육**

    종사원들이 주류를 올바른 양으로 서빙하도록 훈련시킨다. 종사원들은 또한 고객의 술 취한 초기 증상을 파악할 수 있어야 한다. 술에 취한 것으로 의심이 간다면 바텐더는 서빙하는 것을 거절해야만 한다. 또한 경영자는 이러한 바텐더의 결정을 항상 지지해주어야만 한다.

- **분명한 표기**

    모든 증류주, 포도주, 발효주의 표시양식이 정해져 있다. 업소에서 판매되는 모든 주류에 정확한 알코올의 함량과 원산지 표시가 있는지 확인한다.

레스토랑
원가관리
노하우

6 도난사고

▣ 내부자에 의한 절도

내부자에 의한 절도의 발생은 매우 위험하다. 대부분의 음료판매업소에서 상당한 이윤이 내부자 절도에 의해 손실되고 있다. 음료업계에서 대부분의 종사원들은 정직하고 성실히 근무한다. 그러나 아주 소수의 종사원이 정직하지 못한 방법으로 성공적인 영업을 방해한다. 업소에 다음과 같은 약점이 존재한다면 내부자에 의한 절도는 더 증가할 수 있다.

● 관리 감독의 부족

바, 저장창고 등에서 발생하는 절도가 주된 문제이다. 직접적 혹은 보안 카메라 설치로 감독을 증가시켜 손실을 줄일 수 있다.

● 경영자의 태도

모든 종사원을 의심하여 상황을 더 나쁘게 만들지 않는다. 정직한 종사원을 경영자의 편으로 만든다.

● 부실 경영

불행하게도 몇몇 음료 판매업소 매니저들은 내부자 절도 문제를 직시하지 못하고 이윤 감소를 극복하기 위해 단순히 가격을 인상시킴으로써 이 문제를 복잡하게 한다. 경영자는 타당한 근거 없는 이러한 가격 인상에 대해서 질문할 필요가 있다.

• 음료 원가

일반적으로 위험한 부분이다. 이 비용은 바텐더의 생산성과 관련하여 주의 깊게 모니터되어야 한다.

• 재고 기록

재고 기록은 정직하지 못한 종사원이 장부를 조작할 수 있는 가장 쉬운 부분이므로 재고 기록 관리를 철저히 수행해야 한다. 재고통제를 한 사람에게 일임하지 않고 교차확인 체계를 운용한다.

• 근무 종료와 현금계산

내부자에 의한 절도 가능성이 높은 또 다른 부분이 현금관리이다. 바텐더의 근무시간이 종료될 때 다른 종사원이 현금을 계산하도록 한다.

▣ 바텐더에 의한 절도

바에서 발생하는 절도를 통제하는 것이 필요하지만, 모두 제거하는 것은 사실상 불가능하다. 유혹은 항상 존재하고 불행하게도 바텐더에 의한 절도의 기회는 무궁무진하다. 그러나 장기적인 관점에서 볼 때 이 문제는 미리 예방하는 방법 외에는 길이 없다. 다음의 가장 흔한 유형의 절도행위에 주의한다.

• 공개된 절도

바텐더가 음료를 판매하고 현금을 금전등록기에 넣는 대신 유리병 등 다른 장소에 넣는다.

- **과다 청구**

  바텐더가 원래 금액 이상을 청구한 후 그 차액을 취하기도 한다. 유사한 다른 방법은 '해피아워'로 기록하고 보통 가격을 청구해 그 차액을 취한다.

- **현금 출납기에 '00' 입력**

  현금 출납기에 '00'을 입력하고 현금을 빼내기도 한다.

- **표준량 이상 서비스**

  바텐더는 많은 팁을 원하므로 표준량 이상을 서빙하기도 한다.

- **표준량 이하 서비스**

  바텐더는 근무시간 동안 약간씩 표준량 이하로 서빙한 후 그 남은 양을 자신이 취할 수 있다.

- **계산 방식**

  바텐더가 각 품목별로 계산하는 대신 주문별로 계산함으로써 전체 가격을 높게 계산하기 쉬워진다. 특히 고객들이 각 품목의 가격을 잘 모르는 경우 특히 발생할 우려가 높다.

- **거스름돈 계산**

  거스름돈 계산시 가능한 절도 행위는 여러 가지가 있다. 고객에게 실제 거스름돈보다 적게 돌려주면서 큰 소리로 거스름돈을 계산하는 방법, 거스름돈을 바 위에서 밀어서 줌으로써 고객의 관심을 다른 쪽으로 돌리는 방법, 적은 액면가의 지폐로 거스름돈을 제공함으로써 차액을 취하는 방법 등 다양한 방법이 있다.

- **바텐더가 음료 믹서부분의 금액지불을 요구하지 않는다.**

- **대체 음료 판매**

   바텐더가 자신의 주류를 가져와서 업소 제품 대신 판매한다. 특히 이것
은 냄새가 없고 물처럼 보이는 보드카의 경우가 많다. 주류의 희석 역시
흔한 방법이다.

- **영수증 조작**

   바텐더가 연필로 영수증 상에 가격을 조작하고 계산이 끝난 후에 이를
지우는 경우가 있다. 바에 연필을 배치하지 않는다.

▣ 종사원에 의한 절도

   정직하지 못한 종사원은 경험이 쌓일수록 업소의 시스템을 더욱 유리하게
이용하게 된다. 절도를 하는 종사원들은 경영진의 업소에 대한 이해 정도를 정
확하고 빨리 파악한다. 음료 판매업에서는 어떤 것도 당연하게 받아들여서는
안 된다. 경영진은 다음의 가능성에 대해서 인식해야 한다.

- **위조 화폐**

   바텐더가 위조 화폐를 이용하기도 한다. 바텐더가 특히 관광객 등을 상
대로 위조 화폐를 이용한다.

- **영수증의 재사용**

   바텐더가 음료 가격을 계산하는 척하면서 영수증의 반 정도만 현금출납
기에 등록한다. 바텐더는 계산하는 것처럼 보이기 위해 현금출납기의 '0'
번을 누를 뿐이다.

- **금전등록기 테이프**

   바텐더가 근무하는 업소의 금전등록기와 같은 모델을 임대하고, 자기

자신의 금전등록기 테이프를 업소로 가져온다. 총액 계산시 이것을 이용한다. 바텐더가 자신의 근무조 동안 테이프를 열지 못하도록 한다.

- **과잉 청구**

    고객들이 보지 않는 동안 종사원이 영수증에 과잉청구를 하고 청구된 금액보다 작은 영수증을 다시 계산한다.

- **환불**

    바텐더는 다양한 이유(예 : 고장난 담배 자동판매기 등)로 고객에게 환불해 주었다고 주장하기도 한다.

- **신용카드 결제**

    수동으로 작동되는 구형의 슬라이드 타입 카드기기는 절도의 위험이 높다. 종사원이 맨 위의 종이와 다음 장들 사이를 막은 후 나중에 총액을 수정할 수 있다.

- **지거의 교체**

    바텐더가 업소의 공식적인 지거와 유사하게 보이지만, 실제로는 작은 자신의 샷잔을 가져와서 자신의 근무시간 동안 조금씩 적게 서빙하면서 남은 주류를 개인적으로 취한다.

- **근무조 교체**

    종사원 근무조가 바뀌는 분주한 시간 동안 여러 음료를 만들어서 서빙하고 수입을 가로채는 것이 쉽다.

- **고의적인 실수**

    고의로 실수를 저질러 음료가 되돌아오면 그것을 다시 판매하거나 친구들에게 서빙한다.

• 빈 병 관리

빈 병을 깨뜨리고 가득찬 병을 깨뜨렸다고 거짓 보고한다. 그리고 깨진 빈 병을 대체하기 위해 새 병을 청구한다.

• 받침대 물

바텐더가 양을 맞추기 위해 음료를 버리는 척하고 그 차이를 착복한다.

▣ 절도의 원인 파악

한 걸음 뒤로 물러나 절도 발생의 이유를 파악한다. 이렇게 하는 이유가 전적으로 이타적인 것이 아닐 수도 있지만, 원가를 절감하고자 한다면 무엇에 대처해야 하는지를 파악해야 한다. 이것을 이해하고 있는 매니저는 절도로 인한 손실을 통제하고 감소 조치를 취하는 데 유리한 입장에 서게 된다.

• 두려움

정직하지 못한 종사원들은 발견되리라는 두려움으로 통제할 수 있다. 추천서 없이 해고될 수 있다는 것은 주된 방어책이 된다. 이러한 두려움을 활용할 필요가 있다면 이용하도록 한다.

• 절도의 고려

절도를 고려하는 종사원들은 위험에 대해 스스로를 합리화시킨다. 종사원들은 발각될 가능성과 잠재적인 이익을 비교한다. 이런 방식에 어떤 유혹의 여지도 남겨두지 않는다. 고가의 재고는 잠금장치를 설치해 철저히 관리한다.

• 팁의 중요성

팁은 바텐더 수입의 상당한 부분을 차지한다. 경제적으로 곤란한 정직하지 못한 종사원은 업소의 다른 부분보다 우선 팁 시스템을 악용하는 경향이 있다. 팁을 담는 유리병은 특히 위험하다.

● 욕심

어떤 종사원들은 단지 경영진으로부터 무언가를 얻는다는 도전을 즐긴다. 단지 지루해서 흥미진진한 경험을 위해 절도를 한다.

● 분노

때때로 종사원들은 명령을 받는 것을 싫어하고 어떤 이유로든 이용당한다고 믿는다. 업소의 전반적인 성공을 위해 매니저는 항상 공정하고 논리적으로 행동하는 것처럼 보여야 한다.

■ 도난방지

절도 감소 방침과 전략은 엄격하게 집행되지 않는다면 소용이 없다. 종사원들은 업소의 규칙을 무시한 것에 대한 엄청난 결과를 분명히 인식해야 한다. 신입 종사원들은 업소의 규칙을 읽고 그 의미를 완전히 이해한 후 동의서에 서명을 하도록 한다.

- 바텐더가 자신의 근무시간 종료시 현금을 계산하지 못하도록 한다. 이 방침은 또한 정직한 바 종사원을 보호하기도 한다.
- 바텐더가 근무시간과 근무시간 외 모든 시간에 바에서 술을 마시지 않도록 한다. 근무시간 외에 음료를 마시면 다른 바 종사원들이 표준 양보다 더 서빙을 하거나 무료 음료 제공, 디스카운트 등을 하게 된다.
- 바텐더가 실사재고관리에 참여하는 것을 금지한다. 매니저만이 수행하는 것이 이상적이다.
- 바텐더는 물품의 주문, 검수, 출고에 관여해서는 안 된다. 이것 역시 매니저의 업무이다.

- 모든 주류, 와인, 맥주, 위스키, 기타 고가 재고품목에 보안절차를 밟는다. 또한 중요한 사람만이 이들의 저장창고에 접근할 수 있도록 한다.
- 바텐더는 자신의 근무시간 종료 후 바 보유 음료의 양을 기록하도록 한다. 이것은 특정 시간에 바에 있는 병의 수의 기록이다. 바텐더는 저녁 근무조 종료시 바 보관음료 양을 기록한다.
- 바텐더가 음료 전표 한 장당 한 번의 거래만 기록하도록 한다. 만일 바텐더가 한 전표로 여러 번 거래 기록에 이용한다면, 바텐더는 실제로 판매한 음료 모두를 기록하지 않기도 한다.
- 바텐더는 계산 취소 전에 매니저의 허가를 받아야 한다.

▨ 도난발생 기회 감소

현실적으로 음료 판매업계에서 절도를 제거하는 것은 거의 불가능하다. 그러나 바텐더와 다른 종사원들이 절도에 사용하는 방법들을 파악하는 것은 올바른 방향으로 나아가는 첩경이다.

• 팁 유리병

팁 병을 금전등록기 가까이 놓지 않는다. 이런 경우 바텐더가 쉽게 금전등록기에서 훔친 현금을 팁 병으로 밀어넣을 수 있기 때문이다. 어떤 업소에서는 팁 병을 금전등록기의 잔돈을 바꾸기 위해 이용하기도 하는데 이것은 금지해야 한다. 이 과정에서 쉽게 팁으로 받은 현금을 금전출납기의 액면가가 높은 지폐와 바꿀 수 있다.

• 근무시간 기록표

거짓 근무시간 기록은 아주 흔하게 발생한다. 시간은 금이다. 매 근무조 종료시 매니저가 종사원들의 근무시간 기록표에 서명을 하도록 하는 것이 좋다.

- '판매하지 않음' 버튼 사용을 미연에 방지하다. 바텐더가 음료를 판매하고 '판매하지 않음'을 입력하는지 관찰한다. 이것을 규제하는 가장 쉬운 방법은 '판매하지 않음' 단추에 보안 장치를 부착하는 것이다. 또 다른 방법은 바텐더가 음료를 서빙하기 전에 계산하도록 하는 것이다.
- 비밀리에 효과적으로 바텐더의 정직성을 시험해 본다. 1~2만 원을 추가로 영업 시작 전에 금전등록기에 넣어 놓는다. 바텐더에게 금전등록기 금액을 확인하도록 시킨 후 이 차이를 보고하는지를 평가한다.

▣ 경리사원에 의한 절도예방

회계 및 경리사원에 의한 절도는 음료판매업계에서 중요한 문제이다. 또한 매일의 재고기록 위조에서 복잡한 회계 부정에 이르기까지 경리사원에 의한 절도는 파악하기 가장 어려운 부분이다. 때때로 이러한 비리의 바로 뒤에 매니저가 있는 경우도 있다. 매니저는 다음에 소개된 사건들의 발생 가능성에 주의한다.

- **매출기록**

  일일 매출기록 위조, 기록된 현금과 실제 받은 현금과의 차이를 횡령할 수 있다.

- **잔업시간 부풀리기**

  임금을 높이기 위해 잔업시간과 근무시간을 늘린다.

- **은행 거래명세서의 위조**

  기록되지 않은 입금액을 높여서 기재하거나 미결제 수표의 금액을 적게 기록하거나, 심지어는 현금 부족을 감추려는 의도로 서류상 계산 조작을 하기도 한다.

- **송장 금액**

  납품업자의 송장에 기재된 금액보다 더 많이 지불한 후 납품업자가 환불을 위해 보낸 수표를 개인 용도로 유용한다.

- **송장의 위조**

  납품업자에게 송장을 다시 보내줄 것을 요구하여 다시 지불한 후 납품업자와 공모하여 그 차이를 나누어 가질 수도 있다.

- **유령 회사**

  유령 회사를 설립한 후 그 회사의 송장으로 지불하는 방법도 있다.

- **임금 조작**

  더 이상 근무하지 않는 종사원을 근무하는 것으로 위조하여 임금을 착복하기도 한다.

▣ 재고물품 도난의 최소화

재고물품 절도를 최소화하는 것은 필수적인 업무이다. 업소 전반에 걸쳐 엄격한 재고통제를 통해 불필요한 낭비로 인한 원가를 절감한다. 다음에 소개된 조치를 시행해 본다.

> - 바텐더는 실사재고관리에 참여하지 말아야 한다. 이것은 종사원들에게 그 전의 절도행위를 감추기 위한 기록 조작의 완벽한 기회가 되기 때문이다. 바의 실사재고관리는 매니저가 수행해야 한다.
> - 바텐더는 주류의 구매, 발주, 검수, 출고에 참여하지 말아야 한다. 이것 역시 경영진의 업무이다.
> - 모든 주류, 포도주, 맥주, 고가 재고품은 보안장치가 되어 있는 저장고에 보관한다. 중요한 몇몇에만 접근을 제한한다.

> - 연회 바텐더의 메인 바 접근을 제한해야 한다. 그러지 않으면 연회 바텐더가 주류를 바로 옮기고 나중에 훔치기 쉽게 된다.
> - 저장창고에서 바로 이동 중인 재고를 철저히 관리한다. 이것은 정직하지 못한 종사원들에게 좋은 기회가 된다. 열지 않은 주류 병들을 외부의 쓰레기통에 버렸다가 나중에 횡령하게 된다.

- ## 재고관리 전산화

  수작업으로 재고기록을 관리하는 것 역시 절도의 우려가 있다. 재고 절도와 관련하여 발생하는 비용 절감의 가장 좋은 방법은 전산화된 영구재고 시스템을 설치한다.

■ 매니저에 의한 절도

음료 매니저는 강력한 위치에 있고 신뢰를 받는다. 정직하지 못한 매니저는 업소가 더 이상 회복 불가능한 상태로 나빠질 때까지 쉽게 자신의 부정행위를 숨길 수 있다. 중간경영진 사이에서 절도 및 횡령은 결코 과소평가되어서는 안 된다. 부정직한 중간매니저보다 횡령에 있어서 더 유리한 위치에 있는 사람은 없다. 다음에 소개된 매니저에 의한 절도의 예를 참고한다.

- ## 현금과 재고의 절도

  대부분의 음료업소에서 매니저는 각 근무조 근무 종료시 금전등록기에서 현금을 수집하고 개시금액 준비 및 은행의 현금 입금에 대한 책임을 진다. 부정직한 매니저는 쉽게 현금을 훔치고, 바텐더의 금전등록기에 문제가 있다고 주장한다.

- ## 공모

  바텐더와 매니저들 간에 절도 공모는 음료업계에서 매우 흔한 일이다.

- **재고**

  매니저는 재고기록을 위조하고 절도행위를 영구화함으로써 절도 행위의 증거를 없애기에 최상의 위치에 있다.

- **은행 입금액의 횡령**

  이 문제에 대한 해결책은 경영자가 은행 업무를 종사원에게 할당하고 책임자를 주기적으로 교체하는 것이다. 어떤 종사원에게도 은행 업무를 전적으로 맡기지 않는다.

- **감시자**

  만일 매니저에 의한 절도가 의심된다면 전문적인 감시자를 고용하여 업소를 감시하도록 한다. 음료업계에서 감시자는 음료의 가격, 업소의 방침과 절차 등에 대해 완전히 이해하고 있어야 한다. 이들은 사립 탐정과 같이 업소에 침투하여 경영진부터 모든 종사원의 정직성을 평가한다. 인터넷을 이용해 이런 서비스 제공자를 찾을 수 있다.

▦ 고객들에 의한 절도

음료판매업소에서의 모든 절도가 부정직한 종사원에 의해서 발생하는 것은 아니다. 음료업소의 환경적인 특성으로 인해 고객에 의한 절도도 가능하다. 부정직한 고객들에 의한 절도 유형을 이해하여 예방조치를 개발한다.

> - 고객들은 영수증 계산시 종사원의 실수를 이용한다. 자동적으로 총액이 계산되지 않는 경우 종사원들에게 계산서와 함께 계산기를 지급하여 예방이 가능하다.
> - 정직하지 못한 고객들은 업소의 다른 파트에서 발생한 음료의 가격을 지불하지 않을 수도 있다. 고객들이 업소 내에서 이동시 모든 영수증에 서명하도록 하는 절차를 확립하여 수행한다.

- 고객들이 재미로 업소의 술잔이나 장식품 등을 가져가는 수가 있다. 이것을 다른 각도에서 생각하면 업소의 이름이 새겨진 제품을 저렴한 가격에 판매할 가능성이기도 하다. 업소는 부가 수입을 거두는 동시에 절도로 인한 원가 상승의 가능성을 줄이는 장점이 있다.

- 모든 종사원들은 신용카드사에서 규정하는 신용카드 처리 절차를 완전히 이해해야 한다.

- 매니저는 위조 수표를 확인할 수 있도록 훈련되어야 한다. 모든 개인수표나 여행자수표는 자세히 검토되어야 한다.

레스토랑
원가관리
노하우

7 음료선정

■ 성공적인 맥주 프로그램 개발

대부분의 바, 클럽, 주점에서 맥주는 주된 품목으로 매출에서도 상당한 부분을 차지한다. 생맥주는 특히 인기가 높은데, 제대로 구입해 판매한다면 어떤 업소이든 이윤이 많이 남는 품목이다. 변질, 과도한 거품, 표준량 이상 제공, 낮은 품질, 절도, 무료 서비스 등 생맥주 판매와 관련된 문제들로 업소 재고의 약 20%까지 낭비될 수 있다. 생맥주 관리에서 비용 절감이 가능한 모든 부분을 고려해야 한다.

● 판촉

맥주는 변질되는 제품이다. 특히 생맥주는 유효기간이 짧으므로 병맥주보다 생맥주의 할인을 우선적으로 실시한다.

● 컴퓨터의 활용

생맥주 관리 컴퓨터 시스템은 필수적이다. 가장 좋은 관리 방법은 각 꼭지마다 계량기를 부착하는 것이다. 매주 2케그(keg) 이상 판매한다면, 기기 부착 비용은 충분히 회수 가능하다.

● **맥주 거품**

맥주잔 윗부분의 거품량을 조절하면 비용 절감에 효과적이다. 맥주 위의 거품은 필요하나 그 양은 조절이 가능하다. 예를 들어, 16온스 잔에 거품이 1.2cm가 되도록 서빙하면 케그당 136잔이 나오는 반면, 2.5cm 거품을 만들 경우 케그당 152잔이 산출된다. 이 차이가 누적되면 상당한 양이 된다. 모든 바텐더들에게 2.5cm 거품을 만들도록 훈련한다.

● **피처 맥주의 판매 중단**

피처는 잔으로 맥주를 판매하는 것에 비해 마진이 낮다. 고객들에게는 피처가 경제적이지만, 이윤 창출에는 도움이 되지 못한다. 한 잔의 피처보다는 생맥주 4잔을 판매하는 것이 훨씬 낫다.

▨ 와인 리스트 개발

와인의 선택은 개인적인 취향에 따라 다양하다. 와인의 선택에 있어서 옳고 그름은 없으나 고객의 기호를 고려해야만 한다. 바, 레스토랑, 클럽, 와인바 어떤 경우이든 업소 고객의 취향을 고려해 와인을 구입해야 한다. 이것이 제대로 될 때 이윤 증가가 가능하다. 그러나 고객의 기호에 맞지 않는 와인을 선택한다면 이윤과 판매되지 않은 와인을 하수구로 버리는 것과 같다.

● **경쟁업소**

경쟁업소를 살펴보아 어떤 와인이 잘 판매되는지에 대한 정보를 파악한다. 최신 와인의 경향을 이해하기 위해 와인관련 서적과 인터넷을 활용할 수 있다.

● **와인 리스트 검토**

판매가 부진한 와인은 리스트에서 과감하게 제거한다.

- **와인의 소개**

  최근 인기가 상승하고 있는 지역의 와인을 소개한다. 백포도주로는 뉴질랜드 리즐링(Riesling), 게부르츠트라미너(Gewurztraminer), 샤미뇽 블랑(Sauvignon Blanc)을, 적포도주로는 남아프리카공화국의 피노 느와(Pinot Noir)나 멜롯(Merlot) 등을 제안할 수 있다.

- **저장**

  와인은 예민한 제품이다. 원가를 절감하고 낭비를 피하는 가장 효과적인 방법은 와인을 적합한 환경(온도, 채광, 환기가 특히 중요함)에 저장하는 것이다.

- **개봉한 와인병**

  바에서 보관하는 와인의 저장량을 와인별로 정해 놓는다. 근무조마다 필요한 병만 개봉한다. 일단 병을 열면 모든 와인들, 특히 백포도주와 저렴한 하우스 레드와인은 산화되고 빨리 변질된다. 해결방법은 코르크마개를 완전하게 제거하지 않는 것이다. 코르크마개를 약간만 막아도 와인은 밀봉이 되어 산소가 병으로 유입되는 것을 방지할 수 있다.

- **빈 병과 원가관리**

  매 근무조가 끝날 때마다 빈 와인병의 수를 계산한다. 이렇게 함으로써 바텐더가 표준량 이상 서빙하는 것을 방지할 수 있다. 예를 들어, 한 근무조 동안 1.5리터짜리 6병을 사용하고, 표준 서빙 양은 6온스라고 한다면, 계산대 기록에 60~61잔 판매가 기록되어 있어야 한다.

- **프리미엄 와인의 할인**

  프리미엄 와인 할인은 더 높은 이윤의 기회가 될 뿐 아니라 바텐더들이

하우스 와인으로부터 프리미엄 와인으로 전환을 권장할 수 있는 기회가
된다. 이러한 계획은 특별 구매나 도매업자의 판촉 할인과 함께 사용하면
효과적이다.

▨ 비알코올 음료 – 또 다른 기회

비알코올 음료의 최신 경향을 이용해 이익을 얻고자 한다면 비알코올 음료를
주의 깊게 관리할 필요가 있다. 오늘날 많은 고객들이–특히 가처분 수입이 높은
바쁘고 젊은 직장인들–비알코올 음료를 선호한다. 건강에 대한 관심, 엄격해지
는 음주운전규제법규(DWI), 이미지 등이 소비자들이 비알코올 음료로 전환하
는 데 영향을 미친다. 이러한 경향은 기회이므로 가능성을 타진해 본다.

● 판촉행사

업소에서 가장 인기 있는 비알코올 음료를 파악하여, 대량으로 구입하
고 판촉행사를 실시한다. 고객들이 선호하는 프로그램을 개발하여 고객
들에게 광고한다. 큰 칠판을 이용하거나 테이블이나 바에 테이블 텐트를
놓을 수도 있다.

● 특별 음료

비용이 많이 드는 시장조사 연구를 실시할 필요는 없다. 단골고객들을
만나 앞으로 판매했으면 하는 음료를 물어보고, 이 중 몇 개는 하우스 특
별 음료로 결정한다. 일반적으로 비알코올 음료의 마진이 알코올 음료보
다 높으므로 이윤은 상승한다.

● 생수

병에 든 생수의 판매는 지나가는 유행이 아니다. 레스토랑과 바 모두에
서 고객들은 알코올 음료와 생수를 번갈아 주문한다. 유통기한도 길고(특

히 무탄산 생수), 이윤도 비교적 높으며 대량구매를 통해 원가를 절감할 수 있다.

• 부가가치

비알코올 음료를 고급스럽게 보이는 특이한 유리잔에 담아 서빙하면 고객들은 즐거움에 기꺼이 추가비용을 지불하고자 한다.

• 적절한 가격

지나치게 낮은 가격은 피하도록 한다. 비알코올 음료를 최대로 활용하기 위해서는 업소의 판매가를 다른 알코올 음료 가격과 유사한 수준으로 유지한다. 만일 비알코올 음료의 판매가가 너무 낮으면 바텐더들은 이러한 음료의 판촉에 잘 참여하지 않고 고객들도 그 비알코올 음료가 특별하지 않다고 여길 것이다.

▣ 고객만족 향상과 원가절감을 위한 칵테일

칵테일은 이윤 창출에 효과적이고, 칵테일 타임은 매우 중요한 사업이다. 고객들이 선호하는 요소를 추가의 비용 없이 수행할 수 있다. 창의력을 발휘한다.

• 웰 브랜드(well brand)

칵테일에 웰 브랜드 주류를 사용하여 원가를 절감한다. 칵테일 래시피에 프리미엄 브랜드를 사용해 이윤을 손상하지 않도록 한다.

• 프리미엄 브랜드

프리미엄 브랜드 판매에서 큰 이윤을 거두기 위해서는 칵테일에 프리미엄이나 중간 등급 재료를 이용하고 모든 기회를 이용해 이러한 사실을 광고한다. 메뉴에 프리미엄 브랜드 이름을 명시한다. 납품업자 중 이러한 무료 광고에 대한 대가로 가격인하를 제공하기도 한다.

- **업소의 대표 음료**

  창의력을 발휘해 아주 특별한 음료를 개발한다. 무엇보다도 대표 음료
  는 특별하게 보여야 한다. 독특한 색상을 선택하고, 아스파라거스, 페퍼론
  치니, 점보 새우, 게 다리, 골파 등 다른 장식물을 이용하며 눈길을 잡도록
  장식한다.

- **혼합**

  탄산가스가 포함된 재료―특히 투명할 경우―가 들어간 혼합 음료를 혼
  들지 않는다. 혼들 경우 거품이 사라져버리고, 음료가 뿌옇게 변한다. 혼
  드는 대신 저어서 혼합한다.

- **색다른 서빙**

  다른 제품과 구분되게 장식한다. 멜트다운 라즈베리 마가리타(Meltdown
  Raspberry Margarita)의 옆에 챔보드(chambord)를 따로 서빙해 볼 수도
  있다. 고객들이 스스로 리큐르 양을 조절할 수 있고 리큐르가 음료와 섞
  일 때 라즈베리 향이 기분 좋게 퍼지고 시각적인 효과도 탁월하다. 고객
  들은 가치를 높게 평가할 것이다.

- **샴페인**

  샴페인을 기본 재료로 하는 래시피가 많이 있다. 일단 개봉하면 기포가
  사라지므로 샴페인 병은 비용이 된다. 이 문제에 대체하기 위해 특별히
  고안된 병마개를 구입하고 바텐더에게 사용법을 교육한다. 샴페인의 손
  실로 인한 비용은 상당하다.

- **얼음**

  평균보다 깊은(최대 40cm까지) 얼음 보관 공간이 있는 칵테일 스테이션을 선택한다. 얼음 보관 공간의 가운데 가로막을 넣고 분쇄된 얼음과 육각 얼음을 따로 보관한다. 바가 바쁠 때, 얼음이 준비되지 않아서 기다리는 것은 경제적 손실이다.

- **작업속도**

  주류, 와인, 탄산음료 핸드건은 칵테일 스테이션 바로 위에 설치한다. 탄산음료 핸드건은 스테이션의 왼쪽에 있어야 바텐더가 오른손으로 동시에 주류병을 잡는 것이 가능하다. 바텐더가 양손을 이용하며 최고의 속도와 최대의 효율로 작업이 가능하다.

- **고객 가치**

  칵테일의 고비용 부분을 강조시켜서 고객들의 가치와 품질에 대한 인식을 향상시킨다. 주류의 함량을 2온스까지 올린다. 고객은 그들이 지불한 비용에 대해 진정한 가치를 얻는다고 느낄 것이고, 업소는 이윤증가를 인식할 것이다.

▨ 주류원가 절감

주류의 가격은 도매업자마다 크게 다르지 않고 포장과 크기 또한 매우 일정하다. 그러면 업소에서 주류 원가를 절감하기 위한 방법은 무엇일까? 방법은 매우 많다. 주류구매에 있어 선택이 제한되어 있다는 것은 잘못된 인식이다. 다음에 소개된 기회들을 고려해 본다.

- **대량 구매**

  위스키, 진, 보드카, 브랜디, 럼, 기타 인기 있는 증류주들은 대량으로 구입한다. 이들은 유통기한이 길고, 비교적 단기간에 판매된다.

● **최근 트렌드**

최신 소비자 트렌드에 대해서 이해하고 신속하게 대처한다. 예를 들어, 미국에서 최근 트렌드는 100도(50% 알코올 함유) 위스키보다는 80도나 86도 위스키 같이 알코올 도수가 낮은 주류가 선호된다. 도매업자 역시 이들 주류를 적극적으로 판촉한다.

● **증류주**

증류주는 유통기한이 매우 길다. 가능할 때마다 증류주를 구입하고 낭비를 최소화한다.

● **웰 리커(well liquor)**

어떤 웰 리커를 선택하는가는 원가 절감에 큰 차이를 만든다. 그러나 가격 때문에 품질에 손상이 되지 않도록 한다. 이것은 업소의 명성과 관련되기 때문이다.

● **콜 리커(call liquor)**

콜 리커(브랜드명으로 주문하는 제품)의 마진을 높인다. 예를 들어, 고돈 진이나 잭 대니얼 위스키를 주문하는 고객은 그 브랜드에 충성도가 높으므로 가격에 대해서는 불평하지 않는다.

■ **원가 절감을 위한 음료믹스**

믹스가 음료의 주재료가 아니라는 이유로 업소 이윤에 미치는 영향을 무시하지 말아야 한다. 여기에서도 원가를 절감할 수 있는 방법이 다양하다. 적은 양씩 판매됨에도 불구하고, 믹스의 판매량은 많고 판매가 예측 가능하고 일정하다.

업소에서 사용되는 믹스의 종류를 파악하면 원가 절감에 도움이 된다.

- **생 오렌지주스**

  오렌지주스를 만드는 업소용 주서(juicer)는 투자할 만한 가치가 있다. 오렌지를 주서에 넣기 전에 뜨거운 물로 오렌지를 헹구면 주스의 양이 늘어난다.

- **믹스 만들기**

  다양한 음료믹스를 업소에서 만드는 것은 시간이 많이 소모되고 종종 품질의 유지에서 문제를 야기하기도 하므로 제품화된 믹스를 구입하는 것이 좋다. 구매를 결정하기 전에 믹스 샘플을 사용해본다. 다양한 맛과 품질의 제품화된 믹스가 시장에서 판매된다.

- **속임수**

  업소에서 직접 만든 음료믹스―예를 들면, 가당 레몬주스―한 종류를 판매하고, 이 음료의 우수성을 판촉한다. 고객들은 업소에서 레몬주스를 직접 만들기 때문에 다른 음료 믹스도 그렇게 만들어진다고 여길 것이다.

- **장식용 음식 원가**

  음료믹스와 함께 제공되는 장식은 이윤을 줄이는 원인 중 하나이다. 바텐더는 올리브나 체리, 파인애플, 초콜릿가루, 페퍼민트 스틱, 프릿젤 등을 먹기도 한다. 이런 유혹을 제거해야 한다. 장식용 음식은 밀폐되는 용기에 담아 냉장고에 보관하여 유혹을 줄이도록 한다. 또한 과일 장식품은 일정 양만 바에서 보관하도록 하고 한 근무조 동안 필요한 만큼만 준비해 놓는다.

- **기타 주스**

  자주 서빙하지 않는 주스는 1인용 캔을 사용한다. 낭비와 시간의 절약, 편리성은 높은 원가를 충분히 상쇄한다.

▤ 납품업자 선정

납품업자 관련 환경은 지역에 따라 많은 차이가 있다. 지역에 따라 다른 지방자치단체의 법규를 이해해야 한다.

- **납품업자 리스트**

  납품업자와 도매업자 리스트는 지역의 주류 관련 출판물이나 전화번호부에서 얻을 수 있다. 업소에서 필요한 모든 음료를 구입하기 위해서는 여러 납품업자를 상대할 필요가 있다.

- **서비스**

  경쟁력 있는 가격 외에 납품업자가 제공하는 서비스를 알아본다. 예를 들어, 납품업자가 단골업소에 추가 비용 없이 긴급 주문에 응대하는지 알아본다. 일반적으로 추가 구매에는 추가의 비용이 든다.

- **납품업체 방문**

  납품업체를 선정하기 전 몇몇 납품업체를 방문하여 운영 실태를 살펴본다. 특히 중요한 것은 납품업체의 제품 관리 실태를 파악하는 것이다. 불량제품의 반품은 시간 낭비이고 비용면에서도 손실이 되며, 그로 인한 고객 불만족은 상당한 문제이다.

- **추가 비용**

  소량 주문에 추가 비용이 있는지 알아본다. 소량 주문에 대한 추가 비용을 요구하지 않는 업체를 선정한다.

- **공동구매**

  공동구매가 합법적이라면 가장 큰 절약이 가능한 업체를 선택한다. 협상은 가능하지만 잘못된 협상으로 인한 손실은 없어야 한다. 우선 할당량을 문서로 작성한다.

▣ 음료 래시피

음료메뉴 래시피의 역할은 고객의 욕구를 충족시키는 것 이상이다. 주의 깊게 계획하여 원가를 낮추는 동시에 품질과 독창성에 대한 좋은 평판을 유지하도록 한다. 다음에 제시된 간단한 제안들을 참고해 본다.

- **조리법 광고**

  메뉴판에 업소의 독특한 조리법에 대한 간단한 설명을 제시하여 고객들이 특별한 무엇인가를 선택하도록 한다. 성공 여부는 실제 조리법에 있다기보다는 고객에게 어떻게 알리는가에 달려 있다.

- **하이볼**

  하이볼은 다양한 크기의 잔에 서빙될 수 있지만, 최고 효율과 원가통제를 위해 이상적인 크기는 9온스 유리잔이다. 9온스 잔은 하이볼 표준 래시피에 가장 적합하다. 잔이 가득 찬 것처럼 보일 때 고객들은 만족하고, 재료의 비율이 올바른지를 알 수 있다.

- **냅킨에 메뉴 인쇄**

  새로운 것을 시도하는 것을 두려워하지 않는다. 강조하여 홍보하고자 하는 몇몇 음료는 냅킨에 인쇄한다. 이것은 색다르고 효과적인 마케팅 방법이고 고객들로 하여금 업소가 판매하고자 하는 메뉴를 주문하게 하는 방법이다. 업소의 입장에서는 높은 이윤 마진을 근거로 하여 판촉 메뉴를 결정하지만, 고객에게는 그 메뉴가 가치가 높은 제품으로 판촉한다.

● **이동 미니바**

메인 바에서 음료를 서빙하는 것 외에 이동할 수 있는 미니 바를 도입하는 것도 좋다. 바텐더가 미니 바를 이동하면서 특별 판촉가로 시범 메뉴를 판매한다. 자연스럽게 추가 매출을 창출하는 우수한 방법이다.

▨ 손실의 원인 파악과 이윤 창출

빨리 소진해야 할 품목은 알고 있으나 어떤 방법으로 소진할지는 모르는가? 인기가 없는 품목, 유통기한이 거의 다 되거나 잘못 구매한 제품을 어떻게 판촉하는가에 따라 업소의 성공이 결정된다. 판촉행사를 이용해 이런 메뉴에서도 수익을 올릴 수 있다.

● **이미지**

선택된 음료를 인기있고, 유행하는 것으로 판촉한다. 간단한 미사여구로 성공할 수 있으므로, 가장 우수한 판촉 방법 중에 하나이다. 선정한 음료가 유행을 앞서간다고 광고한다.

● **큰 유리잔**

물품이 빨리 회전되는 것이 좋으므로 판촉음료는 특별하며 큰 잔에 서빙하고 즐거움을 강조하는 장식을 한다. 예를 들어, 특정 맥주를 판촉하고자 한다면 16온스 맥주잔에 서빙하고 멋진 이름을 붙인다.

- **네온장식 서빙트레이**

  젊은 고객들은 네온장식 서빙트레이를 좋아한다. 최대 효과를 위해 바의 조명을 낮게 유지한다. 어떻게 보이는가 하는 것을 강조한다.

- **타이밍과 독특함**

  타이밍은 독특함의 중요한 요소이다. 스페셜 음료는 하루 중 특정시간이나 특정 요일에만 판매하되, '해피아워'와는 함께 이용하지 않는다. 고객들은 이 시간대를 저렴하고 즐겁게 여기지만 특별함은 없다. 따라서 바가 가장 붐비는 시간, 예를 들면, 금요일이나 토요일 저녁시간에 인기가 낮은 음료를 판촉한다.

▒ 웰 리커(well liquors) 결정

성공적인 음료업소에서 웰 리커는 아마 가장 중요한 제품일 것이다. 전형적인 바 주류 소비의 50%가 웰 리커에서 온다. 업소의 장기적인 성공에 웰 리커의 선택, 관리, 판매 방법이 중요하다.

- **납품량 관리**

  납품업자는 항상 추가의 웰 리커를 납품하고자 한다. 추가의 주류를 높은 이윤으로 판매할 수 있을 때만 추가의 리커를 납품받는다.

- **품질**

  웰 리커의 품질은 매우 다양하고 변동이 심하다. 어떤 웰 리커를 판매할지를 결정할 때 품질과 원가 이 두 가지가 중요한 고려 요인이다. 고객의 품질 기대 수준을 충족시킬 수 있는 웰 리커를 선택한다. 만일 고객들의 기호가 까다롭다면 품질을 손상시키지 말아야 한다. 품질의 손상으로 큰 대가를 치를 수 있다.

- **순서**

어두운 색 주류를 밝은 색 주류와 분리하는 전통적인 주류의 순서(버번, 위스키, 진, 보드카, 럼, 테킬라)는 웰 리커의 순서를 결정하는 데 있어 가장 경제적인 방법은 아니다. 보다 현대적인 접근법을 이용한다. 밝은 색 주류와 어두운 색 주류를 번갈아가며 배치한다(예 : 진, 버번, 보드카, 스카치 등). 이 방법으로 낭비를 줄이고 바텐더는 주류들을 착각하는 실수를 줄일 수 있다.

- **웰 리커의 등급**

웰 리커의 등급은 업소의 유형과 부합되어야 한다. 너무 고가의 제품을 구입할 필요는 없다. 예를 들어, 멤버십 클럽에서는 최고급 브랜드를 판매해야 하지만, 이미지가 중요하지 않은 업소에서는 중저가 브랜드를 판매하여 원가를 낮출 수 있다.

종사원 고용·관리·훈련

▣ 훌륭한 종사원은 업소의 자산 – 최고 종사원의 고용

모든 업소의 성공은 종사원들이 얼마나 우수한가에 달려 있다. 종사원들이 갖추어야 할 자질에는 정직, 근면, 신뢰성, 다양한 시간에 근무 가능성, 친절함, 공손함 등이 있다. 최근 식음료업계의 급속한 성장으로 바텐더에 대한 수요가 높아지고 있다. 따라서 취업하고자 하는 바텐더들이 업소 결정시 까다롭지만 경영자 역시 어떤 바텐더를 고용하는가에 까다로워져야만 한다.

● 종사원의 권리

종사원 고용시 관련 법률을 준수해야 한다. 변호사를 통해 계약서의 문구와 고용과정을 검토한다. 불만을 가진 종사원이나 퇴직 종사원들 처리에 큰 비용이 들 수 있다.

● 구인광고

구인광고에 실을 수 있는 사항과 실을 수 없는 사항에 대한 법규가 있다. 무엇보다도 성별, 연령, 국적에 관련된 차별금지법을 위반하지 않도록 주의한다.

- **종사원의 선발**

  신문을 통한 광고비는 줄이도록 한다. 종사원 구인에 가장 효과적인 방법은 신뢰할 만한 바텐더에게 취업을 원하는 구직자를 아는지를 물어보는 것이다. 그들의 추천이 가장 성공적인 경우가 많다.

- **인센티브**

  신뢰할 만한 종사원에게 좋은 종사원(예 : 처음 3개월 동안 성공적으로 업무를 수행하는 자)을 추천한 대가로 인센티브를 제공한다.

- **스카우트**

  경쟁업소의 바텐더를 스카우트하는 것도 하나의 방법이 될 수 있다. 스카우트하고자 하는 바텐더에게 이직 조건으로 인센티브를 제공할 수 있다. 스카우트 제의에 더 나은 조건으로 근무하고자 하는 것은 자연스러운 일이다.

- **지속적인 구인**

  식음료업계에서 종사원의 이직률은 매우 높다. 수시모집과정을 통해 시간과 비용을 절감할 수 있다. 취업을 원하는 구직자들 중 일부는 이미 해당 업소나 고객들에 대해 잘알고 있는 경우가 있다.

▣ 인건비 절감방법

중요한 인건비 관리방법은 신뢰할 수 있고 즐겁게 일하는 종사원을 오래 유지시키는 것이다. 최근 식음료업계에서 좋은 종사원들을 선발하고 유지하는 것이 점점 더 어려워지고 있다. 종사원의 교체에는 상당한 비용이 발생하고 이것의 악순환은 계속된다. 경영자는 바람직한 근무조건을 만드는 데 투자를 해야 하며 전반적인 운영비용 감소 노력과 함께 종사원들에게 매력적인 임금을 제공해야 한다. 다음은 인건비와 관련한 중요한 요소들이다.

- **신입 종사원들의 업무파악 지원**

충고, 훈련, 관리 등을 통해 신입 종사원들이 가능한 한 빨리 업무를 파악하고 수행할 수 있도록 한다. 새로운 종사원이 직무에 대해 파악하지 못하게 되면 비용이 낭비된다.

- **경쟁력 있는 임금조건의 제공**

타 업소보다 경쟁력 있는 임금과 보상정책은 장기적인 투자이다. 이것은 종사원의 이직률을 감소시켜 전반적인 비용은 감소된다. 추가 보상 정책이 반드시 더 비용이 많이 드는 것은 아니다. 예를 들어, 추가적인 교육 프로그램이나 휴가의 증가들을 이용할 수 있다.

- **인간적 처우**

가능한 한 자주 종사원들의 노력을 인정하고 칭찬해 준다. 이것은 전혀 비용은 들지 않으면서 종사원의 구인, 유지 비용을 줄이는 데 도움이 된다.

- **팁**

많은 팁을 받은 우수한 서비스에 대해서 보상을 해 주도록 한다. 현금은 가장 효과적인 동기부여 수단이다. 행복한 종사원은 업소에 보다 충성스러운 종사원이 될 것이다.

▨ 신입종사원 훈련의 중요성

효과적인 교육 프로그램보다 종사원의 생산성과 이윤 향상에 더 영향을 미치는 것은 없다. 교육훈련 비용이 높다는 말은 항상 맞지는 않는다. 외부의 전문 교육기관에 종사원 교육을 위탁하는 것은 비용이 높으나, 큰 비용을 들이지 않고 업소 내에서도 좋은 교육은 이루어질 수 있다. 신입 종사원에게 좋은 첫인상을 남기는 것이 큰 차이를 만든다.

● **훈련은 즉각 실시**

신입 종사원이 근무를 시작할 때, 그냥 할 일 없이 시간을 보내지 않도록 한다. 아무리 바쁜 상황이라 하더라도 새로운 종사원이 환영받고 있다는 느낌을 갖도록 하는 것보다 더 중요한 것이 없다.

● **경력이 길고 신뢰할 만한 종사원에게 새로운 종사원의 훈련을 일임**

훈련을 맡은 종사원은 자부심을 느끼게 되고, 훈련을 받는 종사원은 매니저를 방해하지 않으면서 의존할 만한 사람이 있다는 것에 안도감을 느끼게 된다.

● **교육시간**

자세한 업무 내용을 파악하기 위한 시간을 할당해 준다. 또한 시간을 따로 내어 새로운 종사원 각각에게 업소의 운영에 대한 오리엔테이션 시간을 갖도록 한다. 종사원들이 자신의 중요성을 인식할수록 생산성은 향상된다.

● **오리엔테이션 프로그램**

모든 종사원들은 직무 자체와 직무 수행에 영향을 미칠 수 있는 사항들에 대한 정보를 제공받아야 한다. 직무평가, 위기관리, 징계 및 고충처리, 근무스케줄, 추가 교육기회에 대한 정보가 제공되어야 한다.

▦ 홀 서비스 관리

홀 관리는 업소의 성공에서 중심 요소이다. 경험 많은 홀 매니저의 중요성은 아무리 강조해도 지나치지 않다. 급진적인 변화가 중요한 것이 아니라 세세한 것에 대한 관리가 중요하다.

- **미소**

  단골고객의 이름을 외워서 인사하고 개인적인 관심을 보이는 질문을 한
  다. 단골고객들이 입원을 했다면 업소의 이름으로 쾌유를 기원하는 카드
  를 보낸다.

- **출입구**

  업소의 입구를 깨끗하게 유지한다. 조각상이나 그림과 같은 흥미로운
  것들을 출입문 가까이에 놓을 수 있다. 이것들은 경쟁사와 구분되는 인상
  을 준다.

- **모범**

  매니저가 고객을 대하는 태도가 종사원들에게는 규칙이 된다. 종사원에
  게 좋은 서비스의 예를 보이도록 노력해야 한다. 고객들의 업소에 대한
  인상은 종사원들로 받은 서비스에 의해 직접적인 영향을 받는다.

- **새로운 고객**

  매 근무조 때마다 새로운 고객들을 만나도록 한다. 새 고객들의 이름을
  고객명단에 더하고 명함을 교환한다.

- **임무 외의 업무 수행**

  고객이 몰리는 시간에는 홀 매니저가 직접 서빙에 참여할 수 있어야
  한다. 음료의 주문을 받거나 바 안에서 병을 여는 것, 컵 씻는 것 등을
  도울 수 있다.

- **업소의 인상**

  고객에게 음료와 서비스에 대한 평가를 묻도록 한다. 고객들은 사용하
  는 잔의 디자인이나 맛에 대한 의견을 제공할 것이다. 고객의 다양한 취

향에 대한 관심을 가지고 있음을 보여 강한 인상을 남길 수 있다.

• 영업 전 회의

바 종사원들과 영업시작 전 몇 분 간의 짧은 회의를 갖도록 한다. 주의
사항에 대하여 간단히 전달하고, 종사원들의 의견을 듣는 기회로 활용한다.

• 인상의 지속

떠나는 고객을 위해 문을 열어주고 방문에 감사인사를 전한다. 고객이
다시 방문하고 싶은 마음이 들도록 좋은 인상을 가지고 떠나도록 한다.

▣ 지속적인 훈련과 종사원 유지

종사원들에게 지속적인 훈련 기회를 제공하는 것은 종사원에 대한 배려일
뿐 아니라, 이윤 창출에 있어서도 중요한다. 모든 매니저는 훌륭한 종사원을 유
지하고자 하고, 새로운 종사원 고용과 교육에 불필요한 비용을 낭비하는 것을
원하지 않는다. 지속적인 교육 훈련에 긍정적인 태도를 보이는 매니저들은 의욕
있고 오래 근무하고자 하는 종사원들을 보유하게 된다.

• 계획

훈련 프로그램 계획에 시간과 노력을 투자한다. 훈련 내용은 종사원들
의 업무 수행과 직접적으로 관련이 되어야 한다. 훈련에 쓰이는 시간은
낭비가 아니라 투자임을 인식한다.

• 훈련 시간

정기적인 훈련을 위해 시간을 할당해 놓는다. 대부분의 종사원들은 우
수한 업무 수행을 하고자 하고 훈련에 참여하고자 하는 의욕이 있다.

● 간결한 훈련

정기적인 교육 프로그램은 복잡한 것보다는 간결할수록 효과적이다. 기본적인 훈련 프로그램 운영시 고려할 사항들은 다음과 같다.

> 1. 교육자는 운영상 개선이 필요한 부분을 교육 내용으로 선택하고 일상적인 업무 수행에서의 개선점에 대해 종사원들의 의견을 얻는다.
> 2. 교육자는 종사원의 제안에 귀를 기울이고 받아들인다.
> 3. 교육자는 훈련 시간을 통해 종사원 개개인의 훈련 필요 사항을 파악한다. 편안히 대화를 할 수 있는 분위기를 만드는 것이 필수적이다.
> 4. 교육 시간이 종료된 후 교육자는 향상된 점수를 알려주고 종사원 개개인이 개선해야 할 점을 알려준다. 이 과정은 가능한 한 비공식적이고 긍정적인 방법으로 수행되어야 한다.

▣ 서비스 기술 향상

모든 종사원들이 알아서 스스로 친절한 분위기를 형성하고 고객과 원활한 의사소통을 하리라고 기대하지 말아야 한다. 물론 그런 종사원이 있을 수도 있지만, 대부분은 업무에 있어 명확한 지침을 필요로 한다. 대부분의 종사원들은 자신에게 기대되는 것이 무엇인지 정확히 알기를 원한다. 고객들에게 상냥한 미소로 인사하는 것과 함께 다른 서비스 기법들도 종사원들에게 교육해야 한다. 이 작은 서비스로 큰 변화를 가져올 수 있다.

● 개인적인 인사

고객들에게 인사하는 과정 중에 서비스 종사원들은 자신을 이름으로 소개할 필요가 있다. 그러나 "안녕하십니까? 제 이름은 ○○○입니다. 무엇을 도와드릴까요?"와 같은 흔한 인사말은 좋은 인상을 주기 위한 첫 번째 멘트라고 볼 수 없다. 종사원들은 보다 자신에 적합한 인사법을 개발해야 한다. 종사원들에게 대화 중이나 인사말의 끝머리에 본인의 이름을 사용하도록 권유해 본다.

● **개인적 관심**

한 번 단골고객이 되면 바텐더는 그 다음부터는 이름과 선호메뉴 등을 기억하고 대화를 시도해야 한다.

● **종사원의 의사존중**

고객 서비스 향상에 서비스 종사원이 참여하도록 한다. 무엇보다도 서비스 종사원들은 서비스의 문제점과 서비스 향상이 가능한 부분을 규명해 낼 수 있는 최적의 위치에 있다. 가능한 한 최선을 다해 종사원들의 의사를 존중하고 지원해준다.

● **개인적 문제**

개인적인 문제를 가지고 있는 종사원들은 자신의 의견을 잘 들어주는 대상에게 신세 한탄하는 경향이 있다. 그러나 종사원들이 근무시간이 끝날 때까지 자신의 문제를 밝은 미소 뒤에 숨기도록 지도해야 한다.

● **편안함**

진정으로 친절한 서비스는 바에서 고객과 대화를 나누는 것 이상을 의미한다. 중요한 것은 고객이 편안함을 느끼는가 하는 것이다. 빈 잔을 치우거나 재떨이를 비우는 것, 정기적으로 테이블을 닦는 것과 같은 작은 행동으로도 고객들을 충분히 만족시킬 수 있다. 이러한 서비스는 고객들로 하여금 더 오래 머물면서 지출을 늘일 수 있게 하는 전략이다.

● **균형**

서비스 종사원은 고객에 대한 관심과 무관심 사이에 균형을 유지하는 방법에 대해서 교육받아야 한다. 종사원들은 언제 고객에게 다가가 음료를 채워 줄지 등에 대해 교육을 받아야 한다.

• 술 취한 고객

술에 취했거나 곤란한 고객을 상대할 때 문제를 크게 하지 않도록 한다. 호의적인 태도를 보이면서 고객을 진정시키도록 한다. 고객을 위해 택시를 불러줄 수 있고, 업소의 조용한 장소에서 고객에게 커피나 무알코올 음료를 제공할 수 있다. 고객의 기분을 상하지 않도록 주의한다.

▨ 바텐더 훈련

실제 상황에서 바텐더를 훈련하는 것은 어려운 일이다. 경우에 따라 너무 충고가 많거나 적을 수 있다. 훈련을 받더라도 바텐더들이 바 뒤에서 주문을 빨리 서빙받고자 하는 성급한 고객들과 함께 있게 되면 소용이 없게 된다. 새로운 바텐더가 소중한 고객들 관리에 소홀하기 전에 다음의 사항들을 이해하도록 적절한 훈련을 실시한다.

• 현금관리

모든 바텐더들은 금전거래와 관련된 업소의 모든 방침에 대해 이해하고 준수해야 한다. 바텐더들은 금전등록기를 적절히 사용할 수 있어야 한다. 이 부분에서의 훈련은 모호한 부분이 없이 정확히 수행되어야 한다.

• 주류 디스펜서의 사용

바텐더들이 주류 디스펜서를 활용하는 방법에 대해 교육을 받고 각 음료별로 사용법에 대해서 교육을 받아야 한다.

- **바 재고관리**

  바 재고관리에 관해서 바텐더에게 영구재고 시스템의 이용방법, 재고순
  환방법, 물품의 보충, 바에서 음료를 배치하는 방법 등을 교육한다.

- **서비스 속도**

  정상적인 상황에서는 바텐더들은 빨리 그리고 정해진 시간 안에 음료를
  준비하도록 한다. 업소마다 표준시간을 정해 놓도록 한다.

- **청결**

  바텐더는 청결과 관련된 업소의 기준과 절차를 반드시 준수해야 한다.

▣ 종사원 관리상 문제

종사원 관리상의 문제는 종사원의 근무의욕 상실, 결근, 의도적인 절도 등을
초래하게 된다. 이것은 시작에 불과하며, 결국 사업 실패의 원인이 될 수도 있
다. 잠재적인 경영상 문제를 사전에 파악하여 작은 문제가 통제 불가능할 정도
로 커지기 전에 해결한다. 다음은 주의해야 할 경고들이다.

- **차별대우**

  매니저가 특정 종사원들을 불공평하게 편애할 경우 다른 종사원들은 불
  만을 느끼고 근무시간 기록을 거짓으로 작성하거나 음료를 무료로 마시
  는 등의 행동을 보인다. 일관성 없는 경영진의 태도는 종사원의 생산성에
  부정적인 영향을 미친다.

- **공개적인 비난**

  고객들이나 다른 종사원들 앞에서 공개적인 비난을 하지 않도록 한다.
  징계는 근무가 끝난 후 개인적으로 다루어야 할 문제이다.

● **지침의 부족**

　종사원이 능력이 부족하면 업소의 운영은 어려움을 겪게 된다. 또한 종사원의 근로 의욕은 감소한다. 실제적인 지침과 감독은 성공적인 경영 전략의 필수적인 요소이다.

● **동료에 대한 존경**

　동료 종사원들에 대한 존중이 부족한 매니저는 업소의 운영에 부정적인 분위기를 형성하게 된다. 매니저는 또한 다른 종사원에게 이성으로써 다가가거나 종사원들을 불편하게 하는 언행을 삼가야 한다.

● **지원의 부족**

　종사원들의 훌륭한 업무 수행에 대해서 인정해 주고 칭찬하는 것은 매니저의 의무이다. 매니저는 또한 업무와 관련된 불협화음을 해결할 의무도 가지고 있다.

▣ 바텐더 모집과 선발

　바텐더를 잘못 고용함으로써 발생하는 비용으로 업소 운영이 어려워질 수도 있다. 고용과정에서 많은 준비를 했을 때조차도 실수는 발생한다. 사실 종사원 선발과정은 부적합한 지원자를 제거하는 과정과 같다. 정말 원하는 사람을 선발하는 것은 그리 흔하지 않다. 선발이 위험-최소화 과정이라고 할 때, 잘못될 가능성을 최소화할 수 있다.

● **신중한 결정**

　현재의 바텐더나 종사원이 그만둔다고 해서 너무 성급히 인력을 대체하는 것은 피하도록 한다. 급하게 사람을 고용하면 두고두고 후회하게 될 것이다.

- **구체적인 지원서 사용**

  업소가 잘 돌아가도록 하는 데 필요한 것이 무엇인가 생각해 본다. 어떤 바텐더가 업소의 성공을 현실화하는 데 적합한가? 그에 따라 필요한 사항을 정의한다.

- **지원자들의 지식 평가**

  지원한 사람들의 주류관련 지식을 평가한다. 예를 들어, 다양한 주류 종류를 구분할 수 있는지, 와인의 원산지와 특성에 대해 아는지, 미성년자에 대한 주류 판매 법규, 미성년자를 구별하는 방법 등에 대해서 평가하도록 한다.

- **실기 평가**

  일단 면접과 구두 평가를 마친 후, 바로 이동하여 실제로 주류를 준비하도록 한다. 실기평가를 통해 지원자의 적합성을 평가해 볼 수 있다.

- **종사원들의 의견**

  면접과 평가과정 중 다른 바텐더도 참여할 기회를 갖도록 한다. 응시자가 다른 종사원들과 잘 어울려 근무할 수 있는지는 중요하다.

- **태도**

  응시자의 직업윤리를 살펴볼 수 있는 질문을 해 본다. 일주에 몇 시간까지 근무를 할 필요가 있는지, 원하는 임금은 얼마인지 등의 질문은 종사원의 미래 충성도에 대한 훌륭한 척도이다.

■ 종사원 직무만족과 인건비 절감

종사원들을 존중하고 배려해주는 데는 비용이 전혀 들지 않는다. 종사원들을 전문가로 대우하면 종사원들은 충성심으로 보답하게 된다. 그 결과 새로운 종사원의 모집과 훈련에 소비되는 시간과 비용에 대해 걱정할 필요가 없게 된다. 긍정적이고 밝은 근무환경을 유지하기 위해 다음의 기회들을 활용한다.

• 현실적인 기대

바텐더를 고용할 때 업무에 대해 환상을 갖지 않도록 직무의 내용을 분명히 알려준다. 종사원이 잘못된 기대를 가지고 일을 시작하게 되면 괴리만을 얻게 된다.

• 일관적인 행동

주류업계에서 근무하는 경영진과 종사원 모두 스트레스를 받곤 한다. 그러나 경영진은 일관성 있게 행동해야 한다. 특히 모든 종사원들이 업소의 방침과 규칙을 준수하도록 강조한다. 예외는 적용되지 말아야 하고, 차별대우는 종사원들 사이에 불만을 조장하게 된다.

• 종사원과의 교류

종사원들과 근무시간 외에 교류하는 것은 매니저로서 신뢰에 나쁜 영향을 미칠 수 있다.

• 금전적 보상

종사원에게 임금 상승의 기회가 많을수록, 종사원의 직무 만족도는 높아지고 이직률은 낮아진다. 매니저는 팁을 관대하게 분배하고 정규 근무시간 외의 근무에 대해 적절한 임금을 지불한다. 이것은 장기적인 관점에서 업소 비용이 절약되고, 종사원들의 절도에 대한 유혹도 줄이게 된다.

기타 원가통제방법

▣ 작업 환경과 원가 절감

작업 환경의 모든 측면을 새로운 눈으로 다시 한 번 살펴본다. 일상의 바쁜 업무에 붙잡혀 있게 되면 분명한 원가 절감의 기회를 간과하게 된다. 모든 업장에서 향상의 기회는 있다.

● 종사원 부상 가능성 감소

바 뒤에서 미끄러짐을 방지하기 위한 고무매트, 과일이나 장식을 자르는 바텐더를 위한 안전장비, 무거운 생맥주 케그를 운반하는 종사원들을 위한 보호장치 등의 예방도구를 활용한다.

● 냉난방 장치의 관리

모든 온도 조절기에 타이머와 자동잠금장치를 설치하고 종사원들로 하여금 지나친 온도 설정을 금지하도록 한다.

● 이산화탄소 시스템의 안전관리

사고로 인한 경제적 손실과 손해를 피하기 위해 가스 압력 조절기에 압력 제거장치를 설치한다. 기기가 제대로 조절되지 않는다면 과도한 압력이 생기게 되어 통이 폭발하여 심각한 사고가 발생할 수 있다.

- **경보 단추**

  발생할 수도 있는 싸움에 대해서 준비한다. 바 뒤에 비밀 경보 단추를 설치한다. 실제 손실이 발생하기 전에 상황을 통제할 수 있는 대비 전략을 수립해 놓는다.

- **경비서비스업체 고용**

  사설 경비업체를 고용하도록 한다. 이것은 그리 비용이 높지 않고, 사실 신뢰할만한 업체 고용은 바람직한 투자이다. 업소의 안팎에서 서성대는 사람들을 관찰하고 모든 수준에서의 내부 절도를 파악함으로써 결국 비용 절감에 큰 공헌을 하게 될 것이다.

▣ 원가절감 서빙방법

고객 서비스가 그리 어려운 것만은 아니다. 잘 계획된 방법으로 비용을 절감시키는 동시에 전반적인 효율을 향상시킬 수 있다. 일상적인 방법에 다음의 작은 변화를 주도록 한다.

- **아크릴 유리잔**

  적합여부는 업소의 종류에 따라 다르지만, 아크릴 유리잔이 완벽하게 적합한 업소가 생각보다 많이 있다. 사실, 스포츠 경기장과 같은 야외 영업에서 더 선호된다. 아크릴 유리잔은 깨지지 않고, 가격이 저렴하다. 또한 바텐더들은 아크릴 잔을 얼음을 더는 데도 이용한다. 한 번의 행동은 시간을 절약한다. 또한 고객들도 '일회용' 잔을 훔치고 싶은 유혹을 느끼지 않는다.

- **블러디 메리 믹스**

  블러디 메리를 만드는 데는 시간이 많이 소모된다. 여러 명의 바텐더가 표준 래시피를 사용하지 않는다면 일관성 역시 문제가 된다. 상업용 블러디 메리믹스 제품을 이용하면 품질이 일정하게 유지된다.

● 장식물

저렴한 제철과일을 장식물로 이용한다. 또는 국기장식 등 장식물을 대량 구매하여 비용을 낮춘다.

● 냉동음료

냉동음료에 포함되는 주류의 양을 줄인다. 법규는 주류의 함량이 1온스나 $1^1/4$온스가 되도록 규정하지는 않으므로 업소에서 결정한다.

● 믹스

믹스로 사용하는 라임 주스나 그레나딘은 유명하지 않은 브랜드 제품을 이용한다.

● 생맥주

생맥주를 흘려버리는 것은 큰 손실이다. 맥주 양을 조절하는 기기를 도입한다.

▣ 원가절감과 종사원 관리

인건비를 절감하는 것은 어렵게 보이지만 장기적인 성공을 원한다면 선택의 여지가 없다. 업주나 매니저만이 큰 그림을 보면서 이러한 결정을 내릴 수 있다. 결국 종사원들도 내년에 계속 근무하기를 원할 것이다.

● 흡연

흡연을 위한 휴식시간에 대한 임금은 지불하지 말아야 한다. 근무시간

동안 흡연 휴식이 축척되면 상당한 양이 된다. 더욱이 흡연을 하지 않는 종사원들은 이러한 휴식 특권에 반감을 느끼게 되어, 흡연 휴식시간에 대해 임금을 지불한다면 다른 종사원의 불만은 더욱 심해질 것이다.

- **일일 인건비**

    인건비는 매일 그리고 매 근무조마다 검토한다. 고객이 적다면 종사원들을 일찍 퇴근시킨다.

- **용역 종사원**

    인력 용역업체를 이용하는 것을 고려해 본다. 용역업체를 이용하면 종사원의 보상과 실업보험 지불 등에서 유연성과 절감을 얻을 수 있다. 또한 인력 용역업체는 인건비 계산 등도 수행해 준다. 종사원들 역시 현실적인 의료보험 혜택을 받을 수 있다.

▣ 생맥주 디스펜싱과 원가절감

생맥주보다 손실과 변질 가능성이 큰 음료는 없다. 따라서 여기에 비용 절감의 기회가 있다. 생맥주를 초당 2온스씩 따른다고 생각하자. 온스당 원가는 브랜드와 업소에 따라 약 2.5센트~8센트로 다양하다. 10온스 잔을 사용할 경우 10% 정도의 맥주를 흘리거나 더 서빙하는 데 0.5초도 걸리지 않는다. 이것을 손실된 수입과 관련시켜 계산한다면 상당한 비용이 관련된다. 다음은 이러한 상황을 극복하는 데 도움을 줄 것이다.

- **실제적인 평가**

    우선 구체적인 수치를 확보한다. 잔과 피처로 판매되는 생맥주의 양을 측정하고 매주 구입하는 케그의 수를 계산한다. 그리고 같은 기간 동안 실제로 판매된 맥주의 양을 파악한다. 이 차이에 놀라게 될 것이다.

- **미터기 부착**

  생맥주 탭에 미터기를 부착해 잔이나 머그, 피처에 따라지는 맥주의 양을 정확히 측정하고 각 근무조 동안 각 맥주 탭에서 서빙된 맥주의 양을 기록한다.

- **미터기 기록**

  각 근무조 끝에 미터기 기록을 읽어 문제가 있으면 즉시 발견한다. 비용을 감소시키고 이윤을 증가시키도록 한다.

- **빈 맥주 케그 감지기**

  케그가 비면 감지기가 자동적으로 맥주의 흐름을 막음으로써 새로운 케그로 교체시 관 안에 맥주가 차 있도록 하여 과도한 맥주의 손실을 방지한다.

▓ 성공적인 와인 프로그램

최근 전 세계적으로 와인 판매가 급증함에 따라, 젊고 부유한 층을 중심으로 와인 바 역시 인기가 높아지고 있다. 최근의 한 설문조사에 따르면, 바와 레스토랑에서 백포도주가 미국 여성들에게 있어 가장 인기가 높았고, 미국 남성들에서는 맥주와 마가리타에 이어 세 번째로 좋아하는 주류였다고 한다. 다시 말해 와인판매로부터 큰 수익이 가능하다. 다음의 제안들은 처음 와인판매를 시작하는 데 도움을 줄 것이다.

- **하우스 와인**

  하우스 와인은 와인리스트에서 가장 중요한 것이다. 하우스 와인은 업소의 다른 와인을 평가하는 기준이 된다. 와인에 대해 잘 모를 경우에는 전문가의 도움을 받도록 한다. 잘못된 결정은 업소의 평판에 악영향을 미칠 수 있고 와인 판매와 이윤에서 심각한 손상이 발생한다.

- **매출 총이익**

  와인은 맥주보다 원가비율이 높으므로 이윤 역시 높다. 이러한 이점을 고려하지 않더라도 고객이 알아차리지 못하면서 마진을 훨씬 더 높일 수 있는 가능성이 있다. 왜냐하면, 와인 고객들은 종종 맛과 이미지에 더 관심이 많기 때문이다.

- **잔의 크기**

  와인을 올바른 잔에 서빙함으로써 판매를 증가시킬 수 있다. 와인 고객들은 이러한 내용을 잘 알고 있다. 예를 들어, 적포도주는 잔을 돌려서 고유의 향을 느낄 수 있도록 충분한 공간이 있는 둥근 모양의 잔에 서빙되어야 한다.

- **표준 서빙량**

  와인 한 잔은 6온스 정도이므로 8온스의 잔에 서빙하면 잔의 3/4 정도 차게 된다. 바텐더는 정확한 양을 서빙하고 고객들은 이 정도의 양이 보기 좋다고 여긴다.

▨ 경쟁업체 벤치마킹

일종의 시장 조사가 필요하다. 경쟁업체 분석은 업소의 마케팅 전략 수립시 가장 경제적이면서도 가장 바람직한 방법이다. 그러나 성공적인 경쟁업체 분석은 단순한 경쟁자의 아이디어를 복제하는 것 이상을 의미한다. 이 과정에서 객관성과 현실성이 중요하다. 객관적인 관점에서 직접 경쟁업체와 대비한 업소의 정확한 포지션을 파악한다. 시장에서 업소의 포지션 즉 고객들이 업소에 대해서 어떻게 파악하고 있는지를 조사한다.

- **경쟁업소의 방문**

  일단 경쟁업체를 방문하여 단골고객들의 의견을 청취한다. 특히 근방의
  모든 바에 대해서 잘 알고 있다고 자부하는 고객들의 의견에 관심을 둔다.

- **정기적인 타업소 방문**

  이것의 목표는 대표적인 업체의 분석을 통해 트렌드에 발맞추어 가는
  것이다. 음료업계의 유행은 자주 변화함을 기억한다.

- **공개적인 방문**

  기회가 있으면 근처 업소의 매니저임을 밝히도록 한다. 방문업체의 장
  점에 대해서 칭찬하고 긍정적인 태도를 취한다. 장기적으로 볼 때 이러한
  접근법이 훨씬 더 효과적이다. 이를 통해 새로운 고객들을 업소로 유치할
  수 있을 뿐 아니라 좋은 바텐더를 유치할 수 있는 기회가 될 수도 있다.

▣ 경쟁업체 분석의 주요 내용

- **품목**

  보유하고 있는 주류의 품질, 자신의 업소에서 다루지 않는 품목, 맥주의
  종류, 하우스 와인의 종류

- **가격**

  하이볼에서 맥주, 포도주 등 모든 제품의 가격

- **마케팅**

  진행 중인 판촉 프로그램, 인기 품목

- **분위기**

  배경 음악, 좌석의 배치, 조명, 기타 엔터테인먼트 요소들

- **종사원**

  훈련 정도, 동기부여 정도

- **잔의 종류와 1인 분량**

  주류의 서빙방법(자동 조절 시스템의 활용 여부), 와인의 1인 서빙량, 맥주 피처의 사용(사용한다면 피처의 크기)

▣ 연회 음료 서비스

연회에서 주로 판매되는 주류는 병 단위로 판매되는 와인이다. 병 단위로 판매되는 와인과 관련해서 품질 표준의 저하 없이 이윤을 극대화할 수 있는 부분이 많이 있다. 일반적으로 연회에서는 각 테이블마다 정해진 병의 와인을 배치하고, 연회를 마친 후 개봉된 병의 비용을 지불한다. 다음의 아이디어를 이용해 원가를 감소시킬 수 있다.

- **재고관리**

  병 단위 계약 방식을 이용한다. 연회의 주빈 중 잔 단위 계약 방식을 선호하는 경우도 있으나, 가능하면 이 방식은 피하도록 한다. 병 단위 접근법이 업주와 주빈 모두에게 상황에 대한 통제를 쉽게 해준다.

- **인건비 절감**

  고객들이 테이블에서 스스로 와인을 서빙하도록 권장한다. 이 방법은 고객들에게도 좀더 관대한 느낌을 주고, 인건비도 절약할 수 있다.

- **샴페인 건배**

  샴페인 건배가 필요하고 주빈의 특별한 요구가 없는 경우, 샴페인 대신
  품질이 좋은 스파클링 와인을 제공한다. 가격은 저렴하면서 훨씬 더 높은
  이윤이 가능하다. 또한 고품질 스파클링 와인에 대한 일반 고객들의 품질
  인식은 보통의 샴페인 보다 훨씬 더 우수하다. 최근에는 샴페인 제조업체
  의 자회사에서도 최상의 스파클링 와인을 생산하고 있다.

- **현금 바**

  많은 연회에서 초청 고객들이 추가의 음료를 구매할 수 있는 현금 바를
  운영한다. 바텐더들이 공개된 환경에서 많은 현금을 관리해야 하므로 절
  도와 만취고객 발생 가능성이 높다. 연회의 현금 바는 가장 신뢰할 만한
  바텐더에게 맡긴다.

▨ 신장개업 바의 마케팅

신장개업한 바의 마케팅에 많은 투자를 해야 할 필요는 없다. 치밀한 계획과
약간의 아이디어면 충분하다. 판촉활동 후에는 초기의 우수한 서비스 수준을
유지하는 것이 중요하다. 업소를 마케팅하기 위해 가능한 모든 기회를 활용하도
록 한다. 마케팅은 지속적인 영업 전략의 필수적인 부분임을 인식한다.

- **이미지**

  바의 독창적인 이미지를 강조한다. 단순하면서도 시선을 끌 수 있는 로
  고를 선택한다. 로고는 스스로 디자인하여 컴퓨터로 메뉴와 테이블 텐트
  에 인쇄할 수 있다.

- **경영자의 광고**

  사람들로 하여금 우리 업소에 방문하고 싶게 만든다. 지역의 봉사단체

를 후원하거나 상공회의소에 가입하는 등 지역사회의 일원으로 참여한다.

• 개업 전 홍보

바의 개업 전부터에 홍보한다. 납품업자, 경쟁업소, 지역의 사업가, 지역 유지 등 장기적으로 업소의 성공에 영향을 미칠 수 있는 모든 사람들을 초청한다. 이런 사람들이 업소를 처음 경험하도록 하는 것은 매우 중요하다.

• 전단지 캠페인

개업 약 6주 전에 광고판, 플랜카드, 자동차 범퍼 스티커 등을 이용하여 무엇인가 흥미로운 것이 준비되고 있다는 것을 알리도록 한다. 예를 들어, '점핑 잭 개업' 등과 같이 광고한다.

• 보도자료

개업할 업소에 대한 보도자료를 준비한다. 본인이 스스로 준비할 수도 있고 전문가를 고용할 수도 있다. 보도자료의 작성 후 지역의 신문사로 보내고 개업에 즈음하여 신문사 홍보실에 연락을 취해 새로운 업소의 개업을 소개한다. 이러한 방법을 통한 홍보는 무료로 이루어지므로 노력할 만한 가치가 있다.

• 전문 인터넷 사이트

인터넷은 훌륭한 판촉 수단이다. 전문가의 조언을 얻을 수도 있고, 유명 레스토랑이나 바의 인터넷 홈페이지를 방문하여 아이디어를 얻을 수 있다. 업소의 홈페이지를 이용해 업소의 기념품 등을 판매하여 이윤을 높일 수도 있다. 인터넷 홈페이지로 찾아오는 길이나 연락처 등의 정보를 제공할 수 있고, 종사원들의 근무 스케줄 등을 공지하는 데도 사용할 수 있다.

- **간판**

  네온사인을 이용하여 간판이 잘 보이도록 한다. 납품업자와 협상시 간판에 납품업체 제품을 홍보하는 대가로 간판을 제작해 주기도 한다.

▣ 바의 주류량 관리

바에 배치된 주류의 정확한 관리는 성공적인 주류업소 운영의 핵심이다. 부정확하거나 부적절한 관리는 업소의 운명에 부정적인 영향을 미친다. 다음의 제안점들을 고려해 본다.

- **장부와 업장의 일원화**

  바의 병들은 주류 청구서와 월간 재고관리대장의 순서에 따라 진열한다. 이러한 접근법으로 시간과 비용을 절감할 수 있다.

- **바 배치 주류 기록지**

  바 배치 주류의 기록은 3장으로 보관한다. 한 장은 바에, 한 장은 주류 저장고에, 마지막 한 장은 매니저의 파일에 보관한다. 이 방법을 통해 후에 발생할 수 있는 차이를 해결하기 용이해진다.

- **근무조별 관리**

  이상적인 방법은 한 근무조가 종료될 때까지 사용하기 적당한 양만을 바에 보관하는 것이다. 현실적으로 이것이 불가능하다면 하루 판매량 이상을 바에 보관하지 않는다.

- **주간 주류 원가**

  원가관리를 위해 매주 판매주류 원가를 파악하여 바 배치 주류 관리를 엄격히 한다. 한 주간 구매한 주류 원가의 총계를 주간 총주류 매출로 나누어 계산한다. 평균 월간 주류 원가보다 1.5% 이상의 차이가 없도록 한다.

- **빈 병의 계산**

    바텐더에게 근무시간 종료시 바 위에 모든 빈 병을 배열하도록 한다. 이는 바와 청구서의 양이 같은지 파악하는 가장 손쉽고 빠른 방법이다.

▦ 바텐더의 판촉활동

바의 종사원들은 무엇을 서빙할지, 어떻게 서빙할지에 대해서 훈련받았고 제품에 대해서도 잘 파악하고 있으므로, 이 지식을 활용하도록 한다. 바텐더로 하여금 단순히 고객이 무엇을 원하는지를 묻는 것 이상을 하도록 권장한다. 즉 종사원들에게 '권유판매' 접근법을 훈련시킨다. 이로써 이윤을 증대시킬 수 있다.

- **인센티브 제공**

    판촉을 통해 매출을 상승시키는 종사원들은 그들이 원하는 것으로 – 예를 들면, 근무시간 조정이나 임금인상 등 – 보상하도록 한다.

- **신제품**

    "우리 업소의 스페셜 하우스 와인/메뉴/맥주를 드시면 어떨까요?" 등의 방법으로 바텐더들에게 새로운 제품의 촉진을 권장한다.

- **제품에 대한 지식**

    바텐더의 제품에 대한 지식을 활용하도록 한다. 고객들은 주문한 음료의 장점에 대해 이야기하는 것을 좋아한다. 고객들이 현명한 선택을 하도록 약간의 강요는 단골고객 창출을 위한 방법이다.

▣ 고객만족을 위한 전략

고객들은 업소의 입구에서부터 환영받는다는 느낌을 매우 좋아한다. 그러나 무엇보다도 업소가 고객들을 위해 사소한 것에도 관심을 기울이고, 고객만족을 위해 노력한다는 사실 자체에 대해서 높이 평가한다. 무엇인가 새로운 것은 이윤 향상에 효과적이지만 여기에 중요한 점이 있다. 고객을 놀라게 하는 전략은 단순하며, 업소의 전체 분위기에 적합해야 한다.

● 영감

최신 판촉 경향에 발맞추는 새로운 아이디어 창출에 노력한다. 음료업계와 관련된 다양한 주제에 대한 유용한 세미나가 개최되는 박람회 등에 참석하도록 한다.

● VIP 카드

한 번 방문한 고객을 단골고객으로 전환한다. VIP 멤버십 카드를 대량으로 제작하는 비용은 그리 높지 않다. 약간의 투자를 하여 마그네틱 선이 부착된 카드로 제작하는 것이 좋다. 이 투자를 통해 추가의 수입이 발생하는 것 외에 우편 시스템 개발을 위한 정보 수집이 가능한 장점이 있다.

● 주크박스

주크박스는 많은 고객들에게 사랑받고 또한 고객을 끌어들이는 데도 도움이 된다. 주의할 점은 기계에 이미 음악이 세트로 고정된 유형은 피해야 한다는 것이다. 그보다는 주크박스를 업소의 고객들이 선호하는 디스크로 채우도록 한다.

● 다트

공간이 허락된다면 주점의 대표적인 게임인 다트판의 현대식 버전을 도입하도록 한다. 최근 동전 투입식 다트 시스템의 인기가 높아지고 있다. 손님이 적은 시간에는 타드대회를 벌일 수 있다.

• 풀 테이블

바의 안쪽에 풀 테이블을 설치한다. 다트와 함께 풀은 결코 유행을 타지 않는다. 더 좋은 점은 업소의 단골이 될 수 있는 고객들을 끌어들이는 데 매우 효과적이다. 초기 투자 이후 풀 테이블을 유지하는 것이 매우 쉽고, 정기적인 업데이트가 필요하지 않다.

• 동전 작동 엔터테인먼트 기계

이윤을 창출할 수 있는 동전식 기계를 두 대 정도 도입한다. 이것은 비용이 전혀 들지 않는다. 기기 납품업자들은 단지 이윤의 몇 %를 요구할 뿐이다. 업소측은 설치비나 유지관리비에 대한 책임이 없으므로 나쁘지 않은 방법이다.

• 플로터 리커와 잔 서비스

만일 잔 납품업자와 좋은 거래가 가능하다면 주류를 다 마신 후 고객이 자신의 잔을 가져갈 수 있는 특별한 음료를 개발한다. 예를 들어, 음료의 맨 위에 리커 플로트로 반 샷을 더하고 약간의 가격을 높이는 아이스 음료 행사를 실행해 볼 수 있다.

• 바 스넥

판촉행사 중인 음료와 함께 제공할 수 있는 몇 가지 간단하고 저렴한 안주 메뉴를 개발한다(예 : 베크 흑맥주와 독일 소시지 안주, 올리브 안주). 이런 안주 메뉴를 작은 그릇에 담아 바에 진열한다. 주의할 점은 작은 그릇을 이용한다. 왜냐하면 고객들은 욕심 많아 보이기를 원하지 않기 때문이다.

- **차별화된 자동판매기**

  고객의 요구에 초점을 두어 일반적인 자동판매기 품목과 다르면서 고객들이 원하는 특별한 품목을 판매한다. 세면용품, 재산제, 아스피린, 식후 민트 등 고객들이 원할 것으로 여겨지는 것들을 구비하여 단골고객들을 만족시킨다.

- **종사원 유니폼**

  종사원 유니폼 셔츠의 색상을 정기적으로 바꾸어 준다. 고객들이 이 사실을 눈치 챌 것이다. 또는 행사 기간인 음료의 경우 주류제조 업체에서 행사로 제공하는 티셔츠를 이용할 수도 있다.

- **신제품**

  메뉴에 매주 변하는 메뉴 코너를 만들어 신제품을 소개한다. 고객들은 알아차리지 못하게 하면서 재활용할 수 있는 신메뉴 리스트를 개발한다.

능률적인 바 디자인

바의 디자인은 바텐더의 생산성에 영향을 미치게 된다. 작업대가 잘 계획되면, 바텐더는 역량을 발휘할 수 있고 시간과 비용이 절약된다. 바텐더의 작업을 훨씬 더 손쉽게 하는 방법들을 활용해 본다.

- **재료의 배치**

  작업대 앞에 바텐더가 섰을 때 180센티미터 반경 내에 음료 주문을 위해 필요한 모든 재료를 배치한다. 180센티미터 반경은 한 발자국과 한 팔을 폈을 때의 거리이다.

• 공간 활용

기기는 바텐더가 최소한의 움직임으로 음료를 준비할 수 있도록 배치한다. 필요 이상 움직이게 되면 시간과 이윤에서 손실이 발생한다.

• 웰 리커

웰 리커는 작업대 앞에 세워져 있는 스피드 랙에 배치하면 손쉽게 접근할 수 있다.

• 고급 리커와 리큐어

마진이 높은 음료는 고객들이 보기 쉽고 고객을 끌어들이기 쉽지만 바쁜 바텐더의 서빙 구역에서 약간 떨어져 있는 것이 좋다. 바 높이에서 약 1미터 정도 높이의 바의 뒤편이 가장 좋은 위치이다.

• 선반 디자인

진열장은 병을 두 줄로 배열할 수 있는 정도의 깊이 즉 약 30~40센티미터 깊이로 디자인하는 것이 좋다. 이러한 선반으로 바 뒤편에 적절한 저장 가능한 공간을 만든다.

• 손의 방향

대부분의 종사원들은 오른손잡이이다. 오른손잡이 바텐더는 본능적으로 병을 오른손을 잡게 되고 잔을 왼손에 잡으므로 잔은 바의 왼편에 배치한다.

• 유리잔

유리잔은 작업대의 왼편에 배치하고 특히 자주 사용하는 잔들은 바텐더가 쉽게 집을 수 있는 범위 안에 놓는다.

- **조명**

  정확하게 음료를 만들기 위해 적절한 조명은 필수적이다. 바 위편의 바로 아래 형광등 조명을 설치하는 것이 좋다.

▦ 매출부진의 대책

매출 부진과 고객수 감소의 원인을 쉽게 파악할 수는 없다. 바 배치 주류량, 영구 재고조사, 저장실, 보안, 인건비, 구매량, 재고회전, 손실, 절도 등 모든 면을 조사해 봐야 한다. 그러나 그 답은 거의 무형적인 요소, 즉 품질, 서비스에 있는 경우가 많다. 아래 제시된 내용과 질문에 솔직하게 대답해 본다. 작은 변화로 큰 차이를 만들 수 있다는 것을 발견할 것이다.

- **제품에 대한 지식**

  업장에서 판매되는 모든 제품에 대해 모든 것을 알고 있는가? 매니저가 이 질문에 "예"라고 대답할 수 없다면 고객을 직접 만나는 종사원들에게 무엇을 기대할 수 있겠는가?

- **관심과 인정**

  바텐더들이 매일 판에 박힌 일만 하는가? 바텐더들이 로봇처럼 고객을 대하는가? 바텐더가 고객들에 관심이 더 많은가 음료를 만드는 데 더 관심이 많은가? 바쁜 바에서 고객을 숫자로만 취급하는 일이 흔히 일어나는데, 결국 그에 합당하는 결과를 초래할 것이다.

- **권장판매(up-selling)**

  모든 바텐더들이 행사 음료의 판매 외에 주기적으로 권장판매하는 것에 완전히 훈련이 되어 있는가? '권장판매'는 모든 종사원과 경영자에게 항상 두 번째 본능이 되어야 한다.

• 새로운 고객

바텐더들이 자기들끼리 혹은 몇 명의 단골고객들과 잡담하면서 잠재적인 새로운 고객들을 무시한 채 시간을 보내지 않도록 한다.

• 환경

종사원들이 고객들 앞에서 단정치 못한 습관을 보이지 않도록 한다. 예를 들어, 종사원들이 고객들 앞에서 음식을 먹는다든가, 흡연을 하거나 자기들끼리 크게 잡담을 하지 않도록 한다.

• 업장 내 고객관리

고객들이 더 오랜 시간을 머무르도록 한다. 부정적인 측면을 긍정적인 측면으로 전환시킨다. 효과적인 방법은 종사원들이 고객들에게 올바른 질문을 던지는 것이다. 예를 들면, "영수증을 갖다 드릴까요?"라는 질문 대신 "한 잔 더 갖다 드릴까요?"라고 질문하는 것이다.

• 헤드셋의 활용

바쁜 바와 클럽에서 서빙하는 종사원들에게 라디오 헤드셋을 제공하는 것도 효과적이다. 헤드셋의 사용으로 종사원과 고객 모두에게 시간을 절약해 줄 수 있다. 이러한 기기들은 분주하고 시끄러운 환경에 적합하다.

• 부정적인 이미지

기본적인 질문 하나 : 화장실이 청결한가? 만일 화장실이 비위생적이라면 고객들은 단지 그 이유 하나로 업소를 다시 방문하지 않을 것이다. 만취한 고객이나 발생할 수도 있는 싸움에 대한 준비가 되어 있고 발생시 가능한 한 빨리 처리할 수 있는가? 불쾌한 환경에서 술을 마시고 싶은 사람은 없다.

- **인터넷 접근**

  바의 한쪽 조용한 곳에 인터넷 선을 연결한다. 이 공간은 바의 플로어 중심에서 거리를 두도록 하지만, 바에서 아주 멀지 않도록 하여 고객들이 일과 재미를 결합하지 않도록 한다. 업소가 이미 인터넷 연결이 되어 있다면 인터넷 연결선 설치에 추가의 비용이 필요하지 않다.

- **현금인출기**

  업소 내에 현금인출기를 설치하여 고객들로 하여금 업소 내에서 더 오래 머무를 수 있도록 한다. 고객이 현금이 부족해 업소를 일찍 떠나는 것은 바람직하지 않다. 고객들을 만족시키기 위해 높은 수수료가 적용되는 기계는 피하도록 한다.

▣ 팁을 높이는 10가지 방법

팁을 주는 것은 우리나라의 문화는 아니다. 그러므로 여기 소개된 미국의 예는 참고로 한다. 전반적인 팁 관리에 대한 계획을 사전에 수립하여 접근한다. 고객들이 종사원들에게 더 많은 팁을 지불하도록 하는 것이 업소의 최대 관심사이다. 불행하게도 대부분의 매니저들은 팁을 관리하고 절도를 방지하는 데 너무 바빠서 팁이 기회라는 사실을 간과한다. 종사원들의 수입을 증가시킬 수 있는 10가지 방법이 있다. 종사원들 뿐만 아니라 업소의 회계사 역시 좋아할 것이다.

- **팁을 높이는 분위기**

  가능한 한 편안한 환경에서 음료를 서빙한다. 고객들이 원하는 것을 만족시키도록 종사원들을 설득한다. 편안하게 느끼는 고객들은 팁 제공에 있어 관대해진다.

- **고객 이름 기억하기**

  고객들의 이름을 기억하고 이름을 넣어 인사한다. 특히 이러한 고객들이 새로운 고객들과 함께 왔을 때 이름을 넣어 인사하는 것은 고객들이 중요하게 여겨진다는 느낌을 준다. 특별한 대우를 받았다고 느끼는 고객들은 팁을 관대하게 지불함으로써 업소에 대가를 지불한다. 결국 모든 사람들이 행복해지는 길이다.

- **기대**

  종사원들이 고객이 원하는 것을 미리 준비하도록 훈련시킨다. 고객들이 다음 음료를 주문하기 위해 오랫동안 기다리지 않도록 해야 한다.

- **축하**

  단골고객 혹은 새로운 고객들에게 무료 음료를 제공한다. 만일 고객의 생일인 것을 알게 된다면 무료 음료로 축하해 줌으로써 고객의 충성도를 높일 수 있다.

- **거스름돈 관리**

  거스름돈의 배합에서 변화를 준다. 예를 들어, 거스름돈으로 5달러를 제공해야 한다면 5달러 짜리 지폐 1장으로 건내 주지 않는다. 거스름돈을 1달러 지폐 4장과 25센트 동전 4개로 나누어 건네준다. 이 방법으로 팁을 높일 수 있다.

- **거스름돈 제공 순서**

  거스름돈 제공에 순서를 정한다. 우선 동전을 건네주고, 그 위에 지폐를 건네준다. 고객들은 자신의 손이나 테이블 위의 처음 지폐를 지불하는 경향이 있어 동전 대신 맨 위 지폐로 팁을 제공한다.

- **팁의 수취**

팁은 제공되는 대로 받는다. 예를 들어, 고객이 첫 번째 음료를 서빙받은 직후 테이블 위에 팁을 놓는다고 하자. 감사 인사와 함께 팁을 바로 치우지 않으면 다음 잔 서빙시에는 추가의 팁이 없을 것이다. 첫 번째 팁이 테이블 위에 있는 것을 본다면 고객은 다음 서빙에 추가의 팁을 주어야 할 필요를 느끼지 못한다.

- **주의 깊은 관찰**

고객을 위해 담배 포장을 열거나 첫 번째 담배에 불을 붙여준다.

- **청구 금액 이상의 지불**

고객들이 실수로 청구 내용보다 더 많이 지불한다면 종사원들은 이 사실을 즉각 알려야 한다. 정직은 항상 최상의 정책이고 업소는 장기적으로 이에 대한 보상을 얻을 것이다.

- **분실물 관리**

고객이 자신의 물건을 바에 놓고 떠날 경우 고객들에게 분실물을 돌려주기 위해 가능한 한 빨리 최선을 다해야 한다. 단순히 분실물을 안전한 곳에서 보관하는 것은 충분하지 않다. 고객들에게 고객들의 물건 역시 소중히 다룬다는 것을 보여준다. 그 보상은 높은 팁으로 돌아올 것이다.

▨ 원가절감을 위한 바 물품

바에서의 원가관리를 위해 개발된 전산 통제 패키지 외에도 많은 유용한 도구들이 있다. 다음의 것들을 고려해 본다.

- **자동화된 주류 디스펜서**

  자동화된 주류 디스펜서는 100종류의 다른 브랜드 주류의 양을 측정하고 보고할 수 있다.

- **원가 분석 스프레드시트**

  바의 원가 분석을 신속하게 수행하기 위한 원가 분석 스프레드시트 유형의 소프트웨어가 있다. 이런 프로그램은 마이크로소프트 엑셀에서도 운용 가능하고 손익과 투자 회수에 관한 계산 등을 수행할 수 있다.

- **건 시스템**

  많은 제조업자들은 건 시스템을 판매한다. 건 시스템으로 48종류의 다른 브랜드 주류와 16가지의 칵테일 믹스를 다룰 수 있다. 이러한 시스템으로 바텐더는 병을 사용하지 않고 서빙이 가능하다.

- **비타-믹서**

  비타-믹서는 맛이 좋은 냉동음료를 신속하게 만들 수 있다. 바텐더는 믹서가 작동하는 시간을 미리 설정하여 매번 일정한 음료를 만들 수 있다.

- **1인 분량 조절 스파우트**

  이 도구를 이용해 다양한 샷 크기에 맞게 1인 분량을 조절할 수 있다. 스파우트의 사용은 고객들이 계량도구 이용을 선호하지 않는 바에서 자유서빙과 샷 글라스 서빙 사이에 적절한 타협이라고 할 수 있다.

- **칵테일 타워**

  키보드 형식 기계로 3초 이내에 완벽한 칵테일을 만들 수 있다. 16종류의 다른 브랜드 리커에 주스와 탄산음료를 일정한 비율로 섞는 것이 가능하다.

▣ 전형적인 바 레이아웃

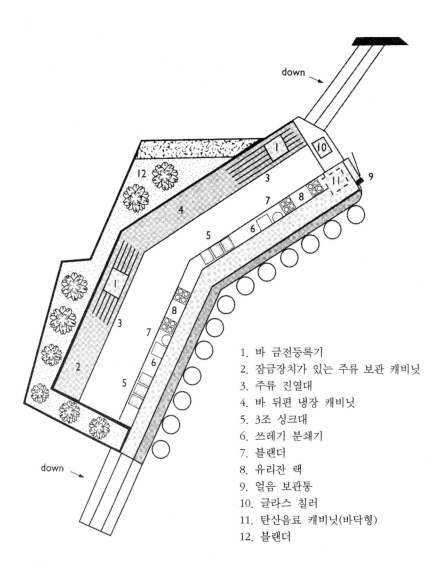

1. 바 금전등록기
2. 잠금장치가 있는 주류 보관 캐비닛
3. 주류 진열대
4. 바 뒤편 냉장 캐비닛
5. 3조 싱크대
6. 쓰레기 분쇄기
7. 블랜더
8. 유리잔 랙
9. 얼음 보관통
10. 글라스 칠러
11. 탄산음료 캐비닛(바닥형)
12. 블랜더

■ **외식경영연구회 역자소개** (가나다 순) ─────────●

김태희 : 경희대학교 외식경영학과
윤지영 : 숙명여자대학교 르꼬르동블루 외식경영전공
이경은 : 서울여자대학교 식품영양학전공
장혜자 : 단국대학교 식품영양학과
정혜정 : 우송대학교 외식조리유학과
최은희 : 연세대학교 식품영양과학연구소
한경수 : 경기대학교 외식조리학과
홍완수 : 상명대학교 외식영양학과

레스토랑 원가관리 노하우

2010년 10월 25일 인쇄
2010년 10월 30일 발행

저　자 | 셰릴 루이스 · 더글라스 R. 브라운
　　　　샤론 풀렌 · 엘리자베스 가드스마크
역　자 | 외식경영연구회
발행인 | (寅製) 진욱상
발행처 | 백산출판사
서울시 성북구 정릉3동 653-40
등　록 | 1974. 1. 9. 제 1-72호
전　화 | 914-1621, 917-6240
FAX | 912-4438
http://www.ibaeksan.kr
edit@ibaeksan.kr

값 **15,000원**
ISBN 978-89-6183-377-6